水稻种植全程解决方案

黑龙江省黑土保护利用研究院
黑龙江倍丰农业生产资料集团有限公司 ◎编
黑龙江省农业环境与耕地保护站

黑龙江人民出版社

图书在版编目（CIP）数据

水稻种植全程解决方案 / 黑龙江省黑土保护利用研究院,黑龙江倍丰农业生产资料集团有限公司,黑龙江省农业环境与耕地保护站编. — 哈尔滨：黑龙江人民出版社，2022.6
ISBN 978-7-207-12750-1-1

Ⅰ.①水… Ⅱ.①黑… ②黑… ③黑… Ⅲ.①水稻栽培 Ⅳ.①S511

中国版本图书馆 CIP 数据核字（2022）第 113370 号

责任编辑：肖嘉慧　陈　欣　张　薇
封面设计：欣鲲鹏

水稻种植全程解决方案
SHUIDAO ZHONGZHI QUANCHENG JIEJUE FANG'AN

黑龙江省黑土保护利用研究院
黑龙江倍丰农业生产资料集团有限公司　编
黑龙江省农业环境与耕地保护站

出版发行	黑龙江人民出版社	
地　　址	哈尔滨市南岗区宣庆小区 1 号楼	
网　　址	www.hljrmcbs.com	
印　　刷	哈尔滨久利印刷有限公司	
开　　本	787×1092　1/16	
印　　张	20	
字　　数	320 千字	
版　　次	2022 年 6 月第 1 版	
印　　次	2023 年 2 月第 2 次印刷	
书　　号	ISBN 978-7-207-12750-1-1	
定　　价	68.00 元	

版权所有　侵权必究　　　　　　举报电话：(0451) 82308054
法律顾问：北京市大成律师事务所哈尔滨分所律师赵学利、赵景波

编委会

主　编　张义军　王　伟　谷学佳　朱有利　刘国辉

副主编　王玉峰　齐瑞鹏　刘　承　潘新杰　刘志宾　金成功
　　　　　卜志新　王连霞　孙　磊　魏　丹　夏晓雨　邹文秀
　　　　　刘学生　李玉梅　李伟群

编　委　王　爽　王晓辉　王敬勇　牛丽红　左　辛　石冬梅
　　　　　邢华铭　刘　勇　刘　颖　刘万达　闫　雪　孙　超
　　　　　孙海军　杜东东　杜英秋　李　艳　李一丹　李世发
　　　　　李科儒　杨泗萌　吴宏达　沈志强　宋　伟　宋　梦
　　　　　宋伟丰　宋睿男　张　磊　张明怡　陈　波　陈光明
　　　　　国立财　金　梁　郑海峰　孟祥海　胡　钰　娄冠群
　　　　　贾　旭　柴誉铎　殷　慧　高静瑶　常本超　韩　光
　　　　　程　亮　蔡姗姗

前　　言

本书是生产一线农化技术人员利用多年在田间地头积累的丰富经验编写而成的。书中从八个方面介绍了水稻主产区生长发育时期的栽培管理要点及品质差别，分别从水稻旱育壮秧技术、本田整地与插秧、合理施肥、本田植保解决方案、田间水分及特殊情况管理、水稻收获、寒地水稻高产高效栽培技术规程和稻米品质等方面介绍了水稻的生产技术，同时总结了配套模式并进行了详细的讲解。本书对水稻种植过程中可能遇到的逆境、病虫害等情况进行了图文并茂的解析，在编写上力求通俗易懂、简明实用。本书可操作性强，可作为农业技术推广部门培训教材，也可为广大农民朋友在水稻生产上提供指导和帮助。

本书在"国家重点研发计划（SQ2021YFD1500101）和（2018YFD0800900）""中国科学院战略性先导专项（XDA28070000）"的支持下完成，书中大部分内容都在倍丰农化服务部门组织的培训活动中进行了详细讲解，也得到了广大农民朋友的热烈反馈，部分实用技术结合不同区域生产特点进行了调整。由于自身水平有限，仍会有一些疏漏和不妥之处，请广大读者批评指正。

目 录

第一章 概 述 … 1
第一节 黑龙江省水稻发展历程、存在问题及挑战 … 2
第二节 黑龙江省水稻生态条件 … 9
第三节 黑龙江省水稻区划 … 16
第四节 黑龙江省水稻生产概况 … 21

第二章 水稻旱育壮秧技术 … 31
第一节 水稻旱育壮秧技术的内容及要求 … 32
第二节 品种选择与种子处理 … 38
第三节 秧田建设 … 52
第四节 秧田播种 … 63
第五节 秧田管理 … 66

第三章 本田整地与插秧 … 77
第一节 稻田土壤特点 … 78
第二节 本田整地 … 84
第三节 插秧 … 91
第四节 水稻直播 … 95

第四章 合理施肥 … 105
第一节 水稻需肥规律及稻田供肥性能 … 106
第二节 水稻所需部分矿质营养元素的作用 … 109
第三节 肥料品种与选择 … 114

第四节　肥料的搭配与施用 …………………………… 131
第五章　本田植保解决方案 …………………………………… 137
　　第一节　本田病害解决方案 …………………………… 138
　　第二节　本田虫害解决方案 …………………………… 156
　　第三节　本田草害解决方案 …………………………… 170
第六章　田间水分及特殊情况管理 …………………………… 211
　　第一节　水分对水稻的影响 …………………………… 212
　　第二节　水稻用水规划 ………………………………… 213
　　第三节　田间水分管理 ………………………………… 214
　　第四节　特殊情况管理 ………………………………… 218
第七章　收　获 ………………………………………………… 227
　　第一节　水稻收获 ……………………………………… 228
　　第二节　秸秆还田 ……………………………………… 234
第八章　寒地水稻高产高效栽培技术规程 …………………… 239
　　第一节　寒地水稻旱育稀植高产高效栽培技术规程 … 240
　　第二节　寒地水稻直播高产高效栽培技术规程 ……… 260
第九章　稻米品质 ……………………………………………… 265
　　第一节　稻米品质概况 ………………………………… 266
　　第二节　稻米食味品质评价与检测 …………………… 275
　　第三节　稻米食味品质的影响因素 …………………… 287
附录1　寒地水稻各生育期图解 ……………………………… 296
附录2　寒地水稻叶龄诊断模式 ……………………………… 303
附录3　黑龙江省优质高效水稻品种种植区划布局 ………… 307
参考文献 ………………………………………………………… 310

第一章 概 述

黑龙江省位于中国的东北部，是中国位置最北、纬度最高的省份，处于北纬43°26′~53°33′，东经121°11′~135°05′，总面积为47.3万平方千米。根据《中国统计年鉴2019》中的数据显示，黑龙江省耕地面积达1 477.01万公顷，居全国首位。黑龙江省属于寒温带与温带大陆性季风气候，年平均气温为-4~5 ℃。活动积温为2 000~3 000 ℃，无霜期为90~150天，光照时数明显高于长江流域等南方地区，夏季日照时数在700小时以上，夏季昼长时间南部为15小时左右，北部为16小时左右。特殊的地理位置和冷凉的气候条件决定了黑龙江省一年只种植一季作物，这对水稻的高产、稳产造成一定的阻碍。但是黑龙江省作物生长季日照时间长、雨热同季、气温日差较大，对于稻谷干物质的积累，品质的提升具有重要意义。

随着人口数量的增加，工业化、城镇化不断与农业生产竞争土地，人多地少的矛盾愈加突出。目前，我国的粮食自给率已经下降到83%，离我国设定的"粮食自给率达95%以上"的目标有不小的差距。2019年，黑龙江省水稻种植面积已达381.3万公顷，总产2 663.5万吨，分别占全国水稻总面积的12.86%和总产量的12.71%，对保障国家粮食安全具有举足轻重的作用。

第一节 黑龙江省水稻发展历程、存在问题及挑战

一、黑龙江省水稻发展历程

近代水稻由吉林省舒兰市扩种到黑龙江省五常市(1895年)、宁安市(1897年)等地,其后继续扩展北移,但发展缓慢。1911年前,推算各地水稻种植面积为287公顷左右。20世纪10年代和20年代,由于从俄罗斯沿海州等地和朝鲜半岛方面迁入的朝鲜农民激增,水稻面积也开始随之扩大,到1930年已达1.6万公顷。

伪满时期自1932~1945年的14年间,日本人利用这里优越的自然条件和丰富的人力物力资源,一方面驱使朝鲜族农民和汉族农民多种水田,生产更多的大米供其所用;另一方面从国内不断大批地招来移民开拓水田,因此水稻种植面积有较快、较大的增加,1945年已达到12.3万公顷。

1945年,当时省内社会秩序比较混乱,原伪满洲国时期修建的水利工程大部分停工,很多水利设施遭到了破坏;1946年由于政局的变化和农村生产关系开始变革等实际情况,一些地方的农业生产受到影响和波动,水稻面积有所减少,当年播种面积下降到6.7万公顷左右。随着东北全境的解放,各级人民政府在恢复和发展农业生产中,组织农民修复遭到破坏的工程,积极发展水稻生产,到1949年水稻面积已恢复到1945年的水平。

1949年以前,引种和试验是黑龙江省水稻育种工作的主要内容,引种的主要目标是早熟性和耐寒性。1949年以后,黑龙江省先后成立了省和地方的水稻育种机构,积极开展水稻品种改良和良种繁育工作,主要品种见表1-1所示。

第一章 概 述

表1-1 黑龙江省1949~2019年审定水稻品种的育成年代

时间/年	品种	数量/个
1950~1959	弥国、兴国、国主、富国、石狩白毛、青森5号、农林11、松本糯、北海1号、合江1号、合江3号、查哈阳1号、合江6号、禹申龙白毛、范龙稻、梧农71、国光、星火白毛、嫩江1号、老头稻、洪根稻、二白毛、公交6号、公交10、公交2号、原子5号、长白2号	27
1960~1969	合江10、北斗、合江11、合江12、牡丹江1号、牡丹江2号、牡丹江3号、嫩江115号、虾夷、松前、下北、公交8号、公交11、公交12、公交36	15
1970~1979	合江14、合江15、合江16、嫩江3号、黑粳2号、普选10、东农12、合江19	8
1980~1989	合庆1号、合江21、黑粳3号、垦稻3号、黑粳4号、合江22、牡粘3号、松粳1号、合江23、牡丹江17、水陆稻6号、九稻7号、牡丹江18、东农陆稻1号、东农413、龙花1号、松粳2号、普粘6号、东农415、牡丹江19	20
1990~1999	龙粳2号、龙糯1号、黑粳5号、藤系138、东农416、龙粳3号、延粘1号、绥粳1号、普粘7号、黑粳6号、藤系137、龙粳4号、通系112、五稻3号、东农418、牡丹江20、牡丹江21、牡丹江22、松粳3号、黑糯1号、藤系140、黑粳7号、东农419、龙盾101、藤系144、松粘1号、绥引1号、龙粳5号、龙粳6号、绥粳2号、东农420、龙粳7号、龙粳8号、牡丹江23、垦稻7号、五优稻1号、垦香糯1号、绥粳4号、绥糯1号、长白9号、龙粳9号、普选30、垦稻8号、绥粳3号	44
2000~2009	东农421、北稻1号、北糯1号、龙粳10、龙粳1号、牡丹江24、松粳4号、空育131、绥粳5号、五优稻2号、龙盾102、牡丹江25、垦稻9号、富士光、松粳5号、松粳6号、东农422、北稻2号、龙粳11、龙盾103、龙稻2号、垦稻10、上育418、龙香稻1号、东农423、松粳7号、系选1号、五工稻1号、绥粳6号、龙糯2号、龙粳12、三江1号、农粳1号、松粳8号、牡丹江26、龙稻3号、绥粳7号、龙盾104、龙粳13、龙粳14、东农424、龙稻4号、松粳9号、松粳10、牡丹江27、牡粘4号、五优稻3号、上育397、龙粳15、龙粳16、龙稻5号、龙稻6号、龙稻7号、牡丹江28、牡丹江29、垦稻11、垦稻12、北稻3号、莎莎妮、龙粳17、龙粳18、龙粳19、龙粳20、东农425、松粳11号、绥粳8号、龙盾105、黑粳8号、普粘8号、东农426、东农427、松粳12、中龙稻1号、绥粳9号、绥粳10、合粳1号、龙粳21、绥粳11、龙粳22、垦稻13、垦稻18、龙粳23、龙粳2号、鸡西稻1号、龙盾106、龙粳24、三江2号、龙粳8号、东农429、东农430、牡丹江30、松粳香1号、五优稻4号、北稻4号、东农428、龙粳26、龙粳25、龙粳27、龙粳28、垦稻19、绥粳12、龙稻9号、龙糯3号、龙洋1号、龙稻10、龙稻11、牡丹江31、绥粳13、北稻5号、龙庆稻1号、龙联1号、松粳13、龙粳29、龙盾107、莲惠1号、苗香粳1号、龙香稻2号、龙粳香1号、稼禾1号	119

水稻种植全程解决方案

续表

时间/年	品种	数量/个
2010~2019	龙洋11、龙粳62、黑粳9号、龙庆稻22、莲育625、育龙9号、龙粳69、绥粳25、龙粳67、绥粳27、创优31、富合3号、龙粳66、龙粳65、龙粳64、莲育124、莲汇631、龙粳63、莲育1013、绥粳28、绥粳23、绥粳26、绥稻9号、莲汇4号、育农粳1号、龙庆稻23、绥粳29、东农456、富尔稻1号、垦粳8号、龙稻29、龙稻31、桦优1号、龙稻30、松836、哈粳稻4号、龙稻57、绥粳20、方圆3号、龙粳55、中科902、中农粳179、龙庆稻20、龙粳61、莲汇3号、莲育1496、绥稻6号、龙粳60、龙粳59、田裕9861、龙粳58、龙粳56、莲育3252、鸿源15、盛誉1号、绥粳21、田裕9516、绥粳22、莲汇2号、龙庆稻21、龙绥1号、莲育3213、龙洋16、育龙7号、东富108、通梅892、吉宏6号、龙稻27、龙稻28、黑粳10、龙庆稻5号、龙稻54、龙富1号、三江16、龙粳53、龙粳52、龙粳51、龙粳50、北稻1号、牡丹江35、龙庆稻6号、龙稻26、松粳22、龙稻25、龙稻24、龙桦2号、龙粳22、龙粳49、绥稻5号、绿珠4号、龙粳48、龙粳47、龙粳46、富合2号、龙粳45、莲稻2号、北稻7号、绥粳19、广稻1号、龙稻23、龙稻20、龙稻21、松粳21、哈粳稻3号、绥稻4号、绥粳15、龙粳44、北稻6号、绥稻18、绥稻3号、金禾2号、苗稻2号、哈粳稻2号、绿珠3号、明科1号、龙庆稻4号、龙桦1号、龙粳43、兴盛1号、绥粳16、龙粳42、绥粳17、东稻103、哈粳稻1号、龙稻18、龙稻17、龙稻19、松粳20、东富102、龙庆稻3号、龙粳41、中龙粳3号、苗稻1号、金禾1号、东富101、龙粳15、松粳19、龙稻16、龙粳40、龙粳39、中龙粳1号、育龙2号、牡响1号、绥稻2号、绥粳14、牡丹江32、松粳18、中龙粳2号、绿珠2号、松粳17、中龙香粳1号、龙粳38、龙粳37、育龙1号、龙粳36、龙粳35、绥稻1号、龙稻34、龙粳33、龙稻14、龙稻13、绿珠1号、利元5号、松粳16、东农431、龙稻12、松粳香2号、龙庆稻2号、龙粳32、莲稻1号龙粳31、龙粳30、松05-274、松粳15、龙粳1437、佳香2号、龙稻1602、龙盾513、齐粳10、鸿源香1号、初香粳1号、松粳28、吉源香1号、新粘2号、哈粘稻1号、利元8号、黑粳1518、龙粳4344、龙交13S6、龙粳2401、龙稻111、龙粳3007、龙粳4556、龙粳3033、龙粳4298、绥稻10、棱峰3号、龙粳1424、龙粳3100、龙庆稻8号、佳田1号、珍宝香1号、建航1715、莲汇9号、田友518、龙粳1491、龙粳3047、莲汇10、绥粳302、北稻8号、绥118146、龙盾0913、绥稻616、龙粳3767、龙庆粳6号、绥129287、牡育稻42、绥生稻1号、绥育117463、齐粳2号、哈农育1号、龙洋13、龙稻201、垦粳1501、粳禾1号、五研1号、鹏稻2号、龙稻102、松粳838、松粳29、中龙粳100	231

1949~1959年,随着农村生产关系的变革和生产力的提高,水稻种植获得迅速恢复和发展,仍以弥荣、兴国、国主、富国、石狩白毛、青森5号、农林11及

第一章 概 述

松本糯等引进品种为主栽品种。20世纪50年代末,相关科学研究部门通过系统育种方法选育的品种有北海1号、合江1号、合江3号、查哈阳1号、合江6号等新品种;农民育种家选育推广的有老头稻、洪根稻、二白毛等农家良种;引种试验推广的有公交6号、公交10、公交2号等品种。在这些品种中,合江1号、禹申龙白毛、范龙稻等都是从石狩白毛中系选的。

黑龙江省大力发展水稻生产,水稻面积由中华人民共和国成立初期的12.39万公顷提高到1958年的近33.3万公顷,单产由平均1 860.9 kg/hm² 上升到2 242 kg/hm²,增幅达20.48%,但由于实行直播粗放式栽培,因此水稻产量低而不稳。

20世纪60年代,很多地方不顾客观条件和实际可能,盲目发展,黑龙江省水稻生产处于徘徊期,种植面积在16.67万~20万公顷波动,单产为1 260~3 855 kg/hm²。这个阶段仍采用直播栽培,生产上易受低温冷害危害,如遇低温年份,往往造成直播稻区产量大幅度降低,水稻面积也随之波动。该阶段的育种方法由简单的系统育种发展到品种间杂交育种为主。1962年,黑龙江省推广杂交育种法育成的合江10、合江11、合江12、合江13、合江14、合江15等品种,以及湿润育苗移栽主要用的公交8号、公交11、公交12、公交16和公交36等晚熟品种,对推动直播改插秧起了积极作用。这个阶段中期,由日本引进的虾夷、松前、下北、农垦14(早生锦)等品种丰富了杂交育种材料的基因组成和遗传背景。1970~1975年,黑龙江省水稻种植面积徘徊不前,水稻单产忽高忽低,产量不稳。经过长时间的面积回落、产量下降和生产徘徊,1976年以后,黑龙江省采取了有计划的稳定发展的方针,使水稻生产进入了恢复上升阶段。为了达到更高的育种目标,水稻生产的杂交方式由单交转变为单交结合三交、四交复合杂交方式;育种方法开始多元化,应用了花培育种、辐射育种和化学诱变育种等新的育种方法;自1968年开始,运用冬季海南岛加代的方法缩短了育种周期。这个阶段选育的主要品种有合江13、合江14、牡丹江4号、牡丹江5号、牡粘1号、牡花1号、嫩江2号、嫩江3号、垦糯1号等;农民育种家选育推广的品种有太阳3号、普选10、城建6号、普选2号、密山2号等;引种试验推广的品种主要有系选12、北斗、吉粳40、新雪、长丰等。其中,单丰1号是1975年黑龙江省农业科学院和中国科学院植物研究所合作用花培育种方法育成的,是我国首次利用花培育种法育成的品种。此外,推广面积较大的有合江19、合江14和合江18等品种。这个阶段育成的品种产量、性状及抗倒伏性有了显著提高,但抗稻瘟病性不稳定,不能保证发挥品种的高产性,因此还没有达到选育高产、稳产品种的目标。

20世纪80年代(1980~1989年),随着农村经济体制改革的逐步深入和种植结构的调整,加上旱育稀植等先进增产栽培技术的大力推广和普及应用,黑龙江省水稻生产进入了面积迅速扩大、产量稳定增长的迅速发展阶段,在育种方法上创造并利用多种不同抗性基因的品种进行多亲本综合组配,有效地拓宽了新品种抗性基因组成。因此,在这个阶段育成的新品种中,推广面积大、应用年限长的品种较多,主要有合江21、合江22、合江23、黑粳4号、牡粘3号。这个阶段,农民育种家选育推广的品种有合庆1号、普粘6号等;引种试验推广的品种主要有系选14、大新雪、吉粳60等。这些品种的产量潜力在7 500 kg/hm^{2}以上,综合性状较好。这些新品种结合旱育稀植栽培技术使黑龙江省水稻生产登上了高产、稳产的新台阶。

进入20世纪90年代,黑龙江省水稻生产迎来了在栽培面积、单位面积产量和产品品质等方面迅速发展的新时期。由于大面积推广水稻旱育稀植技术,黑龙江省水稻种植面积由1984年的27.25万公顷增加到1996年的100万公顷,总产由124万吨增加到453万吨。基础好的中南部老稻区开始要求高产、优质、耐寒性强和抗性广的新品种;大面积、大规模水稻开发的东部地区要求高产、优质、耐寒性强、抗性广和适合机械化的早熟品种;北部地区要求耐寒性强、高产、优质的极早熟品种;西部盐碱地、旱改水开发种稻要求耐盐碱、耐冷水灌溉、高产、优质的水稻品种。为了适应市场经济和效益农业的要求,这个时期的水稻品种必须是集高产、优质和抗逆性为一体的综合优良品种。该时期审定了一批优质、高产和抗性广的水稻品种,包括龙粳2号、龙糯1号、绥粳1号、普粘7号、黑粳6号、藤系137、龙粳4号、通系112、五稻3号、垦稻7号、五优稻1号、垦香糯1号、绥粳4号、绥糯1号、长白9号、龙粳9号、普选30、垦稻8号、绥粳3号。

21世纪以来,随着现代农业和生物技术的不断发展,常规育种、杂种优势利用育种不断进步,细胞工程育种、分子标记辅助育种、转基因育种、分子设计育种等新技术不断涌现,水稻育种方法呈现多元化发展的良好局面,三系杂交稻、两系杂交稻和超级稻新品种(组合)不仅数量多,而且时代特色明显。基于寒地

第一章 概 述

旱育稀植技术的不断成熟及其他高产栽培技术措施的研究与推广,黑龙江省水稻生产高速发展。2008年9月18日,由中国科学院与黑龙江省共建的中国科学院北方粳稻分子育种联合研究中心成立,旨在以服务东北粳稻生产、稳定和提高粳稻产量为主要目标,共同构建实用、经济、高效的分子育种技术体系,培育高产、优质、多抗的粳稻新品种,提升黑龙江省水稻的单产潜力,为东北水稻的持续高产提供强有力的科技支撑。这些新变化昭示着黑龙江省水稻育种发展的新阶段已经到来。

二、黑龙江省水稻发展存在问题及挑战

黑龙江省水稻有着得天独厚的优质稻生产自然条件,土层深厚、土壤肥沃、有机质含量高、污染少;日照时间长、光照充足,有利于干物质积累。水稻成熟期平均气温为23 ℃左右,且白天气温高,有利于光合作用,增加光合产物,夜间温度低,降低呼吸作用,减少物质损耗,增加产量的同时,又利于优质米的形成;冬季寒冷,病菌、害虫越冬难,农药用量相对较少;雨热同期,集中降雨与水稻生长季相吻合,水资源丰富,水质优良,无污染。近年来,黑龙江省水稻发展非常迅速,但仍面临诸多问题和挑战。

(一)劳动力短缺日趋严重

插秧栽培技术需经过建设育秧棚、整地作床(苗床施肥、调酸、消毒)、播种、秧田管理,还要经过耕地、耙地、耢地、插秧等多道工序。近年来,城镇化速度的加快和人口老龄化问题的凸显,精耕细作的插秧栽培与劳动力短缺的矛盾日益突出,且劳动成本大幅度提高,农民种植效益明显降低。很多农民又开始采用轻简、节本的直播方式种植水稻,直播稻的面积呈逐年扩大的趋势。然而,由于生产上存在缺乏直播专业品种与农机农艺不配套等问题,盲目直播将给农民带来很大的风险。

(二)井水稻面积不断攀升

寒地稻区的年降水有60%~80%分布于6~9月,导致寒地稻区经常春季干旱,江河和水库春季水位较低,依靠江河、水库灌溉的稻田因春季缺水,在整个泡田阶段和水稻生育前期常采用井水灌溉。此外,黑龙江水资源的分布与土地资源的分布不协调,地表水资源的利用程度也比较低,三江平原和松嫩平原

占全省耕地面积的81%,而地表水资源量仅占全省水资源的33%,在缺水地区和无渠系灌溉的地区,种稻受水资源短缺的制约明显,已经出现地下水资源超采的现象。因此,在黑龙江稻区,为确保现有水稻种植面积适度扩大和保持水稻产量的稳定增长,逐步让过度开发的水资源得以休养生息,大力发展节水种稻、减少灌溉定额、提高水资源利用率势在必行。

(三)水稻种植区生产水平不均衡

黑龙江省是农业大省,耕地面积最大,农业机械化水平高,粮食产量最高,但在农业生产中仍然存在着种植结构、种植规模以及机械化生产水平分布不均衡的问题,主要表现在黑龙江垦区与普通农区之间的差距。垦区的水稻规模化和高度机械化生产与普通农区的分散小规模农业生产形成了巨大反差。而这种不均衡,导致了黑龙江省农业生态环境总体不平衡和资源浪费,对黑龙江省的农业可持续生产产生了不利影响。在国家进一步推进农业供给侧结构性改革、水稻保护价持续下调的形势下,黑龙江省的水稻种植结构也应进行战略性的调整,整合零散土地,实现规模化种植,在农业生产上给予政策、资金、技术的支持,并发挥垦区现代化农业优势,与普通农区进行多方位的优势合作。

(四)稻米加工能力不足

稻米加工生产出的大米,除传统烹食以外,对加工过程中产生的大量副产品通过科学、合理的深加工和综合利用,不仅能够产生巨大的经济效益,也能在很大程度上避免稻谷副产品对生态环境的污染和资源的浪费。黑龙江省稻谷加工以小型企业为主,其布局分散、产能利用率低,限制了稻谷循环深加工的进一步发展,加工出的碎米和米糠也多积攒后送至饲料企业,只有很少的一部分被深加工企业利用。故应对处于小、散、乱状态的加工企业进行科学合理的整合,形成水稻加工方面的规模化和集约化的大型加工企业,从而进一步完善和发展稻谷副产品的综合循环利用能力。

第一章 概 述

第二节 黑龙江省水稻生态条件

一、水资源条件

截至2019年,黑龙江省水资源总量为1 511.5亿立方米,其中地表水资源总量为1 305.7亿立方米,地下水资源总量为205.8亿立方米。如表1-2所示,2010~2019年,黑龙江省水资源呈稳中有升的趋势,水资源的多少与年降雨量的多少有较大关系,我省整体水资源生态环境良好,自然调节能力强,这为水稻生产提供了资源保障。

表1-2 黑龙江省2010~2019年水资源情况

指标	2010年	2011年	2012年	2013年	2014年	2015年	2016年	2017年	2018年	2019年
水资源总量（亿立方米）	853.5	629.4	841.4	1 419.5	944.3	814.1	843.7	742.5	1 011.4	1 511.5
地表水资源量（亿立方米）	725.2	512.5	695.6	1 253.3	814.3	686	720	626.5	842.2	1 305.7
地下水资源量（亿立方米）	277.9	237.2	289.8	381.5	295.4	283	285.9	273.2	169.2	205.8

注:数据来源《2020黑龙江统计年鉴》

从表1-3数据来看,2010~2019年,黑龙江省有效灌溉面积逐年上升,水库数量基本不变;从地区来看,农垦总局有效灌溉面积最大,其次是齐齐哈尔和哈尔滨,七台河和大兴安岭最低。可以看到,黑龙江省稻作地区内灌溉条件优越,水利系统发达,为黑龙江省水稻种植稳定发展搭建了优势平台。

水稻种植全程解决方案

表1-3 黑龙江省有效灌溉面积、水库和除涝面积统计情况

年份、地区		有效灌溉面积（万公顷）	水库数量（座）	水库库容量（万立方米）	除涝面积（万公顷）
2010年		387.52	913	1 787 011	333.5
2011年		433.27	922	1 786 435	335.0
2012年		477.65	1 148	2 778 967	336.6
2013年		534.21	1 144	2 713 743	337.8
2014年		530.52	1 144	2 713 743	338.2
2015年		553.09	1 144	2 713 743	338.5
2016年		595.34	1 130	2 675 982	420.7
2017年		603.10	1 070	2 686 114	339.7
2018年		611.96	1 031	2 683 999	340.0
2019年	哈尔滨	80.60	261	233 282	33.3
	齐齐哈尔	88.66	100	966 237	33.7
	鸡西	20.39	52	81 293	3.5
	鹤岗	13.51	15	15 952	9.0
	双鸭山	10.25	14	74 513	14.9
	大庆	54.26	15	86 930	14.1
	伊春	6.13	15	20 382	2.7
	佳木斯	61.19	29	28 045	26.0
	七台河	2.29	18	40 248	1.9
	牡丹江	11.62	53	652 860	5.1
	黑河	9.23	81	249 917	9.2
	绥化	60.18	101	102 574	416
	大兴安岭	0.93	9	16 365	1.1
	农垦总局	192.03	154	107 261	144.8
	合计	617.76	973	2 676 697	341.1

注：数据来源《2020黑龙江统计年鉴》

二、气候条件

黑龙江省属于寒温带与温带大陆性季风气候，四季分明，夏季雨热同季，冬

季漫长。全省年平均气温为-4~5℃,平均每升高一个纬度,年平均气温约低1℃,嫩江至伊春一线为0℃等值线。全省大于或等于10℃的积温为2 000~3 000℃。全省无霜期为90~150天,大部分地区的初霜冻在9月下旬出现,终霜冻在4月下旬至5月上旬结束。

(一) 光照

太阳辐射是地球上绿色植物光合作用的能量来源。作物生产的实质是太阳能转化为有机化学能的过程。太阳辐射通过改变农田的热量和水分状况,进而影响水稻的生理和生态表现。黑龙江省作为高寒稻作区,受温度条件限制,水稻生育期短,生育期间充足的光照条件是实现水稻高产的基础。

黑龙江太阳辐射资源比较丰富,年太阳辐射总量为($4\,400 \times 10^8$)~($5\,028 \times 10^8$) J/m^2,其中5~9月的太阳辐射总量占全年的54%~60%。全省日照时数为2 200~2 900小时,其中生长季日照时数占总量的44%~48%,季节间变化幅度大于南方稻作区。在黑龙江省内,北部区域的太阳辐射总量大于南部区域。例如,5~9月,北部黑河市的太阳辐射总量即达到23.0×10^8 J/m^2,占该地区全年太阳辐射总量的51.8%;南部哈尔滨市的太阳辐射总量为22.0×10^8 J/m^2,占全年太阳辐射总量的47.3%。

黑龙江省光合有效辐射占总辐射量的50%左右,主要集中在夏季,冬季很少。按水稻开始播种育苗要求温度指标计算,平均气温稳定通过5℃期间光合有效辐射占全年光合有效辐射的62.5%;稳定通过10℃的水稻本田生育期间占全年的50.6%。省内≥10℃期间越往北越短,光合有效辐射总量也越来越少,如南部地区的哈尔滨市为12.3×10^8 J/m^2,中部地区的佳木斯市为11.0×10^8 J/m^2,而北部地区的黑河市只有10.6×10^8 J/m^2。但是,在日平均光合有效辐射强度方面,北部地区并不比南部地区低。同纬度的西部松嫩平原地区由于日照利用率大,一般要高于东部三江平原地区。

从日照来看,黑龙江省地理纬度高,可照时间冬短夏长,而且纬度越高可照时间越长。黑龙江省晴好天气多,日照百分率高,尽管水稻栽培期间总计实际日照时数较少,但日平均实照时数较多。日照时间长有利于积累光合产物和提高水稻产量。省内5~9月水稻栽培季节,西部松嫩平原和北部地区的日照时间较长,一般为1 250~1 350小时;东部三江平原的日照时间较短,一般为1 150~1 250小时。

(二) 温度

黑龙江省位于欧亚大陆东部,属于高纬度大陆性季风气候,年平均气温由北向南分布在 -4～5 ℃,是我国气温最低的省份。但是,黑龙江省夏季温度偏高,冬季温度偏低,春、秋季时间短,年温差明显大于南方稻区。即使是与世界同纬度地区相比,黑龙江省夏季的温度也是偏高的。夏季温度偏高才使得黑龙江省高纬度地区可以大面积栽培喜温作物水稻,黑龙江省北部稻区也成为世界栽培水稻的北限。

同时,积温不足是黑龙江省水稻获得高产的主要限制因素之一,但黑龙江省温度的有效性好,表现在昼夜温差大和温度变化与水稻生育要求相适应两个方面。

首先,5～9月,黑龙江省平均昼夜温差为 12.0 ℃,比南方稻区杭州市(8.1 ℃)高 3.9 ℃,比沈阳市(10.6 ℃)高 1.4 ℃。昼夜温差大,水稻呼吸作用消耗少,有利于积累光合产物和促进水稻生长发育。

其次,黑龙江省春、夏季温度由低到高,热量集中于 6～8 月,夏、秋季热量又由高到低。这一温度条件正与早粳稻生育要求温度指标相吻合。早粳稻种子萌发期所需临界温度为 8～10 ℃;移栽期为 13 ℃;分蘖期为 18 ℃;孕穗开花期不低于 20 ℃;灌浆后期为 15 ℃以上。黑龙江省一般在 4 月中旬平均气温为 5 ℃时保温育秧播种;在 5 月中、下旬平均气温为 13 ℃时插秧;在 6 月平均气温达到 18 ℃左右时,水稻进入以分蘖为主的营养生长期;在 7～8 月初平均温度达到 20 ℃以上时,水稻进入孕穗开花期;在 8 月平均气温达到 18 ℃左右时,水稻进入灌浆结实期。全省各稻区只要按当地热量条件选择熟期适宜品种进行计划栽培,保证在安全出穗期出穗,水稻一般均能正常成熟。另外,黑龙江省稻区最热的 7～8 月平均气温一般为 22～23 ℃,比南方稻区(28～29 ℃)低 6～7 ℃,一般情况下不会出现抑制水稻生育的障碍性高温。

(三) 降雨

黑龙江省降水量年际变化不大,年内分配不均,存在连丰连枯及丰枯交替的变化规律,地区分布存在山区和平原降雨量小、中部和南部降雨量大、西部和北部降雨量小的特点。

黑龙江省水稻主产区降水量多年平均值在 400～700 mm 之间,雨热同期,

第一章 概 述

水稻生长季的5~9月降水量占全年降水量的80%以上。但各地之间差异较大,中部通河以北小兴安岭山地及尚志、五常一带降水量多,平均在600 mm以上;东部地区在500~600 mm,西部和北部地区不足500 mm,降水量由西向东逐渐增多,到中部地区达最大值,再往东略有减少,而东部边陲抚远、饶河、虎林一带又有所增加。降水季节分布总的特点是冬春少而夏秋多,降雨多集中在水稻生长季节。

冬季(12月至翌年2月)降水最少,少雨地区不足5 mm,仅占全年降水量的1%;中部雨量最充沛的地区也仅有20 mm左右,占全年降雨量的3%。春季(3~5月)降水量占全年的10%~20%,具有越是干旱的地区,春雨越少的规律。夏季(6~8月)降水量占全年降水量的65%~70%。中部山区及尚志、方正、延寿一带夏季降雨较多,在400 mm以上,其他地区在200~400 mm,有自东南向西北递减的趋势。秋季(9~11月)降水多于春季,一般降水量占全年降水量的16%~26%。

降雨是水稻生长、发育与产量形成不可缺少的要素,对水稻生产具有十分重要的意义。水稻对水分的需求量极大,虽然我省是北方稻区14个省(区、市)中水资源最丰富的省份,但随地下水灌溉水稻种植面积的加大,对我省地下水资源造成严重的破坏。所以,如何合理利用好自然降雨,减少地下水灌溉,对黑龙江省水稻的可持续发展起着决定性的作用。

三、土壤条件

黑龙江省具有地貌多样、土壤类型繁多的特点。黑龙江省地势呈西部、北部、南部高,中部、东部低的特点。西北部和北部有大、小兴安岭,南部有张广才岭和老爷岭,东南部有完达山,整个地势向东北倾斜。在四岭一山的绿色屏障环抱中,构成了土地肥沃、水草丰盛的西部松嫩平原和东部三江平原两大农业种植区。

黑龙江省土壤在特定气候和地貌及成土母质、植被演替和人为活动等因素作用下,形成了多种土类。经普查,黑龙江省共有17种土类,47种亚类。其共性是普遍存在季节性冻土层,土壤腐殖质积累多,土壤肥力较高,并由南向北、由西向东逐渐增加。在17种土类中,适宜农作物耕作的土壤有14种,其中黑土面积最大,其次是草甸土和黑钙土。各土壤类型之间形态特征与属性差异鲜明,其中适宜发展水稻种植的土壤类型为白浆土、黑土、黑钙土、盐渍土、草甸土、沼泽土和水稻土。

白浆土是黑龙江省的主要耕地土壤之一,在全省耕地中约占13.6%,仅次于黑土和草甸土。从白浆土所分布的行政区域来看,按白浆土面积的大小排列依次为佳木斯、牡丹江、七台河、鸡西、鹤岗、绥化、黑河、伊春、双鸭山和哈尔滨,只有齐齐哈尔、大庆和大兴安岭没有白浆土分布。白浆土在三江平原和东部山区分布较广,三江平原和东部山区白浆土在耕地中分别占25%和26%。白浆土质地相对黏重、具有一定的保水性,在大田种植水稻的情况下,具有较好的保水和保肥性能。而且,经过多次的整地就会在下层形成一定的犁底层,所以最适合开发种植水田。

黑土在我省主要分布在滨北、长滨铁路沿线的两侧,北界直至黑龙江右岸,南界由双城、五常一带延伸至吉林省。西界与松嫩平原的黑钙土和盐渍土接壤,东界则可延伸到小兴安岭和长白山等山间谷地以及三江平原边缘。除富锦、集贤一带有整片黑土地外,其他地区黑土多与白浆土混存零星分布。我省的黑土主要位于中部地区,耕地面积为482.47万公顷,占我省耕地总面积的31.24%。黑土耕层深厚,有机质含量高,是种植水稻良好的土壤类型之一。

黑钙土地处松嫩平原,西起甘南县和龙江县,北至乌裕尔河,东至呼兰河东岸、海伦市的西南部和望奎县的西部,南至双城区和五常市。主要分布在肇州、肇东、肇源、安达、明水、大庆、杜蒙、林甸、齐齐哈尔、拜泉和依安等县市,总面积232.18万公顷,占全省总耕地面积的13.77%。黑钙土的特点是土体内不同部位有碳酸钙聚积,土壤保水性差,种植旱田极易遭受旱灾,所以引水灌溉开发种稻是很好的选择。

黑龙江省盐渍土均属于内陆型盐渍土,包括盐土和碱土。主要类别包括盐化草甸土亚类、碱化草甸土亚类、草甸盐土、草甸碱土。我省盐渍土总面积24.34万公顷,其中盐土13.24万公顷,碱土11.10万公顷。主要分布在松嫩平原的安达、肇东、肇源、大庆、富裕和杜蒙等17个县市,三江平原的集贤、友谊、富锦、宝清一带也有零星分布。盐渍土改良难度较大,但国内外经验证明,除用生物、化学和农业措施改良外,开发种植水稻是改良利用盐渍土最有效的途径。所以,盐渍土开发种稻是很好的选择。

草甸土是非地带性土壤,在山地土壤、白浆土、黑土、黑钙土等地带性土壤

第一章 概　述

区的沿江、河岸的冲积物上都有发育成的草甸土类,可划分为草甸土、潜育草甸土、白浆化草甸土、石灰性草甸土亚类。草甸土总耕地面积302.5万公顷,占全省耕地总面积的26.2%。草甸土分布在地势低平、地下水位较高、水源充足的地区,所以草甸土是最适宜种稻的肥沃土壤。

沼泽土也是非地带性土壤,在我省有由寒温带向温带、由东部湿润区向西部半干旱区逐渐减少的趋势。主要分布在三江平原区,包括佳木斯以东兴凯湖以北的广大低湿平原,是沼泽土面积最大、集中分布区域;大兴安岭中北部、小兴安岭及张广才岭地区,沼泽土占山区面积的9%~15%,主要呈片状及带状分布,其中以大兴安岭的分布面积最大;黑龙江、松花江的泛滥平原及嫩江下游地区,在沿河两岸多呈带状分布;在松嫩平原的湖沼地区,有零星的小片状分布。我省沼泽土耕地面积为38.2万公顷,占全省耕地总面积的3.3%,面积较小。一般具有排水工程的条件下,泥炭沼泽土、草甸沼泽土也可开垦种稻。

水稻土是在长期灌溉和种植水稻的条件下,由其他土壤演变而成的一种特殊土壤,是典型的人为活动产物。我省水稻土分布较广,已遍及全省各地,南起宁安、北至黑河、东自饶河、西至甘南都有水稻土,但主要分布在松花江、牡丹江、穆棱河及嫩江流域沿岸,其中以佳木斯和牡丹江等地区分布较多,已经成为我省水稻主产区。

第三节　黑龙江省水稻区划

黑龙江省是农业大省,粮食生产在国民生产中占有很大比例,且种植分布较广。合理规划能够解决农业生产布局问题,有利于因地制宜发展粮食生产,从而保证农业经济的协调发展,为黑龙江省乃至全国的粮食安全提供保障。面对黑龙江省广袤的地域分布和复杂的积温变化,可以按地理位置和积温对黑龙江省水稻区域进行划分。

一、按地理位置划分

黑龙江省水稻生产分布广泛,以黑龙江省统计局、垦区统计局发布的各县市和农场统计资料为基础[部分重点县(市)考虑到乡镇级],按水稻种植面积占粮食作物面积比例把黑龙江省水稻生产划分为 7 个类型区(黑龙江省农垦总局统计局,2011)。各区水稻气候和生产特点不同,生产现状、发展方向和发展潜力也不相同。

(一) 三江平原稻区

三江平原稻区位于黑龙江省东北部,区内水资源丰富,总量为 187.64 亿立方米,人均耕地面积大致相当于全国平均水平的 5 倍。该区主要涵盖鸡西市、鹤岗市、双鸭山市、佳木斯市和七台河市,以及宝泉岭、建三江、牡丹江和红兴隆分局等大部分农场。该区为黑龙江省最主要的水稻产区,水稻栽培面积分别占省内粮食作物播种面积的 41.2% 和全省水稻总面积的 59.8%。作为农垦系统水稻的主产区,三江平原稻区具有户均生产规模大、机械化水平最高等特点,稻谷商品量约占全省稻谷商品总量的 60%,打井灌溉面积大于自流水灌溉面积,适宜耕种的大平原多,水资源丰富,有利于发展水稻种植。三江平原大部分为黑龙江省水稻的第二至第四积温带区域,积温较好的南部地区适宜发展优良食味稻米的生产。受东部海洋气候的影响,这一区域低温冷害的发生频率高于黑龙江省南部其他稻区。

第一章 概 述

（二）松花江稻区

松花江稻区包括松花江干流上游两岸，以及呼兰河和拉林河等支流区域，包括哈尔滨市全域、绥化市东部区域、伊春的铁力市、大庆市的肇源县和肇东市南部沿江乡镇。该区水稻种植面积占粮食作物面积的25.9%，占全省水稻总面积的28.3%，几乎全部为县（市）农户经营，户均生产规模较小，土地较分散，机械化生产发展很快，但手插秧大部分集中在这一区域。该区江河提水和水库自流灌溉比例较大。该区大部分为黑龙江省水稻第一至第三积温带，温度条件较好，有利于生产优良食味米，特别是南部地区最适宜生产优良食味米，稻谷商品量约占全省商品总量的30%。该区地下水利用和水库承载稻田面积近于极限，小型水库建设发展潜力也较小，继续增加水稻种植面积主要靠大中型水库和松花江提水工程建设。

（三）嫩江流域稻区

嫩江流域稻区包括齐齐哈尔市嫩江下游两岸地区和大庆市杜蒙县。该区夏季高温干旱，水稻多提嫩江水灌溉和打井种稻。该区水稻种植面积占粮食作物面积的13.2%，占全省水稻总面积的8.8%。该区以县（市）农户经营为主，有小部分农场分布其中，户均生产规模一般大于松花江上游稻区。该区多为黑龙江省第一至第二积温带，温度条件较好，有利于生产优良食味米，稻谷商品量约占全省商品总量的10%。该区地下水利用已处于超采状态，继续增加水稻面积主要靠水库建设和江河提水工程建设，但发展潜力不大。新建成的尼尔基水库下游水稻有待开发。

（四）南部山地稻区

南部山地稻区主要涵盖牡丹江市附属各县（市），也包括绥芬河市和垦区牡丹江分局的少数农场。该区多山地，农作物播种面积较小，水稻主要集中在牡丹江流域，播种面积占粮食作物面积的9.3%，占全省水稻总面积的1.6%。除垦区农场外，该区大部分农户生产规模较小。该区多为黑龙江省第一至第二积温带，温度条件较好，有利于优良食味米生产。该区打井种稻面积大于江河提水。该区虽有稳定的稻谷商品量，但商品量不大。受耕地资源限制，该区水稻生产发展潜力很有限。

（五）松嫩平原缺水稻区

松嫩平原缺水稻区主要涵盖松嫩平原南部的大庆市、绥化市和齐齐哈尔市

水稻种植全程解决方案
SHUIDAO ZHONGZHI QUANCHENG JIEJUE FANG'AN

附属部分县(市),也有垦区农场零星分布其中。该区地势平坦,温度较高,河流较少,多属闭流区,多盐碱地,草原面积很大。该区部分地区地下水位虽较高,但矿化度较高难种稻,只在一些小河流域有少量水稻零星种植。该区水稻播种面积仅占粮食作物面积的1.5%,占全省水稻总面积的0.8%。该区农户生产规模也较小,几乎没有商品量。该区大部分地区没有再发展水稻种植的可能性。

(六)北部稻区

北部稻区主要涵盖黑河市附属各县(市)和农垦嫩江分局附属农场,以及伊春市的嘉荫县。该区大部分为黑龙江省第四至第五积温带,热量资源少,水稻生育期短,大部分地区水资源也不丰富。北部稻区只在局部地区小流域和小气候条件下有少量水稻零星种植,水稻播种面积仅占粮食作物面积的1.1%,占全省水稻总面积的0.7%。该区农户生产规模虽较大,但几乎没有商品量。该区是有水源条件的地区,也因低温冷害发生率较高而大部分不适宜发展优良食味米。该区黑龙江沿岸水资源较丰富,可发展特色加工用专用水稻。

(七)高寒无稻区

高寒无稻区涵盖大兴安岭地区附属各县区。历史上,这一地区曾做过水稻种植试验,尽管水稻也可成熟,但低温冷害发生频率很高,受害减产程度很大,甚至造成绝产。

二、按积温划分

黑龙江省按积温可分为六个积温带。

(一)第一积温带

第一积温带(2 700 ℃以上)涵盖哈尔滨市、阿城区、双城区、宾县,大庆市红岗区、大同区、让胡路区南部、肇源县、肇州县、杜尔伯特蒙古族自治县,齐齐哈尔市富拉尔基区、昂昂溪区、泰来县,以及肇东市和东宁市。

(二)第二积温带

第二积温带(2 500~2 700 ℃)涵盖哈尔滨市巴彦县、呼兰区、五常市、木兰县、方正县、依兰县,绥化市、庆安县东部、兰西县、青冈县、安达市,大庆市南部、林甸县,齐齐哈尔市北部、富裕县、甘南县、龙江县,牡丹江市、海林市、宁安市,

第一章 概述

鸡西市恒山区、城子河区、密山市,佳木斯市、汤原县、香兰镇、桦川县、桦南县南部、七台河市西部、勃利县,八五七农场,以及兴凯湖农场。

(三)第三积温带

第三积温带(2 300~2 500 ℃)涵盖哈尔滨市延寿县、尚志市、五常市北部、通河县、木兰县北部、方正县林业局,绥化市绥棱县南部、庆安县北部、明水县,齐齐哈尔市碾子山区、拜泉县、依安县、讷河市、甘南县北部、富裕县北部、克山县,牡丹江市林口县、穆棱市、绥芬河市南部,鸡西市梨树区、麻山区、滴道区、虎林市、七台河市,双鸭山市岭东区、宝山区,佳木斯市桦南县北部、桦川县北部、富锦市北部、同江市南部,鹤岗市南部、绥滨县,宝泉岭农管局,建三江农管局,以及八五三农场。

(四)第四积温带

第四积温带(2 100~2 300 ℃)涵盖哈尔滨市延寿县西部,苇河林业局,亚布力林业局,牡丹江市西部、东部,绥芬河市南部,鸡西市北部、虎林市北部、东方红镇,双鸭山市饶河县、饶河农场、胜利农场、红旗岭农场、前进农场、青龙山农场,鹤岗市北部、鹤北林业局,伊春市南岔县、嘉荫县、大箐山县、金林区、伊美区、乌翠区、友好区南部、铁力市,同江市东部,黑河市、逊克县、北安市、嫩江市、五大连池市,大兴安岭呼玛县东北部,绥化市海伦市、绥棱县北部,齐齐哈尔市克东县,九三农管局。

(五)第五积温带

第五积温带(1 900~2 100 ℃)涵盖牡丹江市西部、绥芬河市北部、穆棱市南部,鹤岗市北部、四方山林场,伊春市丰林县、友好区北部、汤旺县,佳木斯市东风区、抚远市,以及黑河市西部、嫩江市东北部、北安市北部、孙吴县北部。

(六)第六积温带

第六积温带(1 900 ℃ 以下)涵盖兴凯湖、大兴安岭地区、沿北林场、大岭林场、西林吉林业局、十二站林场、新林林业局、东方红镇、呼中林业局、阿木尔林业局、漠河市、图强林业局、呼玛县西部、孙吴县南部。

虽然黑龙江省地处我国北部高纬度寒冷地区,气候条件复杂,温度变化幅度大,但通过对黑龙江省气候趋势进行不同层面的分析,大量研究资料表明黑龙江省的气候在过去几十年间处于持续增温阶段。20 世纪 80 年代以来,黑龙江省有些地区≥10 ℃积温已超过3 000 ℃,出现积温区划与农业生产布局不一致现象,造成部分气候资源浪费,原有的积温区划已不能适应当前农业经济发展的需要。近30年来,黑龙江省≥10 ℃积温随年代呈明显的增加趋势,与20世纪90年代黑龙江省积温带划分相比,第一积温带变化极为显著,基本覆盖了原第一、二积温带及第三积温带部分地区,第二、三、四积温带北移覆盖原第三、四、五积温带,第五、六积温带界限略有北移,面积缩小。朱海霞采用区域气候模式(PRECIS)模拟SRES A2和B2情景下2021~2050年黑龙江省积温变化情况,得出2021~2050年,第一积温带将北移2个以上纬度,东扩8个经度,第二积温带主带将北移约1.5个纬度,第三积温带主带将北移2个以上纬度,第四、五积温带在农区将基本消失。黑龙江省是我国增温反应最严重的的地区之一,该地区水稻的生长发展应该充分考虑气候条件变化的影响,在积温带变化的情况下应该注重品种的选择。

第一章 概 述

第四节 黑龙江省水稻生产概况

一、黑龙江省水稻种植概况

(一)黑龙江省水稻种植面积变化

从1983年开始黑龙江省水稻播种面积进入快速发展阶段。1980年到1982年3年间平均播种面积为22.4万公顷。2005年已经增加到185.0万公顷,与1980年21.0万公顷相比,增加了7~8倍,年平均增加6.56万公顷。在2010年水稻播种面积增加到313.9万公顷,首次突破300万公顷大关,2014年水稻种植面积达到历史最高值为396.8万公顷,从黑龙江省水稻播种面积增加特点和影响因素等方面考虑,现将水稻播种面积演进(1980~2019年)划分为6个阶段进行分析,如图1-1所示。

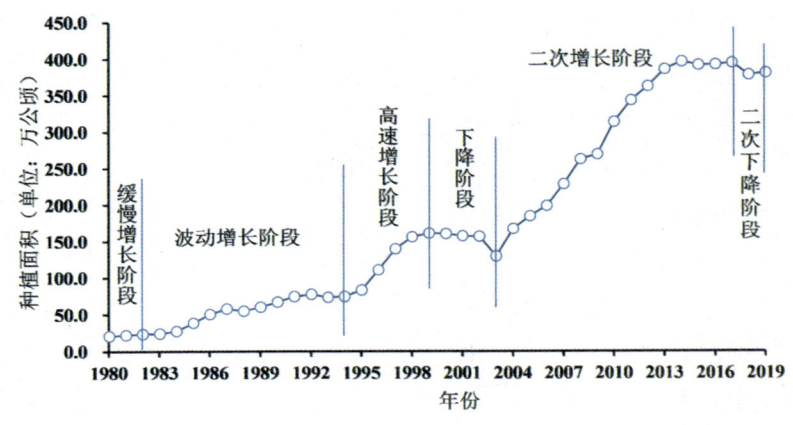

图1-1 黑龙江省水稻种植面积变化

注:数据来源《2020黑龙江统计年鉴》

1. 缓慢增长阶段

在1980年到1982年这3年间,水稻的种植规模进入了一个缓慢增长的阶段,当时的水稻播种面积较小,水稻平均种植面积为22.4万公顷,人均生产量不足14~15 kg,满足不了人们的正常需求,尽管国家和相关部门也采取了一定的政策措施促进水稻的生产和发展,但水稻的播种规模增长得十分缓慢。产生这种现象主要有以下三方面的原因:其一,当时的生产模式为集体经营,国家对粮食实行统一的购买和销售,农民的主观能动性不强;其二,生产技术落后,始终以直播栽培为主,稳产性较差且生产效率较低;其三,生产中的除草环节只能靠人工进行,然而人工除草进度缓慢,严重影响了水稻的生产效率。

2. 波动增长阶段

1983~1994年间,黑龙江省水稻生产处于波动增长阶段。年平均播种面积为57万公顷,到了1992年,播种面积达到77.8万公顷,达到此期间新高,之所以水稻种植面积小幅增加是因为农村实行土地经营承包制,同时出台了粮食产销管理新政策,极大程度上调动了农民生产的积极性。在1987年以后,黑龙江省稻米市场开始出现饱和情况,稻谷开始大量地涌入外省,农民出现了卖粮难的问题,这严重影响了稻米在市场上的销售价格,这也解释了在1988年和1993年2次出现水稻播种面积下降的原因。

3. 高速增长阶段

1995~1999年这5年间,水稻处于高速增长的阶段。1999年水稻种植面积达到了这个阶段的最高值161.5万公顷,可以说在这一时期,我国粮食已经进入了"丰年有余"的时期,其间国家逐渐开放了对粮食的收购价格,但考虑到粮食安全问题,对水稻仍然采取保护价格收购。当时,黑龙江省出现了种稻热潮,5年间水稻面积增加了86.7万公顷,平均每年增加21.7万公顷。种植水稻面积大幅度增加。

4. 下降阶段

2000~2003年黑龙江省水稻处于下降阶段。其中2000~2002年这3年水稻播种面积降幅并不大,2002年水稻播种面积仅比1999年最多时减少5.1万公顷,减少3.2%。2003年则不同,由于2002年秋季国家出台了关于国家粮库限制收购稻谷的政策,因此当年的稻谷不能被粮库收购,农民只能在市场上寻找销售途径,因此导致2003年水稻的销售价格大幅下降。当年水稻的销售价格比上一年下降了将近一半,几乎达到每公斤1.5元的成交价格,按此价格计算,农民基本没有收益而言,这也解释了2003年水稻播种面积大幅下降的原因。

5. 二次增长阶段

从2004开始黑龙江省水稻播种面积开始持续增长,2004年播种面积为167.5万公顷,2005年增加到184.9万公顷,2007年水稻种植面积达到了228.8万公顷,相比于2004年增加了61.3万公顷,增长36.6%,2014年水稻种植面积达到396.8万公顷的历史新高,相比于2007年增加了168万公顷,增长73.4%,2015~2017年水稻种植面积略有下降,但种植面积仍然较大。从2004年开始水稻播种面积迅速恢复和大幅度增长的原因是:全国水稻种植面积连续大幅度下降,出现了供不应求的现象,在库存积压消耗完毕后仍未能解决供应不能满足需求的这种紧张局面,因此市场上水稻价格上涨的趋势显著。在这种情况下,政府采取了相应的鼓励政策,例如恢复了水稻最低保护收购、取消农业税、生产补贴与良种补贴等,在很大程度上缓解了水稻供不应求的局面。水稻价格逐渐向好,也是水稻种植面积快速增长的原因之一。

6. 二次下降阶段

2018~2019年水稻的种植面积开始下降。2018年水稻种植面积为378.3万公顷,与2017年相比降低了16.6万公顷,降幅4.4%。2019年水稻种植面积为381.3万公顷,与2017年相比降低了13.6万公顷,降幅3.6%。近年来,我国稻米的产能较高,库存量大,2018年我国调整水稻面积1 000万亩[1]以上,黑龙江就是重点调整区域之一,2018年和2019年黑龙江省两次下发《黑龙江省耕地轮作休耕试点实施方案》,调减了井水灌、米质口感相对差、主要靠粮库收购地区的水稻面积。受休耕以及粮食价格的影响,2018年和2019年水稻种植面积较之前有所减少。

黑龙江省水稻种植面积的变化趋势基本上与全省大豆种植面积的变化趋势保持一致。2011~2018年,各地区水稻种植面积都有所增加,如表1-4所示,其中齐齐哈尔水稻种植面积增幅较大,由2011年的21.99万公顷增长至2018年的34.00万公顷,增加了12.01万公顷。只有哈尔滨和牡丹江区域水稻种植面积有所减少,哈尔滨2018年水稻种植面积为47.42万公顷,与2011年相比降低了6.57万公顷,下降了12.2%,牡丹江2018年水稻种植面积为4.5万

---

[1] 1亩≈0.066 7公顷。

公顷,与2011年相比降低了0.12万公顷,下降了2.6%。

表1-4 黑龙江省各地区水稻种植面积变化趋势(单位:万公顷)

年份 地区	2011	2012	2013	2014	2015	2016	2017	2018
哈尔滨	53.99	58.51	63.11	63.81	59.61	55.84	54.22	47.42
齐齐哈尔	21.99	25.73	28.33	32.06	31.84	32.41	35.31	34.00
鸡西	16.02	17.18	17.32	17.34	17.40	16.54	17.17	19.24
鹤岗	9.31	10.96	12.24	11.74	10.13	9.89	9.99	10.67
双鸭山	5.79	7.42	8.02	8.52	6.89	7.94	8.67	7.82
大庆	7.05	8.44	9.86	10.37	10.34	11.91	11.06	7.45
伊春	3.42	3.73	3.92	3.84	3.79	4.09	3.92	4.96
佳木斯	43.93	42.12	45.71	45.08	41.70	39.20	40.47	50.97
七台河	1.82	1.84	1.87	1.85	1.79	1.86	1.96	2.11
牡丹江	4.62	4.62	4.64	4.64	4.50	4.00	4.02	4.50
黑河	1.18	1.32	2.64	2.52	1.98	1.38	1.41	1.41
绥化	30.02	32.52	35.22	35.07	35.37	35.76	34.80	32.17
农垦总局	145.50	154.85	156.71	150.04	146.41	148.67	151.27	155.45
抚远	—	12.79	13.50	12.79	12.49	12.89	11.45	—

注:数据来源《2019黑龙江统计年鉴》

(二)黑龙江省水稻产量变化

1. 总产的变化

随着黑龙江省水稻播种面积的快速增长,水稻总产量也呈现明显的上升趋势。如图1-2所示,1980年到1995年水稻总产量涨幅较为平缓,16年间水稻年平均增产量为26.0万吨。从1995年开始水稻总产量增长速度较快,到2000年水稻总产量已经突破1 000万吨大关。但从2001年到2003年产量呈现下滑趋势,截止到2003年水稻总产量跌至842.8万吨,与1997年的总产量持平。2004年随着国家出台水稻生产补贴和良种补贴等政策,水稻总产量开始呈现快速上升趋势,截止到2017年水稻总产量达到历史最高值为2 819.3万吨,比

2004年增加了1 699.3万吨,14年间水稻总产量年均增长130.7万吨。由于受到水稻价格和气候因素的影响,2018～2019年水稻种植面积有所减少、单产降低,导致水稻总产量下降。

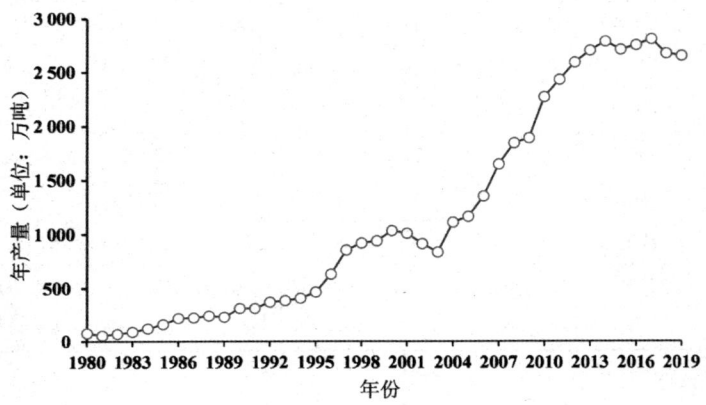

图1-2　黑龙江省水稻历年总产的变化趋势

注:数据来源《2020黑龙江统计年鉴》

黑龙江省各地区水稻总产量受水稻品种和种植面积的变化影响较大,2011～2018年哈尔滨、大庆、七台河、牡丹江、绥化、农垦总局地区呈波动下降趋势,哈尔滨2018年水稻总产量相比于2011年下降了194.47万吨,下降的主要原因是哈尔滨地区近些年种植产量较低的稻花香2号品种;齐齐哈尔、鸡西、鹤岗、双鸭山、伊春、佳木斯、黑河地区呈波动上升的趋势,其中齐齐哈尔地区上升趋势最为明显,与2011年相比,2018年水稻总产上升了53.62万吨。

表1-5　黑龙江省各地区水稻总产量变化趋势(单位:万吨)

年份 地区	2011	2012	2013	2014	2015	2016	2017	2018
哈尔滨	504.45	550.81	415.06	415.06	426.88	395.02	355.88	309.98
齐齐哈尔	147.83	189.16	129.46	129.46	188.73	203.37	209.27	201.45
鸡西	126.32	140.60	116.33	116.33	120.15	111.63	113.37	124.93
鹤岗	55.70	67.79	65.97	65.97	54.33	54.12	57.33	60.43
双鸭山	43.06	55.91	46.12	46.12	50.06	58.31	60.67	54.52
大庆	67.59	79.42	65.50	65.50	64.52	80.77	77.60	51.89

续表

年份 地区	2011	2012	2013	2014	2015	2016	2017	2018
伊春	27.67	29.72	23.48	23.48	29.02	27.51	27.15	31.25
佳木斯	327.00	367.69	314.59	314.59	294.53	279.53	277.42	338.19
七台河	13.43	12.66	7.20	7.20	11.68	11.95	12.01	12.56
牡丹江	35.50	36.35	29.17	29.17	32.01	27.53	24.98	27.72
黑河	6.31	8.99	15.17	15.17	11.22	8.58	9.21	8.51
绥化	270.63	295.64	189.81	189.81	253.95	255.14	251.27	227.47
农垦总局	1278.91	1370.42	1385.67	1385.67	1291.51	1336.81	1266.87	1204.56
抚远	—	94.08	66.57	66.57	64.16	74.57	70.34	—

注：数据来源《2019 黑龙江统计年鉴》

2. 单位面积产量的变化

1980 年到 2007 年这 28 年间，黑龙江省水稻单产呈现波动上升趋势。如图 1-3 所示，除了 1981 年到 1984 年单产出现大幅增长外，其后 24 年间水稻单产增加速度趋于平缓，在 2007 年单产突破了 7 000 kg/hm²，在 2010 年达到最大值为 7 254 kg/hm²，2007～2019 年水稻单产基本维持在 7 000 kg/hm² 左右，单产比较稳定。

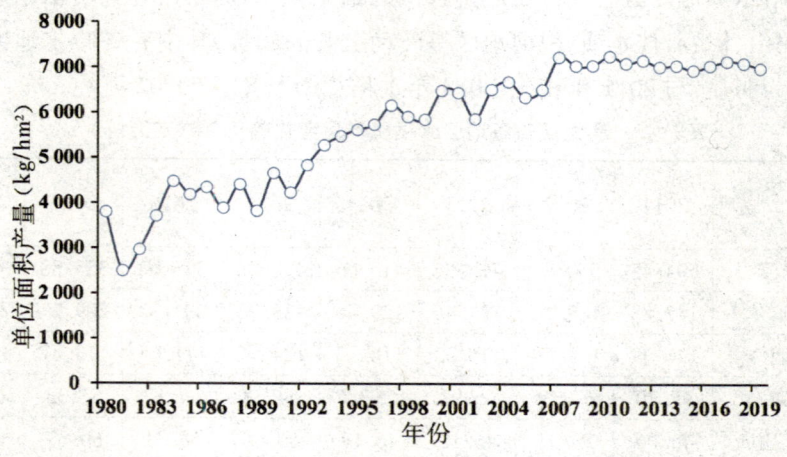

图 1-3 黑龙江省水稻历年单位面积产量的变化趋势

注：数据来源《2020 黑龙江统计年鉴》

2011~2018年,如表1-6所示,黑龙江省各地区水稻单产基本呈现下降的趋势。其中哈尔滨、大庆地区单位面积产量降低幅度在2吨/公顷以上,与2011年相比,2018年哈尔滨和大庆水稻单产分别下降了2.80和2.62吨/公顷,这两个地区水稻单位面积产量下降的原因主要与种植品种有关;农垦总局、鸡西、七台河、牡丹江、伊春和绥化地区单位面积产量降低幅度在1~2吨/公顷之间,降幅分别为1.04、1.4、1.43、1.52、1.8和1.95吨/公顷;鹤岗、双鸭山、齐齐哈尔、佳木斯单位面积产量降低幅度在1吨/公顷以下,降幅分别为0.33、0.47、0.79和0.80吨/公顷;只有黑河地区单位面积产量有所增加,增幅为0.66吨/公顷。

表1-6 黑龙江省各地区水稻单位面积产量变化趋势(单位:吨/公顷)

年份 地区	2011	2012	2013	2014	2015	2016	2017	2018
哈尔滨	9.34	9.41	7.63	7.79	7.60	7.23	6.56	6.54
齐齐哈尔	6.72	7.35	6.71	6.50	6.19	6.34	5.93	5.93
鸡西	7.89	8.18	7.31	7.18	7.24	6.96	6.60	6.49
鹤岗	5.99	6.19	5.79	6.01	5.98	5.94	5.74	5.66
双鸭山	7.44	7.53	7.26	7.21	7.88	7.35	6.99	6.97
大庆	9.58	9.41	7.64	7.23	7.31	7.81	7.02	6.96
伊春	8.10	7.96	6.31	7.52	8.19	7.29	6.93	6.30
佳木斯	7.44	8.73	7.16	7.58	7.55	7.16	6.85	6.64
七台河	7.39	6.89	5.09	6.48	6.51	6.44	6.12	5.96
牡丹江	7.68	7.87	7.16	7.14	7.24	6.76	6.22	6.16
黑河	5.36	6.81	5.90	6.33	6.54	6.23	6.55	6.02
绥化	9.02	9.09	7.43	7.79	7.87	7.55	7.22	7.07
农垦总局	8.79	8.85	8.84	8.86	8.84	8.99	8.38	7.75
抚远	—	7.36	5.24	6.80	7.46	6.74	6.14	—

注:数据来源《2019黑龙江统计年鉴》

二、黑龙江省水稻品质

黑龙江省品质达到部颁优质米二、三级标准的水稻品种所占比例较大。具体的品质指标达标情况为:供试品种品质的出糙率、精米率均达到部颁优质米的四级稻标准,并以二、三级稻为主;整精米率品质则有的未达到四级稻标准;垩白粒率、垩白率、胶稠度和蛋白质含量均达到部颁优质稻二级稻标准及以上;碱消值和直链淀粉含量达到部颁优质稻三级稻标准,均以二级稻达标率为最高。这说明黑龙江省在优质水稻品种的选育方面已经取得了较大进展,特别是水稻品种外观品质(垩白率、垩白粒率)和营养品质等相关指标均具有较高的水平,但加工品质中的精米率和整精米率指标表现不好,综合看来达到一级标准的品种较少,还需在水稻品种品质选育方面加大关注和支持力度。20世纪90年代,黑龙江省组织有关专家进行了两次优质水稻品种评定,合江19、松粳2号、牡丹江19、五稻3号、藤系140、龙粳8号、空育131等被评为优质水稻品种。随着水稻生产形势的发展,以及市场竞争的愈加激烈,育成优质品种已成为农业生产发展的客观需要。2000年,黑龙江省农业委员会组织和实施了良种化工程,截至2011年共有26个中标的优质水稻品种(系),分别为东农422、东农423、东农98-25、东农424、东农425、龙稻2号、龙稻3号、龙稻4号、龙稻5号、龙稻7号、龙糯2号、龙粳11、龙粳12、龙粳13、龙粳16、龙丰K8、龙育05-158、龙粳25、松粳6号、松粳7号、松粳8号、松粳12、系选1号、龙盾103、垦稻10、牡丹江26。这些优质品种的成功选育在黑龙江省水稻生产及黑龙江省水稻优质米品种推广和优质育种方面起了很大的推动作用。近年来,黑龙江省优质大米的选育和研发取得了很大进展,从表1-7的统计数据来看,在第一到第四积温带,优质高效水稻品种均有分布,包括香稻、长粒、椭圆粒等类型。其中,龙稻18达到国家《优质稻谷》标准一级,成为黑龙江首个国家一级优质米。

表1-7 黑龙江省2019年优质高效水稻品种种植区划布局

积温带	品种
第一积温带	五优稻4号(香稻、长粒)、松粳22(香稻、长粒)、松粳19(香稻、长粒)、龙稻18(长粒)、松粳16(长粒)、龙洋16(长粒)、龙稻21(长粒)、东农430(长粒)
第二积温带	绥粳18(香稻、长粒)、龙庆稻21(长粒)、龙粳21(椭圆粒)、三江6号(香稻、长粒)、盛誉1号(长粒)、东农428(长粒)、绥粳28(香稻、长粒)、绥粳22(长粒)
第三积温带	龙庆稻3号(香稻、长粒)、龙粳31(椭圆粒)、龙粳46(椭圆粒)、田裕9861(椭圆粒)、莲育3252(椭圆粒)、绥粳27(香稻、长粒)、绥粳15(长粒)、龙粳29(椭圆粒)、龙粳57(椭圆粒)、龙洋11(香稻、长粒)

第一章 概 述

续表

积温带	品种
第四积温带	龙庆稻5号(香稻、长粒)、龙庆稻20(长粒)、龙盾106(椭圆粒)、龙盾103(椭圆粒)、龙粳47(椭粒)、绥稻4号(香稻、长粒)

目前,黑龙江省水稻产量已经上升到一个崭新的高度,但优质育种的进程还相对缓慢,特别是一级米和二级米的品种数有限,粳稻的品质育种还有很长的路要走。

第二章　水稻旱育壮秧技术

　　育秧移栽在我国已有1 800多年的历史。过去以直播栽培为主的黑龙江、内蒙古、宁夏和吉林（西部）等省（自治区），现在也以育秧移栽为主要栽培方式。近年，旱育壮秧技术已成为北方稻区水稻优质高产栽培的主体技术。育秧移栽之所以被广泛采用，与直播田相比主要具有以下优点：①水稻生长初期在小面积秧田内集中管理，对于播种、施肥、灌溉、防除病虫草害等都比直播田方便，作业质量有保证，有利于提高成秧率和培育壮秧；②在水利条件较差地区集中育秧，有利于适时播种移栽，经济用水，安全高效；③利用薄膜保温育秧的方法可以充分利用光热资源，有效地延长营养生长期，种植生育期较长的高产优良品种，进一步提高产量；④可根据计划插秧面积的用苗数量，育成秧苗，保证移栽合理密度，实现全苗，达到因地制宜，均衡增产；⑤移栽前的本田耕作灭草，可以减轻杂草严重地区的除草压力。

第一节　水稻旱育壮秧技术的内容及要求

一、水稻育秧技术发展

水稻高产栽培,培育壮秧是最重要的基础环节,尤其在北方寒冷稻区及瘠薄盐碱土地上,为了有效地利用热量资源,确保移栽后分蘖早生快发、早熟增产,培育壮秧的重要性显得更为突出。为了培育壮秧,人们不断地进行技术改革。

我国稻作技术从20世纪50年代开始由直播逐渐向育苗插秧栽培发展。水稻育苗技术经历了水育苗、湿润育苗、旱育苗3个发展阶段。最早是水床育苗,以水为保温材料,但秧苗细弱、生长缓慢、移栽后成活率低、返青慢。为了提高育苗的温度,后来又用砂床育苗、透明纸覆盖育苗。直到有了塑料薄膜,开始实行薄膜覆盖育苗。随着育苗方式的不断发展更新,育苗素质不断提高,单产也相应提高。

水床育苗的主要特点是水耙地、水作床、水管理、拔苗移栽。这样的育苗方式一般管理方便,苗期病害少。但出苗率低,播种插秧时间晚,秧苗素质弱,劳动强度大,只能种早熟品种,产量低。从20世纪60年代后期开始,在水床育苗的基础上,出现了改良水床育苗方法,即在水田地中旱作床、旱播种、出苗后水管理的育苗方式。后期又出现了保温改良水床育苗方法,比水床育苗出苗好,播种时间提前7~15天,劳动强度低,可以种植中熟品种,产量有所增加,但是后期的管理上还是采用了水管理的方式,秧苗素质没有本质的变化。

旱育苗是20世纪70年代中期开始大面积推广的新型育苗方法。一般认为在1981年,日本著名的农民水稻专家原正市先生来我国传授他50多年种植水稻的经验,试验点设在黑龙江省方正县。主要技术是采取旱育秧,通过稀植,靠分蘖夺取高产,之后旱育秧在东北等地区开始大面积普及。20世纪90年代以后,在全国范围内推广起来。实际上,我国旱育苗的研究始于20世纪60年代中期,通化地区农业科学研究所(现通化市农业科学研究院的前身)开始进行适合我国特点的旱育苗研究。经过几年的不懈努力,随着利用敌克松药物来防治立枯病的成功,从1972年开始得到大面积推广,到20世纪70年代末,吉林省推广旱育苗面积占水稻育苗面积的70%以上。该项研究于1972年在全国农林科技展览大会上交流,并于1979年获得全国科技大会奖。

二、水稻旱育壮秧技术

旱育壮秧技术要求旱地作床、旱播种、旱管理(只能浇水,不能灌水)。因为不用灌水,所以拓宽了育苗地的选择,提前了育苗时间,既降低了播种量,又提高了水稻的秧苗素质。旱育壮秧技术可以提前播种20天左右,因为根系发育好,缓苗时间可提早5天,插秧密度减少一半,成熟度提高15%,增产15%~20%。

旱育壮秧技术,改善了秧田的氧气供应状况,提高了胚乳养分的利用率,提高了秧苗的素质,使秧苗的抗逆性和返青能力大大提高,满足了北方寒冷条件下,水稻早生快发对秧苗素质的要求,实现了水稻生产的高产稳产,在北方稻区迅速推广,成了北方稻区水稻生产历史性大发展的技术支撑。

三、壮苗的形态特点和秧苗类型

(一)壮苗形态特点

由于各地气候、品种、早晚季节、土壤和育秧方法的不同,对壮秧形态的具体要求也有不同,但却有共同的衡量标准。总的要求是秧龄适当,移栽后返青快,发根力强,抗逆性强,分蘖早而多。其形态特征:一是叶片挺直健壮,不软弱披垂;叶鞘较短,上下两叶的叶枕间距小,茎扁平,基部粗壮;叶色清秀,浓淡适宜,绿中带黄,无病虫枯叶。二是根系发达,粗短白根多,无黑根及腐根。三是生长均匀整齐,苗高适当,不徒长,长势旺,带有一定的分蘖。

如图2-1所示,形态上3.5叶中苗地上部标准为"3、3、1、1、8",即秧苗中茎长度不超过3mm,第一叶鞘长不超过3cm,第一叶与第二叶叶枕间距约1cm,第二叶与第三叶叶枕间距约1cm,第三叶长约8cm,全长13cm左右。地下部标准为"1、5、8、9",即种子根1条,鞘叶节根5条,不完全叶节根8条,第一叶节根9个。以秧苗的形态模式作为秧苗管理的标准,比较易于辨别。

水稻种植全程解决方案
SHUIDAO ZHONGZHI QUANCHENG JIEJUE FANG'AN

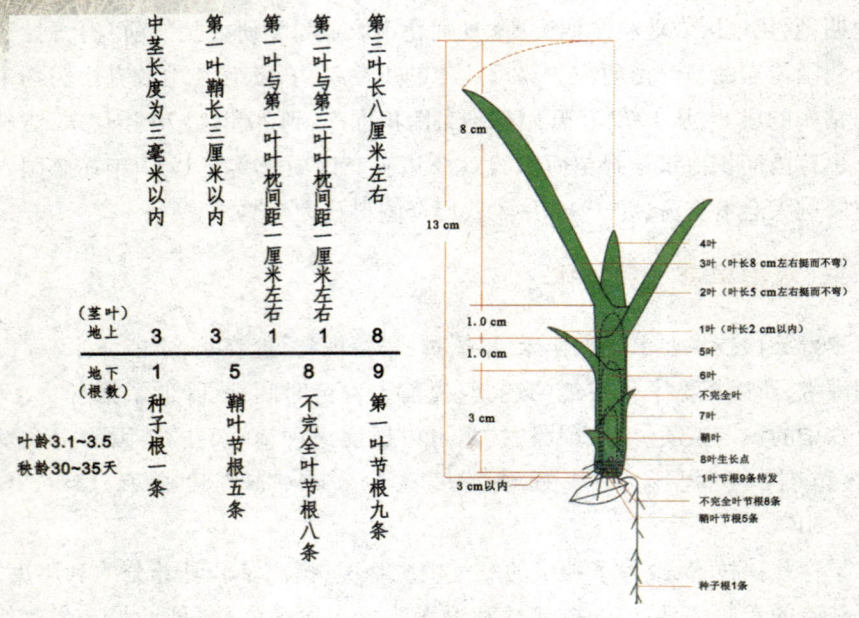

图2-1 旱育中苗壮秧标准

(二) 秧苗类型

由于移栽时期、方法和要求不同,壮秧类型大体可分为小苗、中苗和大苗。

1. 小苗

一般指3叶期内移栽的秧苗。由于叶龄小,较耐低温,适于早栽;在日平均气温12~12.5℃时就能发根。当日平均气温大于13℃时即可移栽。比大苗移栽的温度约低2℃。分蘖节位低,早生分蘖多,有效穗数也比大苗多。由于秧龄短,可以密播育秧,节省秧田。

健壮的小苗,一般苗高8~10 cm,叶宽而挺立,叶色鲜绿,叶枕间距短,茎基宽2 mm以上,中胚轴很少伸长,冠根5~6条,色白短粗,生有分支根。移栽适龄为2.0~2.5片叶,移栽时种子中残存少量胚乳。

小苗的缺点首先是栽秧龄短,被限制在3片叶内,在这样一个有限的幅度内,易误适插期,从而降低秧苗素质,影响成活与返青;其次是苗体过小,不便手插作业,每穴苗数易多,故适宜机械插秧用;再次是对移栽本田的整平和插秧后的水层管理要求较严。

2. 中苗

一般指 3.1~4.0 叶龄移栽的秧苗。中苗是机械插秧盘育苗的适宜秧龄，也适合手插秧。黑龙江省水稻种植面积大、插秧时间紧，加之人工插秧成本大，插秧机械化发展迅速覆盖全省，因此黑龙江省水稻生产中的秧苗均采用中苗进行移栽。育苗日数 30~35 天，中苗与小苗相比，移栽作业及田间管理方便，健壮的中苗，一般苗高 13 cm 左右，叶片宽厚挺立，叶色鲜绿，叶枕间距短，10 余条根，色白而粗，移栽适龄为 3.0~3.5 片叶，地上部 10 株风干重为 3 g 以上。

3. 大苗

一般指 4 叶龄以上的秧苗。但在寒地稻区，由于生育期短，主要被主茎 13~14 片叶的品种采用。育秧日数 35~40 天。10 株风干重为 4 g 以上，日平均气温达 13~14 ℃ 时进行插秧。健壮的大苗茎基部组织坚实，短而粗；一般株高 13~16 cm；茎基宽度 4 mm；叶片刚劲富有弹性，叶片厚，叶枕间距短而均匀，叶色绿中带黄；根系发达，色白，粗壮，并多弯曲，有活力，无黑根。大苗抗逆性强，耐植伤，返青快，发根早。这类秧苗移栽时与移栽叶位相应的上下管理条件适宜，即可迅速发生新根和返青。

四、壮苗的生理素质

健壮的秧苗，发根力强、抗逆性强、返青快、发根早，生产潜力大，是穗多、穗大的重要基础。由于秧苗类型或培育方法不同，壮秧的生理特征只是相对比较的数值，不可能完全统一。壮秧的生理素质大致可以概括为以下几方面。

(一) 干物质含量多

干物质含量的多少，是决定秧苗发根力强弱和抗逆性能大小的物质基础。因为在栽后秧苗的新根分化与发育过程中，首先需要从同化产物中摄取营养和能量，所以秧苗的发根数量及长度多与体内的干物质含量成正比。大秧较小秧、带蘖秧较无蘖秧的发根力之所以较强，除因前者的发根节位增多以外，和干物质含量有很大关系。当秧苗遭遇低温、硫化氢或其他不利因素危害的时候，一般从增强呼吸中多取得能量，以维持额外的生理活动，而作为呼吸的底物就是干物质，所以干物质含量较多的秧苗，在抵御各种不良条件所造成的生理障碍中，也自然占有相对的优势。一般以地上部百株干重(g)来衡量秧苗干物质含量的多少。

(二)充实度高

所谓充实度是指秧苗单位长度上的干重(mg/cm),这是体现秧苗抗性和耐植伤程度的重要标志。充实度高的秧苗,组织致密,细胞内含物较多,通常束缚水的比例相对增大,细胞渗透压也有所增加,这些都能大大提高秧苗对植伤、寒冷、干旱和盐害的忍受能力。如旱育秧苗的充实度显著高于水育秧苗,其自由水含量较水育秧苗减少近10%,栽后的叶面蒸腾量较水育秧苗则可减少一两成,特别当栽后遭遇低温、缺水等不良条件时,充实度高的旱育秧苗更表现出较强的抗逆能力。

(三)碳氮比值适宜

秧苗体内的氮、碳含量,乃是决定发根力大小的重要化学成分。氮影响秧苗发根是因为它直接关系到根细胞的增殖和根原基的分化,在形态基本相近的秧苗中,体内含氮素绝对数量高的发根力就强,反之则弱。当茎基部的含氮量降至0.75%以下时,则发根趋于停止。碳素营养是供应发根的能源,其中纤维素、半纤维素以及某些亲水性胶体(如果胶等),不仅是构成细胞壁的主要成分,还对充实细胞组织及增强保水能力方面起很大作用。

碳、氮含量虽都是发根的重要物质,但要求二者保持适宜的比例。如碳素过多,秧苗老熟,叶片合成能力减退,干物质积累数量降低,特别是栽前秧苗在茎基部氮素不足时,常成为限制新根发生的主要障碍;但氮素过量,又易促进地上部分的迅速生长使秧苗组织柔嫩,不利于抗逆性能的提高,而且根系活力也多与土壤的氮素浓度成反比,尤其在秧苗生育初期,氮素浓度越大,根系受抑制的程度越重。所以从壮秧的全面考虑,应该同时兼具高氮而又多碳的特征,其相对的适宜比值,则视秧苗不同类型而异,一般小苗在3~5,中苗在7~9,大苗最好维持在11~14。

五、鉴别秧苗壮弱的方法

(一)翘起力法

分别在不同秧田同时取样,用大头针将秧苗茎基部固定在桌面或木板上,茎叶翘起快且高的为壮苗,反之,则为弱苗。

(二)萎蔫速度法

分别在不同秧田同时取样,放在同一环境下,观察其叶片萎蔫卷曲程度,萎

第二章　水稻旱育壮秧技术

蔫卷曲慢的为壮苗,反之,则为弱苗。

(三)发根力法

分别在不同秧田同时取样剪去根系,植于相同条件的沙培或水中,发出新根快而多的为壮苗,反之,则为弱苗。

第二节 品种选择与种子处理

一、品种选择

(一) 种子分类

由于我国种稻历史悠久,分布辽阔,在长期的自然选择和人工选择培育下,形成了许多不同类型和品种。我国的栽培稻可分为籼稻和粳稻两个"亚种",每个亚种各分为早稻、中稻和晚稻2个"群",每个群又分为水稻和陆稻两个"型",每一个型再分为黏稻和糯稻两个"变种",以及一般栽培品种。

1. 籼稻和粳稻

籼稻和粳稻是由于适应不同温度条件而演变来的两种气候生态型,其稻米分别称为籼米和粳米。籼稻是最早由野生稻演变成栽培稻的基本类型,具有耐热、耐强光的习性,粒形细长,米质黏性较弱,叶片粗糙多毛,颖壳上毛稀而短,易落粒。粳稻是人类将籼稻由南向北、由低处向高处引种后,逐渐适应低温气候而生长的生态变异类型,具有耐寒、耐弱光的习性,粒形短而大,米质黏性较强,叶片少毛或无毛,颖壳毛长而密,不易落粒。

籼、粳的分布,主要受温度的制约,籼稻喜高温,粳稻耐低温,此外,还受种植季节、日照条件的影响。从世界范围看,籼稻主要分布在低纬度、低海拔的热带、亚热带的湿热地区,而粳稻主要分布在较高纬度的温带以及热带、亚热带较高海拔的丘陵山区。中国的籼稻主要分布于华南和长江流域;而粳稻主要分布在华北、东北和西北,长江下游太湖地区,以及华南、西南的高海拔山区。以总产量计,中国的籼稻约占69%,粳稻约占31%;杂交水稻中,95%为籼型,5%为粳型。

2. 早稻、中稻和晚稻

普通野生稻对日照长度(光周期)十分敏感。短日照(8~10小时)下幼穗开始迅速分化,长日照(13小时)下幼穗不分化或分化极缓慢,属短日照植物。

普通野生稻生长于热带和亚热带的湿热地区,较高的温度(27～35 ℃)适合它的生长发育,属喜温植物。在普通野生稻向栽培稻的演化过程中,在原始栽培稻向不同纬度、不同海拔地区的传播过程中,在日照和温度的强烈影响下,在自然选择和人为选择的强大压力下,发生了一系列感光性和感温性的变异,导致早稻、中稻和晚稻栽培类型的出现。早稻不感光或感光性极弱,中稻感光性弱,晚稻感光性强。感光性弱的品种,如早籼和早粳,只要温度能满足生长发育的需要,可按时孕穗扬花;感光性较强或强的品种,如我国华南的晚籼和太湖流域的晚粳,通过基本营养生长期后,对日照长度十分敏感,无论早播或迟播,一直要到日长分别稳定在 12.5 小时和 13 小时以下,幼穗才开始分化。因此,晚稻被认为是从普通野生稻驯化而来的基本型,早稻和中稻则是适应较长日照环境下的变异型。

早稻、中稻和晚稻是水稻适应不同光照条件产生的变异类型。全生育期从播种到成熟在 120～130 天的为早稻或早熟种,在 130～150 天的为中稻或中熟种,150 天以上的为晚稻或晚熟种。根据全国性熟期分类标准,南方高寒山区和西北、东北的水稻品种都属早粳稻。晚稻对日照很敏感,严格要求在短日照条件下才能通过光照阶段发育。早稻、中稻对日照钝感或无感,无论日照长短都能正常成熟。因此在生长季节短的地区栽培水稻,必须选择对光照反应迟钝的品种,其才能在较短的时间内完成生长发育。

籼稻或粳稻都有早稻、中稻、晚稻之分,并随着对日长反应的敏感性出现连续变异,在早稻、中稻和晚稻类型里又有早熟、中熟和迟熟之分,从而形成了适应各栽培季节、不同生育期的品种。

3. 水稻和陆稻

陆稻亦称陵(棱)稻,是适应较少水分环境的陆地生态型。普通野生稻生长在淹水的沼泽地区,从普通野生稻最初驯化而成的原始栽培稻应当是水稻,因此,水稻是栽培稻的基本型,陆稻是水稻向山区、旱地发展而出现的适应于坡地、旱地的生态变异类型。陆稻的显著特点是耐旱,种子吸水力强,发芽快,幼苗对土壤中的氯酸钾耐毒力较强;根系发达,根粗而长;维管束和导管较粗,叶表皮较厚,气孔少,叶光滑有蜡质;根细胞的渗透压和茎叶组织的汁液浓度较高。与水稻比较,陆稻吸水力较强而蒸腾量较小,故有较强的耐旱能力。陆稻与水稻一样,从茎叶到根部也有相连的通气组织,因此,陆稻不仅可在旱地生长,也可在水田种植。不过,陆稻在水田种植时,与水稻在形态、生理上的差异表现不明显。

陆稻也有籼、粳之分和黏、糯之别。全世界陆稻总面积约1 900万公顷,主要分布在亚洲、非洲和南美洲。巴西是陆稻种植面积最大的国家。中国陆稻面积约70万公顷,仅占全国稻作总面积的2.5%。在印度、孟加拉国、缅甸、泰国、老挝等国,以及非洲的马里、尼日尔等地的长期积水区或洪水泛滥区,生长着一种耐淹的深水稻。深水稻是早期种植者将普通野生稻引入深水地区而演变、驯化成的适应深水生态环境的变异类型。深水稻耐淹,节间伸长快,在淹水的情况下每天可长高10 cm以上,最多可达50 cm之多,植株随水位的上升而增长,能保持上部茎、叶、穗浮于水面而正常生长、抽穗、结实;中上部节有萌生不定根的能力;感光性强,在当地雨季后期雨水渐少、水位渐降、日照缩短之时孕穗抽穗,待洪水退后成熟收获,全生育期长达150~270天。

4. 黏稻和糯稻

籼稻和粳稻籽粒的胚乳有糯性与非糯性之分。糯稻和非糯稻的主要区别在于饭粒黏性的强弱,非糯稻(又称黏稻)黏性弱,糯稻黏性强,其中粳糯的黏性大于籼糯。籽粒淀粉的分析表明,胚乳直链淀粉含量的多少是区别黏稻和糯稻的重要依据。通常,黏粳稻的直链淀粉含量占淀粉总量的8%~20%,黏籼稻的直链淀粉含量占淀粉总量的10%~30%,而糯稻胚乳基本为支链淀粉,不含或仅含极少量(<2%)的直链淀粉。由于糯稻胚乳的淀粉绝大多数为支链淀粉,因此,淀粉糊化温度低,胶稠度软,米饭湿润黏结,胀性小。从化学反应看,由于糯稻胚乳中的淀粉为支链淀粉,因此吸碘量少,遇1%的碘-碘化钾溶液基本呈红褐色反应,而黏稻直链淀粉含量高,吸碘量大,则呈蓝紫色反应。从外观看,糯稻胚乳在刚收获时因含水量较高而呈半透明状,经充分干燥后便呈乳白色或蜡白色,这是由于胚乳细胞快速失水,产生许多大小不一的空隙导致光散射而引起的。

普通野生稻的籽粒属黏性、非糯,因此可推断糯稻是由非糯稻演化而来的。遗传分析表明,黏、糯性由一对基因控制,糯为隐性,由非糯性至糯性的基因突变频率较高。早期的氏族人注意到稻田中糯性稻穗的出现和黏、糯饭粒食味的差异而予以选择留种,代代相传,糯米就成为某些氏族人偏爱的日常饭食和糕点,以及祭祀的供品。糯稻还是重要的非食用黏合材料。以糯米和石灰捣合而成的黏合剂,可用于砖墙砌建和墙体涂抹,十分牢固;用于修筑坟墓棺椁的保护

第二章 水稻旱育壮秧技术

层,防水防潮,坚如水泥。中国云南、贵州和广西某些地区,老挝、泰国、缅甸北部,印度阿萨姆地区,人们喜食糯稻,糯稻品种丰富,形成了一个糯稻栽培圈,有着悠久的糯稻文化。

(二)种子质量要求

种子品种要符合国家审定标准(GB 4404.1—2008),如表2-1所示,常规大田用种选择发芽率不低于85%,纯度不低于99.0%,净度不低于98.0%,水分一般不高于14.5%的水稻品种。

表2-1 稻种子质量符合要求 GB 4404.1—2008

作物名称	种子类别		纯度 不低于/%	净度 不低于/%	发芽率 不低于/%	水分[a] 不高于/%
稻	常规种	原种	99.9	98.0	85	13.0(籼)
		大田用种	99.0			14.5(粳)
	不育系、恢复系、保持系	原种	99.9	98.0	80	13.0
		大田用种	99.5			
	杂交种[b]	大田用种	96.0	98.0	80	13.0(籼)
						14.5(粳)

[a] 长城以北和高寒地区的种子水分允许高于13.0%,但不能高于16.0%;若在长城以南(高寒地区除外)销售,水分不能高于13.0%。
[b] 稻杂交种质量指标适用于三系和两系稻杂交种子。

(三)品种选择原则

依据不同区域、不同气候的生态环境条件,因地制宜,采取先试验、后示范、再推广的方法。

1. 较强的适应性和抗逆性。适于当地气候生态条件要求,必须与本地生育时期相一致,必须符合本地区无霜期长短对品种的要求,同时要根据当地病虫害发生情况、地块地理条件、选用当地能安全成熟、耐肥、抗病、优质高产的优良水稻品种。

2. 较好的综合生产优势和产量潜力。水稻品种特性是:大穗型品种一般植株较高、叶片宽大、抗倒性较差、分蘖力较弱、结实率较低;小穗型品种(或称穗数型品种)一般分蘖力较强、耐肥抗倒;穗粒并重型品种表现为分蘖力较强,成穗率较高,穗型较大,结实率较高,适应性广,在不同肥力水平均易获得高产。

3. 通过国家和省审定的品种。生产上大面积应用的品种必须是通过所在省或国家审定的品种,可以选择黑龙江省农业委员会推荐的《黑龙江省优质高效水稻品种种植区划布局》中的优质水稻品种(见附录3),还可以参阅每年黑龙江省品种审定委员会有关水稻新品种的介绍,选用通过审定的品种。

4. 要充分考虑当地生产条件和管理水平。一般是当地生产条件优越和管理水平高的地方,有利于发挥品种增产潜力。例如土质肥沃,肥料充足,栽培管理技术到位,可以选择高产优质新品种等。

5. 根据糯稻或黑稻种植区域及产品价格可选择适当品种种植。

二、种子准备和处理

(一)种子准备

选用当地能安全成熟、耐肥、抗病、优质、高产的优良水稻品种。备种量要高于理论用量的10%,根据不同品种计算种子理论用量。

种子理论用量计算方法:以龙稻18为例,理论用量(千克/亩)=每穴株数(4~6株)×每平方米穴数(25~33穴)×千粒重(26克)×$667 \div 10^6 \div$出苗率(80%~90%),得出该品种最大理论用量为3.5~4.5千克/亩。

(二)种子质量检验

因种子成熟时干燥程度不一,贮藏条件各异,种子的含水量不同,直接影响种子的发芽率,在水稻浸种催芽之前要做好种子质量检验工作,做好发芽试验和净度试验,以决定该种子是否可用或需要进行选种操作。

发芽率和发芽势是检测种子质量的重要指标。发芽率是测试种子发芽数占测试种子总数的百分比,表示最终能够发芽的种子数量的多少。发芽势为发芽初期比较集中的发芽率,发芽势决定着出苗的整齐程度,发芽势高,出苗整齐,出苗生长一致,反之出苗参差不齐。在发芽率相同时,发芽势高的种子,说明其生命力更强。

种子净度是指种子清洁干净的程度,也是检测种子质量的重要指标。具体来讲,是指样品中除去杂质和其他植物种子后,留下的本作物净种子重量占分析样品总重量的百分率,种子净度高说明该批种子杂质少。

发芽试验和净度试验是测定种子的最大发芽潜力、比较不同种子的质量、估测田间播种价值(种用价值)的重要手段。种用价值=种子净度×种子发芽率。如果净度高、发芽率低,则此批种子不适于作为种用。但是发芽率高、净度低,则可采取种子清选进行处理。

发芽试验如图2-2所示,随机取有代表性的种子样品300粒,浸足水分后,以100粒为一组,分3组进行试验。每组分别放在有吸水纸或湿布的小盘内或培养皿中,置于温暖的环境或恒温箱里,保温25~30 ℃,湿度要适宜,5~6天待种子发芽出齐后测定其发芽率,3组平均即可。4天内发芽粒数的百分率为发芽势。

图2-2 水稻发芽试验

净度试验:随机取有代表性的种子样品3 kg。用20%的盐水(4 kg水加1 kg盐),比重为1.13(放入新鲜鸡蛋横浮出水面,露出水面部分直径约2.4 cm),充分搅拌均匀(搅拌时不可用力过猛),捞出上浮的杂物和秕粒,如果上浮的杂物和秕粒占样品总重的2%以上,则该品种必须进行选种操作。

(三)晒种

晒种可以增加种皮的透性,增强呼吸强度和内部酶的活性,同时还可以消除种子间含水量的差异,使种子干燥程度一致,浸种时吸水均匀,发芽整齐,可提高稻种的发芽势和发芽率,兼有杀菌的作用。

在选种前3~5天选晴天自上午9时至下午4时在背风向阳处晒种2~3天,种子厚度6~8 cm。每天翻动3~4次。晒种时要摊薄、勤翻、晒透,使种子受光、受热均匀,翻动时要防止搓伤种皮,如图2-3所示。

图2-3 晒种

(四)选种

成熟饱满的种子,发芽力强,幼苗发育整齐,成苗率高,若种子质量检验净度不合格,必须认真进行选种工作。目前主要的选种方式有盐水选种和比重清选机选种两个方法,如图2-4所示。

盐水选种:将种子与20%的盐水(4 kg水加1 kg盐)充分搅拌均匀,捞出上浮的杂物和秕粒后,将沉底的饱满种子捞出用清水冲洗两遍,以洗净种子表面附着的盐分,要做到清选3~4次种子更换一次清水,以防止种子表面残留盐分过多,每选一次,都需测试调整盐水比重,以保证选种质量。

比重清选机选种:其原理是根据颗粒状物料在流态化过程中会产生颗粒与密度偏析现象的原理,通过调整风压、振幅等技术参数,使物料间相互置换产生分层,比重大的向下部沉降,比重小的向上部漂移,待进入落料区后,可按照要求将比重不同的物料从不同的出口排出,精选后种子的千粒重、发芽率、净度、整齐度等均有显著提高。在清选后可用盐水选种来检验清选效果,如果盐水选种上浮的杂物和秕粒占2%以上,则重复使用比重清选机选种或直接进行盐水选种。

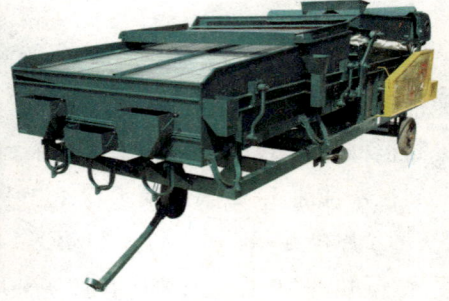

图2-4 盐水与机器选种

(五)种子消毒

种子消毒是为了杀死稻壳表面和潜伏在稻壳与种皮间的病菌,是预防水稻苗期恶苗病,保证秧苗正常生长的重要手段,可采用种子包衣和浸种消毒两种形式。在生产中建议采用以种子包衣为主、浸种消毒为辅的防病措施,也可两项操作同时进行,以确保防病效果。

1. 种子包衣

种衣剂是用成膜剂等配套助剂制成的乳糊状新剂型。种衣剂借助成膜剂黏着在种子上,很快固化成均匀的薄膜,不易脱落。种衣剂的主要成分包括活性组合(农药、肥料)、胶体分散剂(聚醋酸乙烯酯与聚乙烯醇的聚合物等)、成膜剂(PVAC、PVRN 等)、渗透剂(异辛基琥珀酸磺酸钠等)、悬浮剂(苯乙基酚聚氧乙基醚等)、稳定剂(硫酸等)、防腐剂、填料、警戒色等。

水稻恶苗病是水稻苗期主要的病害之一,恶苗病菌最初的传播是在收获季节通过污染后的种子进行的,属于种传病害,病原菌可以在土壤和病残体上越冬,并且能够通过土壤中的孢子感染健康的种子。恶苗病发病后无法治疗,可造成水稻产量损失达3%~70%。针对水稻恶苗病的发生危害,一定要进行种子包衣处理,或种子包衣与浸种消毒一起操作,单用浸种消毒效果相对差些。在保证种子机械加工后盐水选出率小于2%的情况下,可以采用种衣剂直接进行种子包衣,如图2-5所示。

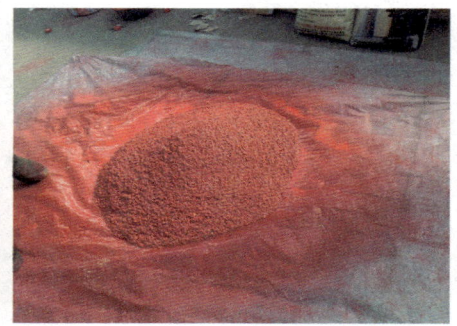

图2-5 种子包衣

(1)种子包衣的优点

种子包衣技术是将种子与特制的种衣剂按一定"药种比"充分搅拌混合,使每粒种子表面涂上一层均匀的药膜,形成包衣种子(或称包膜种子)。

种子包衣技术具有以下优点:

①提高秧苗质量

实践表明,经过包衣处理的水稻种子药膜包裹均匀、种子发芽率高、防治恶苗病效果好,可有效提高秧苗质量,提高本田秧苗成活率。

②促进水稻生长

种衣剂中含有的锰、锌、铜、硼等微量元素,可有效地防止水稻微量元素缺乏,促进水稻生长,以此达到长势均衡、增产的目的。

(2)种子包衣技术

采用包衣机进行包衣时根据机型确定每次可加入的种子量,再加入相应量的种衣剂和温水混合均匀的药液,开动包衣机进行搅拌,待每一粒种子表面都包裹着一层药膜后,倒出已包好衣的种子灌入网状袋中阴干3天以上,待药膜固化后即可进行浸种。

无包膜机可用喷雾器等装置将药物均匀喷洒在种子上,再用搅拌轴、滚筒或人工混拌的方式进行搅拌,使种子表面敷上药膜。包衣时,按照种衣剂使用说明书操作。

(3)水稻种衣剂选择

水稻种子包衣是主要的防病措施,但不提倡直接购买杀虫剂与杀菌剂进行简单包衣,以免造成药害,降低种子的活性与出苗率。如果需要进行虫害防治,需选择口碑良好厂家的复配种衣剂。种子包衣时按照种子重量2%的比例加入种衣剂,即每100 kg水稻种子加2 kg种衣剂(以噻虫嗪种衣剂为例),再加35~40 ℃的温水1 kg稀释,如表2-2所示。要保证药量准确、附着均匀、专人负责、确保效果。

表2-2 包衣药剂使用方法

药剂	使用剂量(mL/100 kg种子)
2.5%咯菌腈·3.75%精甲霜灵	300~400
12%嘧菌酯·甲基硫菌灵·甲霜灵	500~1 000
6%精甲霜灵·咯菌腈·嘧菌酯	334

(4)使用种衣剂注意事项

①必须选择登记作物为水稻,效果好、安全性好的种衣剂。

②观察种衣剂包装是否完整、有无过期,要注意有无沉淀物和结块现象。

③使用种衣剂处理的种子,不要再采用其他药剂拌种,避免药物发生反应,影响药效。

④一般种衣剂都含有毒农药,使用过程注意防止农药中毒,注意不与皮肤

直接接触,如发生头晕、恶心等现象,应立即远离现场,重者应马上送医院抢救。

⑤包衣温度:种子包衣时温度必须达4 ℃以上,如温度太低则种衣剂无法成膜,甚至出现挂蜡现象,无法拌匀,影响药效发挥。

⑥种子增温:春天温度低、种子凉,可在晴好天气、外界温度高于种子库的温度时,打开种子库的门窗增加库内温度。

⑦药膜固化:刚包好衣的种子要在5 ℃以上的条件下阴干3天以上或低温烘干,待种衣剂药膜充分固化后再浸种。如药膜未固化就浸种,易掉色,浸种液混浊,药效差。

⑧安全贮存:种子包衣后,表面水分会增加2%左右,要采取有效措施保证种子达到安全水分后再进行贮存,或放在暖库中贮存,防止种子因水分过大受冻而降低发芽率。

⑨严防晒种:包衣种子不能在阳光下晾晒,防止阳光直射,以免发生药剂光解影响药效。

⑩做到五定:包衣时必须定种子量、定药量、定水量、定拌种时间、定专人配药液。

2. 浸种消毒

浸种消毒是指在水稻浸种的同时,在水中添加杀菌剂预防水稻病害的消毒方式。药剂浸种是种子处理中最常用的技术,方法简便,省工省本,但部分农户操作不当,不仅效果甚微,而且严重的还会影响种子发芽。

(1)浸种消毒注意事项

①浸种药剂一定要选择登记作物为水稻的药剂。

②药剂浸种消毒时,先把药液充分搅拌溶解,再放水稻种子。

③掌握药剂浓度,严格按照说明书使用,药剂浓度小时效果不佳,浓度大时可能会影响水稻发芽。

④浸种期间种子要不定时地进行搅动,以利于不同部位稻种消毒充分,保证预防效果。

(2)浸种药剂选择

未包衣的种子浸种时应进行种子消毒处理,每80~100 kg种子可用25%氰烯菌酯25~33 mL加入浸种液中,种水重量比为1∶1.25至1∶1.5。

(六)浸种

浸种的目的是满足稻种发芽对水分的需求,要使全部种子均匀吸足水分,催芽时发芽才能整齐。水稻浸种过程就是种子的吸水过程,种子吸水后,种子酶的活性开始上升,在酶活性作用下胚乳淀粉逐步溶解成糖,释放出胚根、胚芽和胚轴生长所需要的养分。当稻种吸水达到谷重24%时,胚就开始萌动,称之为破胸或露白。当种子吸水量达到谷重40%时,种子才能正常发芽,这时的吸水量为种子饱和吸水量。

种子吸水时间受浸种水温影响,在一定温度范围内,温度越高,种子吸水越快,达到饱和吸水量时间越短。但是在水稻浸种过程中,如水温较高,虽然吸水速度快、浸种时间短,但是随着种子活性增强,种子内营养物质的渗透量将会大大增加,不仅造成水稻出苗时营养物质缺乏,而且还可能会在浸种池内出现发酸现象,因此浸种时要严格控制水温。

1. 浸种方式

在实际生产中可采用农户自行浸种或水稻浸种催芽车间进行浸种两种方式,如图2-6和2-7所示。虽然两种方式都可完成浸种操作,浸种效果可能差别不是太大,但是在催芽上效果差距较大,故有条件的农户建议采用浸种催芽车间进行浸种催芽。

(1) 农户自行浸种

农户自行在家浸种一般采用在

图2-6 农户自行浸种

温室大棚或室内使用大桶或搭建小池子进行,操作简单、费用较低。但是在浸种过程中水温不好控制,翻动、捞出浸种袋比较麻烦,耗费精力较多,无法实现大规模浸种。

(2) 浸种催芽车间

浸种催芽车间采用自动化控制可实现大规模集中浸种,放水使种子充分接触空气、翻动浸种袋等操作方便,浸种效率较高,在水稻主产区应用越来越广泛。

第二章　水稻旱育壮秧技术

 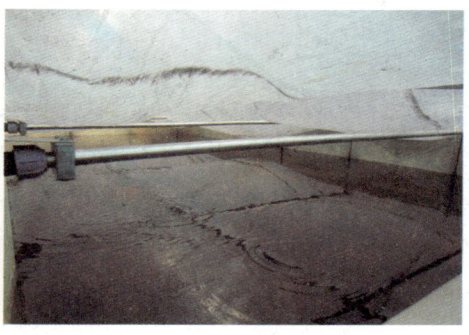

图2-7　浸种催芽车间

2. 浸种操作

浸种时水层应高于种子20 cm，液温保持10～15 ℃。最好用尼龙纱网袋，装成宽松种子袋。浸种要求为种子提供80～100 ℃积温（积温算法为每24小时为一周期，每保持一周期的恒温条件即计为有效积温，例如水温恒温达10 ℃时需要8～10 天，水温恒温达到15 ℃时需要6～7 天）。浸种过程中，每天应将种子袋捞出，沥出水分，使种子与空气充分接触，时间为1小时，为种子提供氧气，控制厌氧呼吸。重新放回时，调换上下种子袋位置，以保证种子吸水速度一致。

3. 完成浸种的标准

完成浸种的标准是种子颖壳表面颜色变深，种子呈半透明状态，透过颖壳可以看到腹白和种胚，剥去颖壳米粒易掐断，手捻成粉末，没有生芯，如图2-8所示。

（七）催芽、晾芽

水稻春季播种时温度低，为保证水稻播种后出苗快、出苗整齐，在浸种后进行催芽操作。可采用水稻浸种催芽车间进

图2-8　浸种完成后的状态

行催芽或农户自行催芽两种方式。与农户自行催芽相比，浸种催芽车间采用自动化控制，催芽整齐一致。水稻浸种催芽时建议采用浸种催芽车间进行操作，如果当地没有浸种催芽车间，建议采用水稻催芽机自行在家催芽，不建议在火炕上催芽。

1. 催芽方式

(1) 农户自行催芽

农户自行在家催芽一般采用在温室大棚或室内使用大桶或搭建小池子里放置水稻催芽机进行增温,也可在火炕上采用棉被覆盖的方式进行催芽。催芽机催芽需专用设备,虽然能够保证催芽所需的温度,但是由于在大桶或池子中对水稻进行翻动是比较困难的,故会造成出芽不齐现象。在火炕上进行催芽温度不宜控制,上下层种子受热不均匀,导致发芽长度不一,影响播种。

催芽机使用前要提前进行调试,农户自行催芽一般在浸种时就已经把催芽机放入桶中或池子中,浸种完成后启动催芽机,设置温度32℃,保持10~12小时,然后将温度调整为25~28℃进行催芽。如果水稻种子较多可适当增长破胸催芽时间,其间要对催芽桶或池子进行覆盖保温工作,待芽根呈"双山形"、长度不超过2 mm、以90%种子破胸露白为宜,即完成催芽工作。

(2) 浸种催芽车间

水稻浸种催芽车间可以实现高效管理系统、集散式和分布式的智能控制,可以解决传统水稻催芽作业中温度控制不精准、催芽不齐、效率低等问题,可以实现浸种、破胸和催芽的全程自动化的动态管理,如图2-9所示。

图2-9 黑龙江省智能水稻浸种催芽车间

催芽时对加入种箱的清水采用催芽系统的加温装置进行加温,并通过外循环水路循环,将水温升到32℃。当水温达到32℃时,将温度自动控制系统调整到32℃(上限值33℃,下限值31℃),进入正常催芽喷淋工作状态。喷淋水温标准控制在32℃,保持10~12小时。然后将温度控制系统水温调整为25~

28 ℃进行催芽,保证催芽时期的温度要求,同时控制种箱内种子自身温度。采取适温喷淋措施,能保证种箱内部温度一致,防止出现烧种现象,时间为 10~12 小时,待芽根呈"双山形"、长度不超过 2 mm、以 90% 种子破胸露白为宜,即完成催芽工作。

工厂化水稻浸种催芽技术是现代化农业水稻生产的一个重要环节,水稻浸种催芽车间智能调节水温,实现灌袋、装箱、码垛、浸种、催芽一次性大批量生产。采用此项技术能够保证种子出苗整齐,有效利用当地积温,保证农时,具有省时、省工、省力等优点,为水稻增产奠定了基础。

2. 催芽要求

催芽要做到"快、齐、匀、壮"、呈"双山形"、芽长不超过 2 mm、均匀整齐一致、以 90% 种子破胸露白为宜;催芽时保证种子内外、上下温度均匀一致,破胸温度为 32 ℃,催芽温度为 25~28 ℃。

3. 晾芽

催好芽的种子(如图 2-10 所示)要在大棚或室内常温条件下晾芽,可以抑制芽长,提高芽种的抗寒性,散去芽种表面多余水分,保证播种均匀一致。注意晾芽时不能在阳光直射条件下进行,温度不能过高,严防种芽过长,不能晾芽过度,严防芽干。晾芽时间在 1 天以内,第 2 天必须播完,严防晾芽时间过长,降低

图 2-10 种子催芽后状态

发芽势,影响芽种质量。浸种催芽车间要在芽种出箱后 2~3 小时内运送分发到农户,运输过程中一定要用苫布盖好,严防温度过低或运输停留时间过长而冻伤种芽。

第三节 秧田建设

一、秧田规划和大棚建设

(一)秧田选地

为确保旱育条件,秧田选择的首要条件是地势平坦、高燥、排水方便,在此前提下还要考虑选择土壤肥沃、无盐碱、无农药残留、运输距离适中、交通便利、便于秧田管理的地块,避免在水田原茬地做秧田。

(二)秧田规划

旱育秧田选定后,根据育秧大棚建设的规模进行规划。应坚持科学、合理、节约用地的原则,充分考虑选址的实际条件做好规划设计,确定水源(引水渠系或打井位置)、晒水池、运送秧苗道路、划定苗床地、栋间距和排间距,堆放床土用地、设计排水系统。按设计规划,做好旱育秧田基本建设,形成常年固定,具有井(水源)、池(晒水池)、床、路、沟(引水、排水)、场(堆床土场)的规范秧田,为旱育壮苗提供基础保证。

(三)秧田布局及建设

1. 大棚走向以南北布置为宜。
2. 栋间距(指并排相邻两栋大棚之间的距离)应不小于 3 m,排间距(指两排大棚之间的距离)应为 5~6 m。
3. 运送秧苗道路宽不少于 3~4 m,可采用水泥硬化或采用砂石路面。
4. 大棚分布应按大棚数量、秧田地块大小及形状进行布局,若秧田地块为窄长条形,可在运送秧苗道路一侧建设育秧大棚;若秧田地块大、大棚数量多可建多排大棚,建设成水稻育秧基地,如图 2-11 所示。
5. 水源及晒水池位置、晒水池大小应方便为所有大棚进行供水,或采用排灌渠供水方式保障所有大棚用水。晒水池可采用水泥进行硬化,或铺设塑料布防止池内水下渗。

图 2-11 育秧基地

6. 两栋大棚间挖排水沟,沟顶宽约 50 cm,沟底宽约 30 cm,深约 50 cm。育秧基地四周挖设排灌渠,沟顶宽约 2 m,沟底宽约 1 m,深约 1 m。

7. 堆床土场位置及大小应方便所有大棚用土。

(四)大棚建设

1. 大棚建设参数

以面积 360 m^2 标准大棚为例,按照每公顷大田配备 90 m^2 苗床面积。棚高 2.3~2.5 m,长 45 m,宽 8~8.5 m;门高 1.8 m,门宽 1.8~2 m。置床宽为 8.5~9 m,置床高度 10~30 cm,棚内步道宽度为 25~30 cm;大棚两侧置床预留宽各 0.3~0.5 m。肩部通风,通风口下沿离地高度 50~70 cm,宽度 40~50 cm。

塑料薄膜选用无滴膜,顶膜宽度 10 m,顶膜长度 = (棚长 + 棚高 × 2 + 0.5) m,厚度 0.12~0.14 mm;裙膜宽度 1.3~1.5 m,裙膜长度 = (棚长 + 3) m,厚度 0.12~0.14 mm,裙膜需要 2 张;压膜槽单根长 4~6 m,总压膜槽长度 = 棚长,一侧 2 道,共 4 道;压膜线数根;拱形弯管为 Φ20(六分管)热镀锌管,壁厚 1.8 mm,单根(半边)拱管长度为 5.7~5.9 m,地插 0.4 m,若不插入地下,单根(半边)拱管长度 5.3~5.5 m,拱管间距 1 m;纵向直管采用 Φ20(六分管)热镀锌管,长 5~6 m,螺杆连接;如需安装微喷设备,微喷系统供水的工作压力应在 0.20~0.25 MPa,日最大用水量为 15~25 L/m^2。大棚内微喷管线布设 2 道,喷头采用孔径 1.2 mm 防滴漏喷头,喷射直径 4.5 m,喷头间隔 2 m,距地 1.6 m。

2. 大棚建设

（1）育秧大棚骨架（图2-12）安装

在已确定的大棚位置上，根据拱管间距划出拱管安装的位置，开洞安装拱管，插前浸蘸沥青油0.5 m并晾干防锈，下端地插0.4 m，两拱管顶管由V形管连接，拱管间距1 m。大棚顶部和两侧肩部安装纵拉直管，拱管和直管由铁丝卡连接固定。若拱管不插入地下，可在地面铺设横管采用连接件与拱管连接，横管采用地锚固定，地锚4~6 m一个。

图2-12　育秧大棚骨架展示

（2）微喷供水系统安装

大棚供水系统（图2-13）应分区布局，以保证分片微喷时的供水压力。主管内径100~110 mm，支管内径50 mm，毛管内径32 mm。主管分支处、支管接主管处、每栋大棚内均安装相应规格的阀门，每栋大棚内应留一个出水口，并安装阀门，以便随时接水使用。

图2-13　喷灌设备

二、整地作床

旱育秧应秋整地、秋作床,好处是可以提高秧田的干土效果,增加土壤养分释放,缓和春季农时紧张,提高旱育秧田质量。

秧田春季育苗结束后的闲置期间定期喷施草甘膦等药剂,及时清理杂草,避免杂草形成草籽撒落,育秧时受杂草危害。秋季要统一完成田间清理,浅翻 15 cm 左右,及时粗耙整平,在结冻前拉线修成高 10~30 cm 的苗床,粗平床面,利于土壤风化,挖好床间排水沟、疏通秧田各级排水便于及时排除冬春降水、保持土壤呈旱田状态。

春季清雪扣棚后大棚内温度逐渐升高,待到棚内苗床土变得干燥时把大土砢垃清出大棚,采用人工压碌或机器压碌方式进行平床,低洼处需填平,岗处需铲平,如图 2-14 所示。

图 2-14 水稻置床

春季置床要求床面达到平、直、实:

平——每 10 m² 内高低差不超过 0.5 cm;

直——置床边缘整齐一致,每 10 延长米误差不超过 0.5 cm;

实——置床上实下松、松实适度一致。

三、大棚清雪、扣膜

黑龙江省春季气温回升较慢,为促使苗床化冻、干燥,提高床温,方便置床、及时育秧,应尽早清除棚内积雪(图 2-15),进行大棚扣膜(图 2-16)。

(一)大棚清雪

清雪时要把棚周围的雪清到棚间沟内。棚头沟、棚区四周排水沟及育秧土周边积雪要清理到位,防止积雪大量融化倒灌棚区和浸湿育秧土。要提前做好沟渠挖掘和疏通工作,防止融化雪水淹没或浸泡苗床,影响作床和摆盘工作。

图 2-15 大棚清雪

(二)塑料薄膜覆盖

覆盖顶膜时选无风天,先将膜铺开,多人分别站在两侧,从一侧向另一侧拽,并防止拽过头。整个膜覆盖到育秧大棚上之后,快速匀齐,用钢丝卡子将膜固定在侧通风口上沿压膜槽内。裙膜同时固定在上下压膜槽中,下部多余部分用土覆盖严实。

图 2-16 大棚扣膜

(三)固定塑料薄膜

压膜槽、压膜钢丝、固膜卡、压膜线是固定塑料薄膜的主要材料。覆盖农膜

时,按要求使用压膜槽、压膜钢丝、固膜卡及压膜线。要求每间隔1根拱管要压1道压膜线,也可根据实际情况每2~3个拱间距使用一根压膜线,压膜线固定在育秧大棚两侧的地锚上。地锚采用Φ16螺纹钢,长0.5 m,做防锈处理后,打入地下0.4 m,也可采用木桩打入地下。

四、置床准备

(一)调酸、施肥和消毒

1. 调酸

水稻是喜酸作物,水稻育秧的置床在摆盘前一定要先测定置床的pH值,尤其是新建育秧基地的置床,调酸的目的就是创造偏酸性土壤环境,提高水稻种子萌发的生理机能,提高育苗土壤中磷、铁等营养元素的有效性和幼苗根系的吸收能力,并抑制立枯病菌的增殖,从而壮苗抗病、抑菌防病。

当置床pH值高于5.5时,要进行调酸,每100 m^2 用77.2%固体硫酸1~2 kg,拌过筛细土后均匀撒施在置床表面,耙入土中0~5 cm,使置床pH值在4.5~5.5之间;如果pH值未降到4.5~5.5之间,则需继续调酸。可在0~5 cm土层中取出一定体积的土(如取出10 cm×10 cm×5 cm体积的土,称重,再取出部分土样进行称重并测定pH值,逐渐向测定溶液中加入77.2%固体硫酸,使pH值达到4.5~5.5,之后反推出整个置床需用77.2%固体硫酸的量,床土调酸也可参照此方法)。pH值测定方法:纯净水(中性)浸提法(土水体积比例为1∶2.5),充分搅拌混匀后,用pH试纸测定溶液pH值。

2. 施肥

在水稻秧苗生长时,部分根系会通过秧盘空隙深入到置床中,在置床中施入肥料可为秧苗提供部分养分,促进秧苗生长。可在调酸同时每100 m^2 施尿素2 kg、磷酸二铵5 kg、硫酸钾2.5 kg,均匀施在置床上,并耙入土中0~5 cm。

3. 防病

床土和置床消毒是防治立枯病、绵腐病等苗床病害、培育壮苗的保证。在进行调酸施肥后,每100 m^2 床土再用3%甲霜·噁霉灵1.5~2.0 L,兑水5~10 kg喷施于置床上进行消毒。

为了操作方便,可用壮秧剂直接进行调酸、施肥、消毒(参照说明书使用,不同厂家用量有差异),均匀撒施在置床表面,耙入土中0~5 cm。如测定置床pH

值达不到 4.5~5.5,再用 77.2% 固体硫酸补调到标准 pH 值。

(二)防治地下害虫

为防治蝼蛄等地下害虫对水稻根系的损害以及降低秧盘悬空现象,在摆盘前每 100 m^2 置床用 2.5% 敌杀死 8~10 mL,或每 100 m^2 置床使用 50 g/L 氟虫腈 10~15 mL,兑水 10~15 kg 进行喷雾。

五、床土配制

(一)床土准备

床土一般取用无农药残留(咪唑乙烟酸、莠去津和氟磺胺草醚等)的旱田表土和草炭土,按体积比 3:2 的比例准备,不能使用生土或黄泥土(黏土),床土最好在头年秋收后(11 月份左右)取土。每 100 m^2 苗床按 3 m^3 准备。床土准备如图 2-17 所示。

图 2-17　床土准备

(二)床土晒干

秋季取回来的土要摊开晒干,达到能进行正常粉碎的要求,冬季下雪前用塑料布将床土盖好,如有未盖好的地方春季应及时清雪,及早进行晾晒,以达到粉碎要求。

(三)床土粉碎

摆盘前,晒干后的土用粉土机进行粉碎,床土的颗粒直径在 3~5 mm,盖种土颗粒直径应为 2~3 mm,床土粉碎后需过筛,根据床土颗粒直径选择不同目数的筛子[筛子目数 = 15 ÷ 筛孔直径(mm)],一般选择 2.5 目以上的筛子。

第二章 水稻旱育壮秧技术

(四) 苗床土配制

将过筛的床土 3 份与草炭土 2 份混拌均匀。在摆盘前 1 天,用壮秧剂与床土充分混拌均匀,要严格按照使用说明书操作。混拌均匀后测定床土 pH 值,测定方法:纯净水浸提法(土水体积比例为 1∶2.5,充分搅拌混匀后,用 pH 试纸测定溶液 pH 值),如 pH 值未达到 4.5~5.5,可再用 77.2% 固体硫酸调至规定标准。

六、摆盘

育秧盘是水稻机插秧不可或缺的组成部分,其主要功能是进行水稻育秧。育秧盘是以聚氯乙烯为主要原料,经过特殊工艺配方加工而成,具有重量轻、易搬运、便于贮藏保管、使用成本低的特点。不同的插秧机配备不同规格的育秧盘。

我国水稻插秧机按类型分有九寸机和七寸机等,所以育秧盘也分为九寸盘和七寸盘。九寸盘大小为底部长(585±5)mm、宽(285±5)mm、深(25±5)mm;七寸盘大小为底部长(585±5)mm、宽(215±5)mm、深(25±5)mm。由于黑龙江插秧机均为九寸机,故水稻育秧盘为九寸盘。

育秧盘根据硬度又可分为软盘和硬盘,由于软盘具有更加轻便、价格便宜、不易损坏、便于回收再次利用等优点,所以应用面积较大。硬盘可分为机插秧盘(图 2-18)和钵育秧盘(图 2-19);软盘可分为机插秧盘和抛秧盘(图 2-20),机插秧盘适用于机器插秧使用,抛秧盘适合人工插秧和抛秧。抛秧盘和钵育秧盘因水稻秧苗有独立的生长空间,不同穴孔之间有间隙,秧苗生长不受影响,根系不会交织在一起,所以培育的秧苗根、茎、叶都很粗壮,插秧时具有不伤根系、返青快等优点。但是由于黑龙江省水稻种植人工插秧较少,加上摆栽机不多等诸多因素的限制,抛秧盘和钵育秧盘应用较少。

图 2-18 水稻机插秧盘

图 2-19 水稻钵育秧盘

图 2-20 水稻抛秧盘

（一）机插秧软盘摆盘

机插秧软盘摆盘（图2-21）根据盘底样式可分为毯式盘（图2-22）、菱形平盘（图2-23）和圆形平盘（图2-24）等。平盘虽然根系盘根好、不散盘，有利于机器插秧，但因水稻根系生长交织在一起，插秧时伤现象较严重，故在实际生产中应用越来越少。而毯式盘具有小的钵体，水稻根系盘根好，根系间交织不严重，插秧时伤根情况较轻，因此在实际生产中应用较多。

图2-21 机插秧苗摆盘

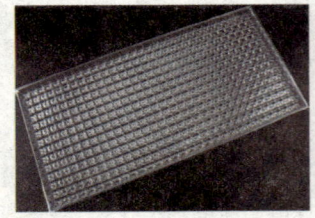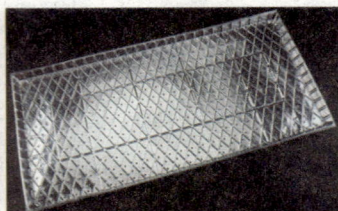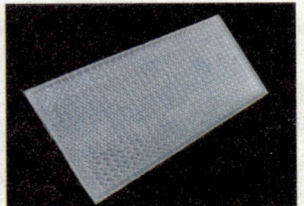

图2-22 毯式盘　　　　图2-23 菱形平盘　　　　图2-24 圆形平盘

在播种前3~5天进行摆盘，顺摆秧盘必须夹在中间，摆盘时将四周折好的子盘用模具整齐摆好，要求秧盘摆放横平竖直，子盘折起的四周与子盘底部垂直，盘与盘间衔接紧密，边盘用细土挤紧；边摆盘边装土边用木拍子压实；钵形毯式盘和高性能机插盘，盘与盘之间要衔接紧密，横平竖直；普通秧盘内装土厚度2 cm，高性能机插盘和钵形毯式秧盘内装土厚度2.5 cm，盘土厚薄一致，误差不超过1 mm。

（二）抛秧盘和钵育秧盘摆盘

抛秧盘摆盘与钵育秧盘操作方法相近，在做好置床上浇足底水，趁湿摆盘，

第二章　水稻旱育壮秧技术

将多张钵盘摞在一起,用木板将钵盘钵体的 2/3 压入泥土中,再将多余钵盘取出,依次摆盘压平,钵盘内装入已混拌好的床土,床土深度为钵体高度的 3/4;种土混播时,亦可先播种,再将播种的钵盘整齐压摆在置床泥土中,将钵体 2/3 压入泥土中;也可以在置床上先铺一层 2 cm 厚的经过调酸、消毒、施肥处理后的细土,再将钵体压入土中后装土播种。水稻钵苗育秧盘如图 2-25 所示。

图 2-25　水稻钵苗育秧盘

七、浇底水

旱育秧在播前必须浇透底水,达到 8~10 cm 内土层无干土的程度,如底水不足,易出苗不齐。浇底水可在摆盘之前进行,也可通过微喷在摆盘之后浇水,摆盘之后浇水又可分为先装底土、播种、覆土后浇水和装完底土进行浇水再进行播种、覆土操作。

摆盘后采用微喷浇水或常规浇水时要在秧盘上铺一层编织袋或草袋,严防浇水冲击导致盘内床土厚度不一致,水分渗干后,床土软硬适度时等待播种。要一次浇透底水(图 2-26),标准是掀开秧盘,置床表层向下 8~10 cm 土层内土壤水分饱和。

水稻种植全程解决方案

图 2-26　一次浇透底水

第四节 秧田播种

一、播种期

黑龙江省的秧田播种期要根据气温来确定。一般当平均气温稳定通过5℃,棚内日平均气温超过12℃时可以播种。并根据品种生育期和插秧时间来确定开始浸种催芽的时间和适宜的播种时间,以插秧期前30~35天进行播种为宜。

二、播种量

播种量的大小,对秧苗素质有很大的影响,直接关系到秧苗的形态结构和生理功能。秧苗素质随着播种量的增多而降低,秧龄越长,影响越大,稀播是培育壮秧的重要环节。但具体播种量的确定,还要考虑到种植品种、计划秧龄的长短,同时兼顾育秧成本和秧田、本田比例的大小。可在播种后检查播种量,检查方法:用8号铁线做成10 cm×10 cm的正方形框架,平按在播种后的秧盘上,查看框架内的种子数量,以220~250粒为宜。

三、播种方法

为了确保播种均匀、出苗整齐、省时省力,不宜采用手工播种方式。目前黑龙江省水稻播种方法主要为自动精播播种机播种和手推播种机播种。

播种时要求匀速播种、播种量准确、分布均匀、从头到边、无漏播重播。建议使用自动精播播种机播种。播种后,床面没有积水时用塑料薄膜加以覆盖,用压种机将种子压入土中(使种子三面着土),然后揭去塑料薄膜,用过筛无草籽的疏松沃土盖严种子,覆土厚度0.5~0.7 cm,厚薄一致(图2-27)。

图 2-27 播种和覆土

目前省内部分大型水稻种植合作社采用一种先进的一体式水稻育苗机(图 2-28),在大棚外一次完成秧盘装土、播种、覆土和浇水工作,通过秧盘输送带把秧盘直接传送到大棚中进行人工摆放,最快的机器每小时能够播种 800 盘,播种效率大大提高。采用此种播种方式操作时,置床浇水可选择先浇水后摆盘的方式或先摆盘再通过喷灌系统进行浇水(采用此种浇水方式播种时可不浇水),浇水时需在秧盘上铺设一层无纺布,防止盖土被冲走。

图 2-28 一体式水稻育苗机

四、覆膜

为了满足水稻播种后对温度和湿度的需求,克服种子因低温引起的烂种情况,保证出苗整齐一致,充分利用光热资源,在覆土完成后,要覆盖一层塑料薄膜(图2-29)。塑料薄膜以通气性较好的地膜为好,既能起到保温、保湿的作用,又有通气作用。较厚的农膜虽然保温效果较好,但是透气性差,容易产生高温,出现干芽现象。

覆盖地膜时多人进行合作,地膜要铺平,边上要盖严,不能有秧盘露出,以保证出苗质量。盖好地膜后,关好大棚门,进行保温。

图2-29 覆土后覆膜

第五节 秧田管理

一、温度及水分管理

俗话说"好秧八成粮",秧苗的好坏直接影响水稻在田间的生长和秋后的产量,培育壮秧是水稻育苗的主要目的,不仅要做到稀播、合理用药、施用壮秧剂等,还应进行精心的秧田管理工作,主要是温度和水分管理。

旱育中苗,秧田管理自播种开始到插秧要经过 30～35 天,叶龄达到 3.1～3.5 叶。在秧田期间,一般播种到出苗(第一片完全叶露尖)需 7～9 天,催芽播种,高温时出苗快些,低温时则慢些,出苗后长出 1、2、3、4 叶,平均每叶需 7 天左右,其中 1、2 叶略快,3、4 叶略慢。通过秧田管理,达到适龄(不缺龄、不超龄)壮苗,适期栽植。

温度管理采用在大棚内摆放温度计进行温度监测,棚内温度可通过开关大棚门和大棚两侧裙围进行调节。温度育秧大棚内应摆放 2 支温度计测量床温变化,温度计应摆放在距两侧棚头 15～20 m,距中间步道 30 cm 处,用 8 号铁线做成支架,播种后放于床面上,秧苗出土后温度计始终保持在秧苗附近,如图 2-30 所示。

图 2-30 温度计摆放位置

水分管理采用控水和浇水两种方式进行。水分过多会导致秧苗徒长,甚至会出现烂秧现象;水分过少会导致秧苗缺水,影响秧苗正常生长,因此秧苗水分管理十分重要。水分过多时可通过通风形式进行散湿。干旱需要浇水时可通过在大棚内安装喷灌设施进行,可实现自动浇水,不需人工辅助,减少人工用量;也可使用汽油机带动水泵从晒水池或排灌渠中抽水进行,需要人工辅助进

第二章 水稻旱育壮秧技术

行浇水。

整个秧田管理期间,要运用叶与根,叶鞘与叶片的同伸关系,分期管理,中苗要抓住四个关键期进行管理,即种子根发育期、第一片完全叶伸长期、离乳期、移栽前准备期。

(一) 第一个关键时期——种子根发育期

从播种后到第一片完全叶露尖,时间为 7~9 天。此期的管理重点是促进种子根长粗、伸长,须根多,根毛多。

种子根仅 1 条,种子根充分发育,则苗茎基部变粗,吸收能力增强,秧苗能早期超重(秧苗在离乳前超过种子重量),分蘖芽发育好。种子根是在鞘叶和不完全叶伸长期间起吸收养分、水分作用的,种子根发育好,须根多、根毛多,养分吸收旺盛,酶的活动增强,不仅秧苗素质提高,之后生长的鞘叶节根数也能达到预期数量。

种子根发育期间温度管理以保温为主,要堵好缝隙,防止透气降温。也应注意棚内温度不可过高,白天最适温度应控制在 25~28 ℃,最高温度不超过 32 ℃;最低温度不低于 10 ℃。若超过 32 ℃,应适当通风,防止高温烧芽。如遇低温冷害,可在苗床上增加棉被或增温设施。当秧田出苗达 80% 左右时及时撤出地膜,遇高温时可酌情提早撤地膜,以免灼伤叶片。

为使种子根发育良好,要保证旱育,控制秧田水分不宜过多,在浇透底水的条件下,此期一般不必浇水。播种扣棚后,要经常认真检查,如发现地膜下有积水或土壤过湿,白天移开地膜,尽快蒸发撤水,晚上再盖上地膜,促进旱生根系生长。如发现出苗顶盖现象或床土变白水分不足时,要敲落顶盖(图 2-31),露种处适当覆土,用喷壶适量补水,接上底墒,再覆盖地膜,以保证出苗整齐一致,使种子根生长茁壮。

种子根发育期,在密闭保温、防止高温的情况下,关键是水分管理,不使床土过干、过湿,既保证幼苗的生理需水,又保证床土有足够的氧气,从而提高胚乳转化率,使种子根伸长、长粗、长出较多的须根和根毛,中茎长度不超过 3 mm,覆土过厚处,适当摊薄。

图 2-31　出苗顶盖要及时敲落

(二) 第二个关键时期——第一片完全叶伸长期

从第一片完全叶露尖到叶枕抽出(叶片完全展开至1叶1心),时间为5~7天。此期管理重点是地上部控制第一叶鞘高度不超过3 cm,地下促发鞘叶节5条根系生长。

如图2-32和2-33所示,第一片完全叶的形态,最能表现品种的特征,1叶分蘖是在第一片完全叶叶腋内发育的,水稻幼苗靠第一片完全叶的功能得到活力,而第一片完全叶的活力与光照、氧气、温度等多种条件有关。因此,第一片完全叶伸长期的秧田管理,要做好调温、控水,地下促发与第1叶同伸的鞘叶节5条根系,地上部控制第1叶鞘高度(3 cm以内),不可伸长过长,以控制与第1叶鞘同伸的第2叶片长度,防止徒长。为此,当出苗达到80%左右,应及时撤出地膜,增加光照。

图 2-32　第一片完全叶露尖

第一片完全叶伸长期棚内温度最高不超过28 ℃,适宜温度22～25 ℃,夜间最低温度应保持在10 ℃以上。超过28 ℃时肩部通风,如果风大应背风侧通风。晴好天气自早8点到下午3点,打开大棚两头或肩部通风口,炼苗控长,如遇冻害,早晨提早通风,缓解冻叶萎枯。

图2-33　第一片完全叶展开

在撤出地膜后,床土过干处用喷壶适量补水,使秧苗生长整齐,在第1叶伸长期,耗水量较少,一般要少浇或不浇水,床土保持旱田状态。补水时水温最好在15 ℃以上。此期根系尚未伸入置床,故不宜过早控水。床土过湿,氧气不足,根系发育不良,必要时应通风晾床。并随时观察地下鞘叶节5条根系生长状况,如土表发白、根系旺盛,应适当补水;地上部要掌握第1叶鞘高,当叶鞘高达2 cm左右时,要注意调温、控水,防止叶鞘高超过标准高度,以免第2叶片过长。

(三) 第三个关键时期——离乳期

从第2叶露尖到第3叶展开,经2个叶龄期,胚乳营养耗尽,而至离乳期,经12～15天,其间第2叶生长略快,第3叶生长略慢(图2-34、2-35)。

离乳期是秧苗生长由胚乳营养转向根系营养的转折期。2～3叶期,地下部长出不完全叶节根8条,地上部先后长出第2叶和第3叶。因此,秧田管理的重点,地下部要促发与第2、3叶同伸的不完全叶节根8条健壮生长,地上部要控制第2叶鞘高在4 cm左右(第1、第2叶叶耳间距1 cm左右),第3叶鞘高5 cm左右(第2、第3叶叶耳间距1 cm左右),以控制与第2、第3叶鞘同伸的第3、第4叶片伸长。因此要进一步做好调温控水、灭草、防病,以肥调匀秧苗长势等各项管理,育成标准旱育壮苗。

图 2-34 第二片完全叶展开

图 2-35 第三片完全叶展开

此期棚内最高温度不超过 25 ℃,适宜温度第 2 叶伸长期为 22~25 ℃,第 3 叶伸长期为 20~22 ℃,最低温度均不低于 10 ℃。特别是在 2.5 叶期,温度不超过 25 ℃,以免出现早穗现象。要根据天气温度变化,及时进行大通风炼苗。要掌握"低温有病、高温要命"的道理,在连续低温过后开始晴天时,要提早开口通风,喷施杀菌剂预防病害,高温晴天也要提早通风,严防高温徒长。遇有冻害预报,可在大棚内使用增温设施进行增温防冻。已经受冻,也要提早开口通风,缓解叶尖萎蔫。要注意各叶鞘伸长及叶耳间距,及时调温,控制长度适宜,保持叶片挺拔,不弯不披。2.5 叶期后根据温度情况,逐渐转入昼揭夜盖,最低气温高于 7 ℃时可昼夜通风。

在水分管理上,由于叶片增加,蒸腾量大,要注意"三看"浇水:一看早、晚叶尖有无水珠;二看午间高温时新展开叶片是否卷曲;三看床土表面是否发白。如早晚不吐水,午间新展开叶片卷曲、床土表面发白,表明苗床缺水,应进行补

第二章 水稻旱育壮秧技术

水。宜浇水时间以早晨为好,补水采用喷浇的方法实施,不可以沟灌润床,更不可大水漫床,并要一次浇透,不要少浇勤浇,防止床表板结。尤其应避免低温天气和夜间水分过多,以促进不完全叶节长出较多的根。

(四)第四个关键时期——移栽前准备期

对适龄秧苗在移栽前3~4天,进入移栽前准备期,移栽前重点是控水、蹲苗、壮根。适龄秧苗在移栽前3~4天开始,在不使秧苗萎蔫的前提下,不浇水,蹲苗壮根,以利移栽后返青快、分蘖早。

秧苗3.5叶期(图2-36)以后,外界平均气温稳定在12℃以上,预报近期无寒潮侵袭时,可以彻底除去棚膜,通风炼苗,适应外界温度,但应预防突发霜冻。但北方有时终霜来得较迟,过早撤膜恐遇低温骤然来袭,无法护苗,可以保留棚膜以备不时之需,至插秧前再彻底撤下棚膜。

秧田管理期间,每天至少到秧田去三次,做详细观察,早、晚看叶尖吐水情况,午间看心叶是否卷曲,看床土表面是否发白、有微裂,来诊断根系发育状况,是否缺水。同时观察根数及须根、根毛生长状况;地上部叶鞘高度、叶片长度,与壮苗模式对照,明确差距,采取调温控水的相应措施及时调整,确保按壮秧生育进程轨道前进。

图2-36 秧苗3.5叶期

二、苗床除草

(一)播种时封闭除草

覆土后,可选择对水稻秧苗安全的除草剂进行封闭,避免出现封闭药害,每

100 m² 可喷施 60% 丁草胺（加安全剂）乳油 15~20 mL，或 50% 杀草丹乳油 45~60 mL，兑水进行土壤喷雾，喷液量 2.2 L。

在配制农药时要采用"二次稀释法"进行，如图 2-37 所示，能够保证药剂在水中分散均匀提高防效，有利于提高用药的准确性，减少农药中毒的危险。二次稀释法又名两步配制法，先用少量水或稀释载体将农药制剂稀释成母液或母粉，然后再稀释到所需浓度。

图 2-37 二次稀释方法

育秧田采用封闭除草，虽然可避免或减轻杂草对秧苗前期的危害，有利于培育壮秧，但如果早春气温低、雨水多，使用丁·扑类除草剂易产生药害。虽然加入安全剂后，对水稻安全性大大提高，但为保证秧苗不受药害，建议采用茎叶处理进行除草。

（二）苗期茎叶处理

水稻苗床播种后，如果没有进行封闭除草处理或者封闭处理效果不好的苗床可采用茎叶喷雾的方法防除秧田杂草。在水稻 1.5~2.5 叶期每 100 m² 喷施 10% 氰氟草酯乳油 12~15 mL，防治禾本科杂草，兑水茎叶喷雾，喷液量 2.2 L，在傍晚没有露水时全床喷雾。一次把苗床喷透，不喷二遍，用药后 10~15 天，一年生禾本科杂草就可枯死。

如果秧田有阔叶杂草，每 100 m² 可以使用 48% 灭草松 22.5~30 mL 喷雾防除，在水稻 2.5 叶期之后防除，要和氰氟草酯喷施有间隔期。

应注意的是：氰氟草酯乳油与灭草松混用会降低氰氟草酯药效，当苗床禾本科杂草及阔叶杂草同时发生时，应先使用氰氟草酯防除禾本科杂草，一周后再使用灭草松防除阔叶杂草。

第二章 水稻旱育壮秧技术

三、苗床防病

(一)苗床常见病害防治

1. 立枯病及青枯病

(1)致病因素

水稻立枯病(图2-38)是水稻旱育秧最主要的病害之一,属于土传病害,其发病的主要原因是气温过低、温差过大、土壤偏碱、光照不足、种量过大等因素导致秧苗抗病能力降低,受到腐霉菌、镰孢菌、立枯丝核菌等病菌的侵染。

图2-38 水稻立枯病

水稻青枯病(图2-39)属于生理病害,水稻3叶期(离乳前)前后,如遇气温突然升高或下降时,由于秧苗根系发育不良,吸水能力下降,水分供求失调,导致大面积青枯。此时秧苗抵抗力弱,易受病原菌侵染转化为立枯病。

图2-39 水稻青枯病

(2) 症状识别

立枯病：病苗叶尖不吐水，叶色枯黄、萎蔫，呈穴状迅速向外扩展，秧苗基部与根部极易拉断，根茎连接处中心变黑，叶片打绺，发病严重时整株变黄、枯萎、死亡。

青枯病：心叶及上部叶片打绺，呈失水状，幼苗叶色青绿，最后整株萎蔫，水稻秧苗常在几小时内突然大面积成片发生。

(3) 防治方法

由于黑龙江省水稻育苗期间气候多变，水稻立枯病及青枯病主要采用土壤消毒、苗床调酸、种子包衣和茎叶喷雾等方法防治。

水稻立枯病及青枯病的防治采用预防为主、防治结合的方式进行，在水稻 1.5 叶期和 2.5 叶期选用含有噁霉灵、甲霜灵及氰霜唑的单剂或复混制剂，如每 100 m^2 用 30% 噁霉灵水剂 300~400 mL，或 32% 精甲霜·噁霉灵 150~200 g 等，兑水进行茎叶喷雾。

2. 绵腐病

(1) 致病因素

水稻绵腐病（图 2-40）是一种土传病害，病菌在土壤中。致病菌绵霉菌、腐霉菌是土壤中弱寄生菌，只能侵染已受伤的种子和生长受抑制的幼芽，完好的种子基本不发病。水稻播种后遇 10 ℃ 以下的低温，播种后幼芽生长到 1.5 cm 高以内时最易发病。

图 2-40 水稻绵腐病

(2) 症状识别

最初在种子、幼根及芽鞘基部上生有乳白色胶状物，之后出现白色棉絮状物,并向四周扩散。播种后湿度越大、气温越低、持续时间越长,对水稻生育影响越大,可能发生绵腐病就越严重,病苗常因基部腐烂而枯死。

(3)防治方法

防治绵腐病应以预防为主,严格进行种子精选,严防糙米和破损种子下地。播种前可使用65%敌克松可湿性粉剂700倍液进行苗床消毒;在水稻1叶1心期,使用25%甲霜灵可湿性粉剂800~1 000倍液喷施苗床,然后进行洗苗。

(二)苗床病害的综合防治

在防病方面,也应采取综合措施。需要在建立规范化的旱育秧田的基础上,进行认真的床土调酸、消毒和合理的温度、水分管理。在此基础上,于秧苗1.5和2.5叶期,结合补水,浇施pH值为4.5左右的酸水各一次,每平方米用水3 L,预防病害发生;在秧苗1.5和2.5叶期,各喷施杀菌剂(如甲霜·噁霉灵等)一次,可有效地防止立枯病的发生,在浇施酸水、喷施杀菌剂后结合浇水进行洗苗。

当病害普遍发生时采取"苗床治病3步曲":第1步测试营养土酸度,如果pH值偏高(pH>6),应进行调酸(要求pH值为4.5~5.5),调酸后应立即用清水洗苗;第2步进行土壤消毒,可选用72.2%霜霉威盐酸盐进行土壤消毒,严格按照使用说明进行操作,同时可根据说明书用量使用生根剂(如吲哚乙酸等),兑水喷淋,喷液量以育苗土全层湿润为宜,喷药后也需要用清水洗苗;第3步进行治病救苗,每75~100 m² 用戊唑醇3 mL+丙森锌25 g+芸苔素内酯15 mL或赤·哚乙·芸苔1.5 g兑水进行叶面喷雾。第3步与第2步间隔10~24小时进行。其中第1步和第2步在应用过程中可合并一起完成,所以该3步可并作2步走。正确使用"苗床治病3步曲",可达到治病救苗、防治结合、蹲苗促壮、去腐生根、健苗下田的功效。

四、苗床追肥

秧苗临近2叶期前后,胚乳养分已消耗70%~80%。在施底肥的基础上,根据秧苗长势情况在1叶1心期和2叶1心期适当追肥(据情况决定次数),可用壮秧剂进行苗床追肥,但应严格掌握用量,并在施用后立即进行清水洗苗,以防灼伤叶片,也可以选用叶面肥补充营养。

秧苗在移栽前3~4天要"三带",一带肥,每100 m² 追施磷酸二铵10~

12 kg,少量喷水使肥粘在苗床上,以提高秧苗的发根力,尽快返青;二带药,为预防移栽后潜叶蝇危害,每 100 m² 苗床用 70% 吡虫啉 6~8 g 或用 25% 噻虫嗪 6~8 g,兑水喷洒;三带生物肥或天然芸苔素,按说明用量进行,以壮苗促蘖,也可应用成分相近的"送嫁肥"进行"三带"。

五、起秧

水稻秧苗起秧(图 2-41)操作应配合插秧进度,在不耽误插秧进度的前提下随起随插,提前起秧时间过长会导致秧苗失水造成生理性青枯,更不可提前一天进行起秧工作。

图 2-41 起秧

起秧时应选取长势一致、达到插秧标准的秧苗。如大棚两侧边上的秧苗高度不够可晚几天起秧,留作后续插秧或补苗用;如有秧盘出现缺苗现象,也可晚几天起秧留作补苗用。

起秧时如有装秧盘的架子,可把秧盘直接平铺在架子上,平铺的秧盘有利于插秧机进行插秧工作,伤苗现象较轻。如果没有装秧盘的架子,需将秧盘连同秧苗一同卷起,运送到本田进行插秧,卷起的秧盘在上插秧机时要注意放入的顺序,以防插秧机伤苗。

第三章　本田整地与插秧

第一节 稻田土壤特点

水稻田在长期灌水耕作下,形成了一种不同于一般旱地的特殊土类,称为水稻土。

一、水稻土的剖面特征

发育良好的水稻土,其剖面结构可明显地分为四层,即耕作层、犁底层、心土层和底土层。

(一)耕作层

耕作层又称熟土层或淹育层,是在淹水下直接受耕作影响而发育形成的土层。它的表面极薄一层因与新鲜灌溉水接触呈氧化状态,其中铁质成高价铁而显黄褐色,称为氧化层。以下的土因淹水缺氧而处于还原状态,称还原层,除水稻根际土壤外,均因铁质还原成低价铁而显蓝灰色。耕作层是水稻根系活动的主要场所,它的理化性质在很大程度上代表着稻田土壤肥力特征。

(二)犁底层

稻田的耕作层下,常有一层紧密不易透水的犁底层。其成因一是还原层中铁质胶体随水下移,使土粒胶着;二是耕地时犁底的压力和水耕、水耙时细土泥浆向下沉淀而堵塞了土壤孔隙,故亦称渗育层。犁底层的存在,起着保水、保肥作用。但这层土壤若过于紧密,影响水分的适当渗透和营养环境的更新,也不利于水稻生长。

(三)心土层

心土层位于犁底层之下,地下水位之上。这层土垂直节理明显,多呈棱块状结构,土体内密布锈色斑点,故亦称斑纹层或潴育层,在水稻生长期间,它的结构间隙虽为下渗水流所充满,而微小的土粒孔隙中,仍封闭着空气,使该层土

第三章 本田整地与插秧

壤处于氧化状态。这种状况对协调水、气矛盾起着重要作用。

（四）底土层

底土层常年受地下水浸渍，终年处于还原状态，呈青灰色，故亦称青泥层或潜育层，土质黏重，保水性强。如出现位置太高，则表明排水不良，土性发冷。

水稻土的上述各层既各有特点，又互有联系、相互依存，构成一个有机整体。但在新开稻田，这种土壤层次不明显。

二、稻田土壤的化学性质

稻田土壤的化学性质主要体现在土壤氧化还原电位、有机质分解情况、氮素的存在状态以及土壤酸碱度的变化四方面。

（一）土壤氧化还原电位

土壤氧化还原状态通常以氧化还原电位（Eh）来衡量。一般把 Eh = 300 mV 作为氧化还原性的分界点。当 Eh 高于 300 mV 时，土壤以氧化性为主；Eh 若低于 300 mV，土壤以还原性为主。Eh 越高，土壤氧化性越强；反之，Eh 越低，还原性越强。一般旱地土壤的 Eh 为 350~700 mV，即以氧化性为主；稻田土壤在绝大多数情况下均以还原性为主，处于还原状态。

（二）有机质分解情况

有机质是土壤的重要组成部分，是作物碳素营养和氮、磷、钾等矿质养分的重要供给源。稻田土壤有机质还具有促进土壤团粒结构形成和刺激水稻生长的作用。其含量的多少，对稻田土壤肥力、保水保肥能力和通气性、耕性以及生产性起着重要作用。水稻秸秆直接还田、稻草造肥还田、高茬还田等方式均可有效提升水田土壤的有机质含量，但也应注意调节土壤的碳氮比，防止出现微生物与水稻争肥现象，同时也要注意进行间歇湿润灌溉，减轻厌氧发酵对水稻根系的影响。

（三）氮素的存在状态

水稻土中氮素大多以有机态存在，无机态氮仅占全氮的 2%~4%，故稻田中的氮主要来源于有机质的分解。在淹水状态下，有机质的分解主要是由嫌气性微生物来完成的。这种分解过程是比较缓慢的。分解的产物主要是二氧化碳、甲烷、氢、氨、硫化氢和有机酸等。有机质经分解后所产生的无机氮经氧化后形成最适于水稻吸收的铵态氮。铵态氮带正电荷,容易被带负电荷的土壤胶粒所吸附,不易流失。稻田形成铵态氮只有在还原过程的初期进行比较活跃,到后期则逐渐缓慢下来。稻田淹水时间过长,还原性过强,有机质的嫌气分解产生的有机酸、甲烷、硫化氢等物质积累过多,会阻碍稻根系泌氧机能发挥,进而稻根受到毒害,发黑、腐烂、死亡。上述情况表明,稻田还原性的发展,对于减少肥料损失,提高土壤肥力是有利的,但若还原性过强,对水稻的生长反而有害。因此,在栽培水稻时,要利用排灌技术调节稻田土壤的氧化还原状态,不断更新土壤环境,满足水稻生长发育的需要,才能获得高产。

稻田土壤在长期淹水条件,除土壤表面有一很薄的氧化层外,下层都是缺乏氧气的还原层。铵态氮施到土壤表层后,一部分被氧化成硝态氮,然后随水下渗到还原层,在还原层中,反硝化细菌的活动特别旺盛,进行着很强的反硝化作用。因此,下渗到还原层的硝态氮经反硝化作用(还原)后变成游离态氮(N_2)逸散到空中而损失,故铵态氮应深施为宜。同样,若将硝态氮化肥施入稻田,也会因为反硝化作用而使肥料损失,肥效不高。

(四)土壤酸碱度

由于水的pH值在7.0左右为中性,因此无论是酸性土壤还是碱性土壤,淹水后pH值得到调节,最后趋于中性而达到平衡。水稻适于在微酸性到中性土壤中生长。

三、高产稻田土壤的基本特征

高产稻田土壤的基本特征主要体现为土体构造良好、养分丰富、保水力适当、有益微生物活动旺盛。

高产稻田土壤,层次鲜明,水、肥、气、热协调。第一层为耕作层,厚度为15~20 cm,肥沃松软,耕性好。第二层为犁底层,厚10 cm左右,紧实度适中,既有较好的保水保肥能力,又有一定的渗水性。第三层为斑纹层,此层土壤中有明显的红棕色斑纹,这是土壤排水和通气良好的重要标志。地下水位高的水稻田没有斑纹层。高产稻田土壤的底土层一般在土表80 cm以下。

高产稻田保水能力适当,既有较强的保水性,又有一定的渗漏性。每天渗漏量为 7~15 mm,灌一次水能保持 5~7 天。

高产稻田土壤中固氮菌、硝化细菌、好气性纤维分解菌以及反硝化细菌等细菌的数量多,活动旺盛,生化强度高[指呼吸强度和氨化强度,呼吸强度以每千克土壤每小时释放的二氧化碳的质量表示(g),氨化强度以每 10 g 土含铵态氮的质量表示(mg)],保温性能好,升温降温比较缓和。为改善土壤长期淹水、肥力下降的情况,需及时向稻田补充养分,培肥地力,可通过建立完善的排灌渠系、施用有机肥料、合理耕作改土和实行轮作倒茬等途径进行改善。

四、盐碱地

盐碱土是在特定自然环境和人为活动因素综合影响下,盐类直接参与土壤形成过程,并以盐(碱)化过程为主导而形成的,具有盐化层或碱化层,土壤中含有大量可溶盐类,从而抑制植物正常生长的土壤。

盐碱土包括盐土、碱土两大类型。在中国土壤分类系统中,盐土、碱土是被当作两个亚纲看待的。除了盐土、碱土外,自然界还存在着许多盐化、碱化的其他土壤类型。但盐化、碱化土壤仅处于盐碱量的积累阶段,还未达到质的标准,只能分别归属于其他土类下的盐化或碱化亚类,如盐化黑钙土、碱化黑钙土、盐化草甸土、碱化草甸土、盐化潮土、碱化潮土等。因此,盐碱土纲不包括盐化与碱化土壤。不过,习惯上人们常将盐土、碱土及盐化、碱化的土壤统称为"盐碱土",专业人员则称这一更广泛的土壤类群为"盐渍土"。盐土、碱土的界定及土壤盐化、碱化程度分级尚无统一标准,可根据表 3-1 进行参考。

盐土是指土壤表层(0~20 cm)可溶性盐含量超过某一阈值的土壤,主要指含氯化物或硫酸盐较高的盐渍化土壤,土壤呈碱性,但 pH 值不一定很高。各种盐土的主要盐分组成和地区情况不同,其界定阈值也不同(表 3-1)。

表 3-1 盐土与土壤盐化程度分级(0~20 cm 土层,含盐量%)

分级 主要盐类	盐土	盐化土壤		
		重度盐化	中度盐化	轻度盐化
苏打	>0.7	0.7~0.5	0.5~0.3	0.3~0.1
氯化物	>1.0	1.0~0.6	0.6~0.4	0.4~0.2
硫酸盐	>1.2	1.2~0.7	0.7~0.5	0.5~0.3

我国盐土的分布地域广泛,主要分布在北方干旱、半干旱地带和沿海地区。除滨海地带外,其土壤蒸发量和降水量的比值均大于1,也就是盐渍发生的气候条件是蒸发量大于降水量。土壤及地下水中的可溶盐则随上升水流到达地表,经蒸发、浓缩积累到地表,形成盐斑、盐壳及积盐层。在西北内陆地区盐土呈大面积分布。

碱土(表3-2)一般是指土壤吸收复合体中交换性钠离子饱和度(ESP,即碱化度)大于20%,pH值大于9,但表层土壤含盐量不超过5 g/kg的土壤。碱土常与盐土或盐渍土中的其他土壤组成复区。

表3-2 碱土与土壤碱化程度分级指标(碱化度ESP,%)

碱土	碱化土壤			
	强碱化	碱化	弱碱化	非碱化
>20	15~20	10~15	5~10	<5

碱土在我国的分布从最北的内蒙古呼伦贝尔高原栗钙土区一直到长江以北的华北平原潮土区,从东北松嫩平原草甸土到山西大同、阳高盆地、内蒙古河套平原,再到新疆的准噶尔盆地,均有局部分布,地跨几个自然生物气候带。我国碱土的总面积不大,且均呈零星分布,碱土常与盐土或其他土壤组合分布,盐碱土主要分布在降雨量小于其蒸发量的干旱、半干旱、半湿润地区及受海水影响的滨海地区。

东部华北平原和东北松嫩平原处于太平洋季风气候区,夏季湿润多雨,有3个月左右的土壤淋盐期。而冬春季节,土壤积盐时间长达5~6个月,水盐平衡总的趋势仍以积盐过程大于淋盐过程,故也有大面积的盐碱土分布。在高纬度地区和高寒干旱和半干旱地区,土壤冻融作用对土壤积盐的影响也很大。春夏化冻在冻土层尚未完全化冻之前,冻层以上土壤冻融随蒸发和土壤毛管水的运动,将盐分运移至地表,而出现明显的积盐现象。

盐碱土的有机质含量少,土壤肥力低,理化性状差,对作物有害的阴、阳离子多,导致作物不易出苗。我国碱土和碱化土壤的形成,大部分与土壤中碳酸盐的累积有关,因而碱化度普遍较高,严重的盐碱土壤地区植物几乎不能生存。盐碱地在利用过程当中,可以分为轻度盐碱地、中度盐碱地和重度盐碱地。轻度盐碱地是指它的出苗率在70%~80%,其含盐量在千分之三以下;重度盐碱地是指其含盐量超过千分之六,出苗率低于50%;用pH值表示为:轻度盐碱地

pH 值为 7.1~8.5,中度盐碱地 pH 值为 8.5~9.5,重度盐碱地 pH 值为 9.5 以上。

　　盐碱土的施肥原则是以施有机肥料和高效复合肥为主,控制低浓度化肥的使用。有机肥含有大量的有机质,对土壤中的有害阴、阳离子起缓冲作用,有利于发根、促苗。高浓度复合肥无效成分少,残留少,但化肥的用量每次也不能过多,以避免加重土壤的次生盐渍化,施过化肥后应结合灌水,以降低土壤溶液浓度。

第二节 本田整地

稻田整地要做到田面平整、耕层深厚、保水保肥、能及时排除盐碱。稻田田面平整,一格田里高差不过寸(1 寸≈3.3 cm),才能保证排灌均匀,水层一致,水稻长势整齐并利于发挥除草剂的作用。地平能保证水层深浅一致,不漂苗,不倒苗。田块成方,边沿整齐,利于机械作业。

耕作层是水稻根系的主要活动层,厚度在 12~20 cm。通过翻耕加深耕层,利于水稻根系深扎,扩大水稻根系吸收水分和养分的范围。在旱整地的基础上,进行适当的水整地,使稻田土壤达到上糊下松、有水有气、保水保肥的要求。

插秧前的整地工作是保证水稻正常、健康生长的关键,整地质量直接影响水稻的生长发育及最后的产量。稻田整地总体上可分为旱整地和水整地两个阶段。

一、旱整地

旱整地包括旱耙地、旱整平等,同传统的水整地相比,旱整地可以提早作业,缓和农时紧张程度;节省泡田用水,有利于创造良好的土壤结构,使土壤孔隙度增大、氧化还原电位增高,有利于栽后秧苗的返青和生长发育。

旱整地主要有翻耕、旋耕和旱耙地几种方式。地势低洼、排水条件差的沼泽土、草甸土,可采取深翻 2 年、旋耕 2 年的轮耕制度;地势高燥、排水条件好的,可采取深翻 1 年、旋耕 2 年的轮耕制度。地下水位低、耕层含水少的地块,秋收后即可翻耕;而地下水位高、土壤含水多的地块,必须在临结冻前晚期翻耕,否则春季土块很难耙碎。耙地主要用于翻耕之后的碎土和整平,一般不单独操作。

旱整地根据其时间的不同可以分为秋整地和春整地。黑龙江省春整地一般在 4 月初至 4 月中旬进行。秋整地在水稻收获后进行,主要进行的是翻耕作业。秋整地可抢农时,争主动,为春季整地、泡田、适时插秧创造条件,同时还能

第三章 本田整地与插秧

晾晒垡块,风干耕层,促进土壤微生物活动,切断土壤毛细管,控制返盐,翻压杂草,减少病虫越冬基数,减轻病虫害发生。因此,旱整地建议在秋季进行。

(一)翻耕

翻耕将水稻根茬、病菌和草籽等翻入深层,对疏松土层、增加土壤孔隙、改善通气状况、促进土壤熟化、解除有毒物质、消灭杂草和防治病虫害等都具有重要作用。水田翻耕以秋翻为好。秋翻后经过长时间的冬春冻融、风化,可使垡块松散,利于土壤理化性质的改善;养分有效性提高,容重降低,病虫草害也都大为减少。同时,晒垡好的稻田容易耙细耙碎,达到较好的耙地质量。此外,盐碱地秋翻,可使土壤中的盐分随水分蒸发集结在垡块表面,利于洗盐排盐。翻耕的适耕土壤水分是 18%~23%,土质过于黏重的还应低些。土壤过干时翻耕,因土壤硬结,耕作阻力大,土块不易散碎;土壤过湿时翻,往往形成大条,干燥以后不易耕碎。

翻耕作业一般用动力铧式犁平翻,翻耕深度一般为 18~22 cm,扣垡严密,80% 以上的高茬和秸秆要扣入耕层中,到头到边、不重不漏、不留生格。翻耕作业机具(图 3-1)可选用 454 和 504 型拖拉机配四铧水田专用犁、554 和 654 型拖拉机配五铧水田专用犁、704 和 754 型拖拉机配六铧水田专用犁、804 和 954 型拖拉机配七铧水田专用犁。水田犁田间作业采用离心垫,最好采用双向水田犁梭形作业,以减少开闭垄。犁应选用单铧翻幅在 25~27 cm 的水田专用犁。

504 型拖拉机

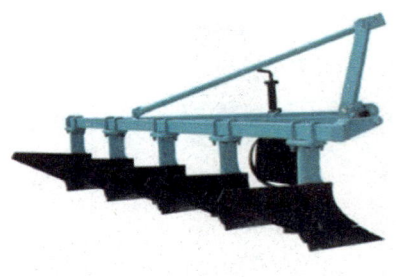
水田专用犁

图3-1 翻耕机械及翻耕效果

(二)旋耕

旋耕具有碎土效果好、节水、耕层理想、便于机械插秧、耕层养分分布均匀、促进水稻生长发育及经济效益突出等良好的农艺效果。旋耕和翻耕一样,分为春旋耕和秋旋耕两种。秋旋耕好于春旋耕。由于旋耕深度不及翻耕,因此,在连续旋耕时,应注意保持一定深度,深度为12~16 cm。连续旋耕年限以2~3年为宜,然后进行1~2年翻耕。多年生产实践证明,耕层过浅不利于水稻高产。

旋耕作业机具(图3-2)可选用404和454型拖拉机配套1.8 m旋耕机、654和754型拖拉机配套2.3 m旋耕机、804和854型拖拉机配套2.8 m旋耕机、904和954型拖拉机配套3.0 m旋耕机,要求旋耕深度为12~16 cm。

图3-2 旋耕机械及旋耕效果和180d型双轴灭茬旋耕机

(三)旱耙地

旱耙地用于翻耕后的稻田土壤,主要作用是碎土。旱耙地作业机具(图3-3)一般采用拖拉机牵引缺口耙或圆盘耙,耙地深度20~25 cm。经过旱耙或旋耕的稻田土壤,还要进行旱整平(非盐碱的稻田,先旱整平,然后再水整地;而旋耕和盐碱稻田,只进行水整地,不需旱整平),提早做好水整地和插秧的准备。

激光控制平地机

图3-3　旱耙地机械及耙地效果

通过激光控制平地机对水田进行旱整平作业可有效地降低单个池田落差,同时可以扩大单个水稻池面积,能够有效清理池田围内残余秸秆,提升土壤松软度和通透性,为下一步的泡田做好准备。

(四)整地深度

多年种水田一般整地深度标准为:翻耕18～22 cm;旋耕12～16 cm;耙地20～25 cm。稻田秋整地深度一般要因地制宜,根据具体情况具体制定。

1. 对排水良好、肥力较高的老稻田,一般耕深15～18 cm为宜,因为一般高产水稻的根系主要分布在0～15 cm的土层内,约占总根量的90%以上,耕深15～18 cm完全能够满足高产水稻根系发育要求。耕得过浅,则水稻根系分布浅,灌水不及时容易发生旱害,而且在高肥的条件下,容易发病和倒伏;耕地过深,由于稻田土壤上肥下瘦、上淡下咸、上熟下生,把下边的盐碱、瘠薄、生土翻到地表,必然影响当年生产,轻则缓苗不良,重则僵苗死苗。

2. 对沙碱地、旱改水地和排水不良的低湿田,要适当浅耕,一般 12~15 cm 为宜。因为沙碱地和旱改水地土壤细碎松散,如耕得过深,不容易风干熟化,容易造成漏水漏肥。低湿田由于土壤长期处于还原状态,土壤养分不易分解释放,而且容易窝盐窝碱,适当浅耕能够把表土风干晒透,以利于通气供氧、释放地力和洗净盐碱。

3. 对重盐碱地和新开荒地,必须浅耕,一般耕深 10~12 cm 为宜。因浅耕能使表层土壤风干晒透,有利于脱净盐碱,创造出 10 cm 左右的土壤淡化层,保证插秧后正常返青,然后通过加强灌溉管理,不断淡化土层,能保证中后期水稻生长发育。如果耕得过深,耕层盐碱淋洗不净,插秧后很难保苗成活。

二、水整地

水整地包括水耙地、水平地等。水耙地的作用主要是起浆。水耙地一般与水平地同时进行。

水整地质量与水层深浅有密切关系。一般在平地前把田面水层调整适当,使洼处保持中水层,平地浅水层,高处汪泥汪水状态,这样平地效果最好。另外,保水地和积水地应耙得上糊下松,而漏水田应耙得细一些,以利保水。

水整地应按插秧计划提前进行,以便在插秧作业前留下足够的泥浆沉降时间,防止漂苗、倒苗和插植过深。

(一)泡田整地

插秧前 15~20 天放水泡田,泡田水深以埝片 2/3 高为宜;放水泡田 3~5 天即可进行水整地,花哒水(岗处无水、凹处有水)泡田,花哒水整地。

水整地要达到早、平、透、净、齐、匀。

1. 早:适时抢早,保证有足够的沉淀时间。

2. 平:格田内高低差不超过 3 cm,做到水位均匀,无露苗、淹苗现象,做到灌水棵棵到,放水处处干。

3. 透:格田整地后达到耕作层一致,确保后期水稻苗的根系发育。

4. 净:捞净格田植株残渣,集中销毁。

第三章　本田整地与插秧

5. 齐：格田四周平整一致。

6. 匀：全田整地均匀一致，尤其是格田四周四角。

黑龙江省普通农户水整地时所用的耙地农具（图3-4）主要由小型拖拉机改装而成，其驱动轮处安装水耙轮，以适应水田的驱动和碎土作业；导向轮处安装耢板，起碎土、平地作用。熟稻田水耙2~3次为宜。整地完成标准是：耙地后表层泥浆很细，2~3 cm表层的泥浆手摸无颗粒感，而下层有较大的颗粒和土块。

耙地次数过多，整个耕层处于泥浆状态时，插秧机驱动轮粘泥，行走阻力大，插秧困难，质量差；耙地次数过少时，表层没有充分形成泥浆，粘秧效果差，插后易漂秧。

在井灌水稻旱改水的第1年，为解决渗水问题，应增加耙地次数，可耙4~5次，使耕层充分泥浆化，以减缓渗漏，但这会使插秧机行走阻力加大。为此，旱改水第1年不宜翻地，应以浅旋为宜，便于机械插秧。

灭茬搅浆整地机（两用型）

图3-4　水整地机械及整地效果

(二)沉降

土壤质地不同，需要的沉降时间也不同。一般黏土需7天，黏壤土需5~6

天,壤土需3~4天,沙壤土需2天。沉降后保持水层3~4 cm,即可开始插秧。

沉淀标准:手指划成沟后慢慢地恢复,这是最佳插秧状态;若手指划不成沟,则沉淀时间不够,若手指划成沟后不恢复则表示沉淀过度。

注:淤秧是指插秧过程中秧船带起的泥浆将插过秧的邻行或刚插过的秧苗淹没或淤倒的现象。水耙地后应经过5~7天的沉降,然后插秧。沉降时间不足、程度不够时,插秧易淤秧(图3-5),影响作业质量。沉降的效果好,则泥浪小;否则,泥浪大,易造成淤秧。

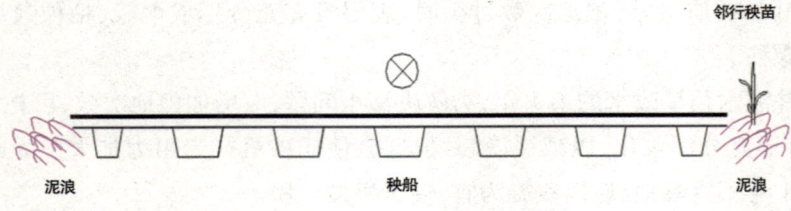

图3-5 淤秧

水耙地后的水分管理对沉降的影响很大。一般耙后马上施除草剂,封闭除草需要保持5~7 cm的水层3~5天;若总保持深水,有时1周以上时间也达不到插秧的要求。采取施除草剂封闭的措施,使其自然落干后再覆水,这样可以加速泥浆沉降。若水耙后马上插秧,可将水放出落干,晴天需2~3小时,阴天需半天时间,然后覆水即可达到沉降要求,第2天即可调整到花哒水插秧。该方法的经验标准是:在田面上行走,脚印前面泥浆有细小裂纹时,必须马上覆水;否则,田面出现板结层,插后秧穴不回泥或回泥过少会导致漂秧(图3-6)。

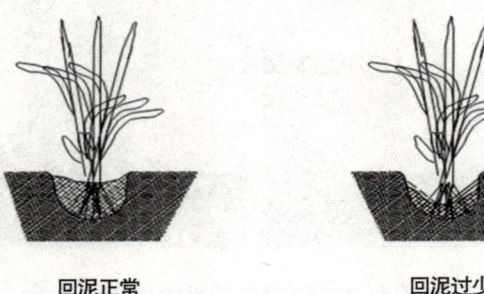

图3-6 漂秧

第三章　本田整地与插秧

第三节　插秧

一、插秧时间

插秧是水稻高产栽培中十分重要的环节。黑龙江为一季粳稻，适时早插可以充分利用温光资源提高产量。插秧期早晚与多种因素有关，如气温高低、品种早晚、秧苗壮弱等，但主要决定因素是温度。水稻发根的最低温度是14 ℃，分蘖的最低温度是15~16 ℃。一般插秧的适温是12~15 ℃，这是水稻适期早插的上限，插秧过早，因气温低插后返青慢；过晚，因水稻营养期缩短、营养生长量不够、穗少且小，产量显著下降，甚至贪青晚熟、秕粒增加。适时早插可延长营养生长期，促进穗多穗大；同时，早期昼夜温差较大，分蘖速度快，有效分蘖率高。为使大面积均衡增产，在适期早插的前提下，力争"两集中两缩短"（集中育秧，缩短育秧期；集中插秧，缩短插秧期）。

黑龙江插秧一般在5月10日至25日进行。当地气温稳定通过13 ℃，泥温稳定通过15 ℃即可插秧。具体插秧时间根据天气预报，尽量保证插秧后3天之内没有低温冷害。

二、插植方式

黑龙江省水稻种植面积较大，机械化种植水平较高，插秧操作主要采用插秧机进行，小部分区域采用人工进行插秧。

（一）人工插秧

随着劳动力成本越来越高，人工插秧目前逐渐被机械插秧所代替，但是对于有些情况还需要进行人工插秧，比如山地或面积较小机器作业效率低的单个水稻池子、面积小不必雇用插秧机的自家口粮田、品种试验示范田等。

人工插秧具有不伤根、返青快等优点，同时对于秧苗质量的要求没有机插秧严格，育秧时缺苗现象不影响插秧；同时也有因用工成本大导致插秧成本增加、插秧深浅不一、插秧棵数不固定、插秧速度慢等缺点。

（二）机器插秧

插秧机通常按操作方式和插秧速度分类。按操作方式可分为步行式插秧机和乘坐式插秧机。按插秧速度可分为普通插秧机和高速插秧机。步行式插秧机均为普通插秧机；乘坐式插秧机分为普通插秧机和高速插秧机。

1. 乘坐式高速插秧机

其行走采用四轮行走方式，后轮一般为粗轮毂橡胶轮胎；采用旋转式强制插秧机构进行插秧，插秧频率比较快，作业效率比较高。市场上常见的乘坐式高速插秧机，插秧行数为6行，作业幅宽为1.8 m，配套动力为8.5~11.4千瓦，作业效率每小时6亩左右。

2. 简易乘坐式插秧机

其行走采用单轮驱动和整体浮板组合方式，采用分置式曲柄连杆机构进行插秧。市场上常见的简易乘坐式插秧机，插秧行数为6行，作业幅宽为1.8 m，配套动力为2.94千瓦左右，作业效率每小时2.25亩左右。

3. 手扶步进式插秧机

其行走采用双轮驱动和分体浮板组合方式，采用分置式曲柄连杆机构进行插秧。市场上常见的手扶式插秧机，插秧行数为4行和6行，作业幅宽为1.2~1.8 m，配套动力为1.7~3.7千瓦，作业效率每小时1.5亩左右。

大面积种植水稻时采用机械插秧有明显优势，机插秧作业效率高，对于春季插秧时间不充裕是非常有效的应对措施。机插秧能做到省时省工，插秧的深度和棵数基本一致，插秧质量较高；但是插秧机对于播种密度有要求，种子用量高于人工插秧。秧苗盘根不好时或有缺苗现象时比较浪费秧苗，对育秧水平有一定的要求。

三、移栽技术要求

（一）移栽秧苗类型

机械插秧时插适龄秧，不缺龄不超龄，旱育中苗3.1~3.5叶，大苗4.1~4.5叶。

（二）插秧水深

插秧前一天把格田水层调整到1 cm左右（呈花哒水状态）有利于插秧机作

第三章　本田整地与插秧

业;田面水过少,插秧机行走困难,秧爪里容易粘泥,夹住秧苗,秧槽内易塞满杂物,供苗不匀不齐,甚至折苗,造成缺苗严重;田面水过深,立苗不正,插秧深浅不匀,浮苗缺苗多,插秧机行走过程中易推苗压苗,保证不了插秧质量。

(三)移栽深度

机械插秧的深度是否合适对秧苗的返青、分蘖以及保全苗影响极大,一般插秧深度 0.5 cm 时散苗、倒苗、漂苗较多;插秧深度 3 cm 以上,抑制秧苗返青和分蘖,尤其是低位节分蘖受抑制明显,高位节晚生分蘖增多,分蘖延迟,分蘖质量差,弱苗插深还会变成僵苗;而插秧深度在 2 cm 左右时,则不出现倒苗、漂苗现象,植株发根较多,生长健壮,分蘖力强。因此,水稻机械插秧深度控制在 2 cm 左右,人工插秧深度 1.5 cm 左右,插深小于 1 cm 时穗虽多但小、不抗倒伏,插深大于 2 cm 时穗少而不能高产。

(四)移栽密度

1. 原则

移栽密度总的原则是地力条件好、秧苗素质好的地块宜稀植,地力条件差、秧苗素质差的地块宜密植;积温条件好的宜稀植,积温条件差的宜密植;分蘖能力差的品种宜密植,分蘖能力强的品种宜稀植。

2. 密度

根据气候条件、土壤条件、栽培水平、种植品种、插秧规格等来合理确定适宜栽培密度,做到合理密植。一般机械插秧规格为 30 cm × 10 cm(每平方米 33 穴),或 30 cm × 13.3 cm(每平方米 25 穴),5~7 株/穴,基本苗数每平方米 125~200 株。盐碱土和北部气温较低地区,要适当缩小行、穴距,增加基本苗数。

(五)移栽质量

为实现插秧后秧苗成活率高,返青速度快,促进分蘖早生快发,必须注意提高插秧质量。插秧(图 3-7)的标准为早、密、浅、正、直、匀、满、齐、护、同。

1. 早:保证做到适时抢早。
2. 密:合理密植,保证田间基本苗数。
3. 浅:插秧深度 2 cm 以内。
4. 正:要求秧苗栽得正,不要东倒西歪。

5. 直：插秧行要直，秧苗栽得直。

6. 匀：插行穴距规整，每穴苗数均匀。

7. 满：插到头、到边，格田四角插满插严。

8. 齐：栽插深浅整齐一致，不插高低秧、断头秧。

9. 护：插后及时上水护苗。

10. 同：插秧同时安排专人同步补苗。

图 3-7　插秧

第三章 本田整地与插秧

第四节 水稻直播

目前水稻的主要栽培模式为直播和旱育插秧两种。直播是直接将经过处理的种子播种于大田的栽培方式；旱育插秧是先将经过处理的种子播种于苗床，待稻苗长至一定秧龄，再移栽至大田的栽培方式。20世纪50年代以前，直播是黑龙江省水稻主栽技术，受当时品种耐寒性差、缺乏配套农机具和缺少高效化学除草剂等因素的限制，直播存在全苗难、草害重、易倒伏的三大难题，导致直播稻的经济效益较低。从1972年开始旱育稀植插秧栽培技术得到大面积推广，有效地解决了上述三大难题，推动了水稻生产的快速发展。直至今日，旱育插秧仍为黑龙江省水稻实际生产种植的主栽模式。

近几年随着城镇化进程的加快和人口老龄化问题的出现，农村劳动力短缺和劳动力成本大幅上涨日趋明显，插秧栽培经济效益显著降低。因此，在农业科技进步的背景下，这种不经过育秧移栽，省去育秧、拔秧、运秧和栽插等费工、费力的生产环节，使稻作过程简化的直播栽培技术，又重新被稻农需求和重视。

一、稻直播的种类

（一）水直播

水直播（图3-8）是土壤经过旱整、水平后，在浅水层（2~3 cm）条件下或在湿润状态下播种，保持田面湿润，待幼芽、幼根伸出再排水落干，促进扎根立苗，一般长至2叶1心期再建立稳定的浅水层，后期管理与插秧田一致。根据播种时田间水量情况分为两种方式：一是在浅水层进行播种，种子播种前需充分浸种，防止种子漂浮，一般以撒播为主；二是在灌水整平、排水后，在田面湿润状态下播种，将经过处理的种子直接播入大田，在湿润状态下播种时也常被称为湿润直播或湿直播。

水直播是我国应用最广泛的一种直播类型，它的主要优点：
1. 水直播整地采用旱耕、旱耙、水平的作业程序，故省工、田面容易整平，整地质量比旱直播好,灌水层稳定。

2. 播种前可进行水层封闭除草,播种后田面湿润也利于发挥除草剂的药效,从而提高直播田的除草效率。

3. 生长初期可利用灌水层的保温作用,提高泥温,防御冷害,促进水稻种子发芽,立苗成长。

水直播的主要缺点:

1. 如果在扎根立苗阶段排水晾田不及时、不彻底,或遇阴雨天气,易出现烂种、烂芽、浮苗、烂秧现象,造成缺苗。

2. 农机具下水作业工效低,人员早春下水作业,劳动强度相对较大。

3. 水直播种子播于田表,扎根浅,容易发生倒伏。

图3-8 水直播

(二)旱直播

旱直播(图3-9)是土壤经过旱整平,在旱田状态下将种子播入1 cm左右的浅土层内,种子主要靠土壤持水及降雨萌发出苗,墒情差的地区可灌溉出苗,一般长至2叶1心期再建立稳定的浅水层,后期管理与插秧田一致。这种方法既保持了有序种植的传统,又比水直播稻节省了耕、整大田的工序。它最好是在田块平整或前茬是免耕或绿肥上种植,若翻耕或深旋耕不平整田块,则必须将田整平,否则不仅不利于全苗,而且影响化学除草的效果。

旱直播的主要优点:

1. 耕耙和播种作业均在灌水前进行,劳动强度轻,机具作业工效高,磨损小。

2. 整地、播种作业不受灌溉水源的限制,可提早作业,不违农时。

3. 旱直播播种后覆土,分蘖节处于土层内,抗倒伏能力比水直播强。

旱直播的主要缺点:

第三章 本田整地与插秧

1. 由于只进行旱整地,故要求整地的精细程度更高,才能达到地面平整。

2. 田土未经水耙,土壤渗漏量大,在灌水初期不易建立稳定的灌水层,杂草比水直播稻田多。

3. 旱直播整地对土壤水分有一定要求,在土壤含水量达田间持水量的 40%~45% 时耕作整地最适宜,太干或太湿均不宜耕作,也不利于平整地面。

图 3-9 旱直播

(三)旱作稻

在旱田状态下整地与播种,在水源不足的地区播后多不灌水,靠底墒发芽、扎根、出苗,因此,要求播种较深(2~3 cm),出苗后进行旱长阶段,以滴灌、喷灌等为主要灌溉措施。水稻旱作虽不建立水层管理,但也属于灌溉栽培,只有具备一定灌溉条件,才能确保旱作水稻的高产和稳产。

旱作(图3-10)的主要优点:

1. 可在旱田地种植,省去了田间工程建设,更省成本。

2. 旱整地、旱播种,较水直播更省工、更轻简。

3. 旱作水稻一般依靠底墒水出苗,全生育期不建立水层,自然降水为主,辅以人工灌溉,可大大减少稻田用水。

4. 稻苗在好气状态下成长,先扎根后出苗,支根、毛根及根毛发达,耐旱能力强,抗倒伏。

5. 土壤通透性好,生长中、后期,土壤氧化还原电位较高,根系活力保持时间长,后期生长清秀,有利于灌浆结实。

旱作的主要缺点:

1. 由于没有生态水层调节温度,大大延迟了水稻生育期,使旱作只能用生育期很早的品种,易大幅度降低产量。

2. 田间除草难度大,旱种时不能实现以水压草,只能通过土壤封闭处理和茎叶处理来除草,处理不当时易发生草荒。

3. 旱作对稻米品质有负面影响,主要是使籽粒蛋白质含量增加,米饭质地和口感下降。

4. 旱作比水作更易感染稻瘟病,这主要是由旱作水稻体内游离氮浓度较大、细胞表面矿质较少导致的。

5. 土壤湿度过大,会造成旱作稻田整地和播种质量差,尤其在春涝易发生的田块,很难应用旱作栽培技术。

图3-10 旱作

二、播前准备

(一)种子的选择与处理

1. 品种的选择

直播水稻品种除了要求高产、优质、耐肥、抗倒及抗病虫外,还要求生育期适宜、耐寒性好、早发性好。不同水稻品种的抗旱性、耐寒性、发芽势和发芽率等特性有一定的差异,有些品种本身就有发芽慢、发芽势不齐等情况,这种特性是由品种本身基因型决定的,因此,选择是否适宜直播的品种是直播栽培成败的关键。可以选择比当地主栽品种早熟10~15天的品种,品种所需积温值要低于当地历年平均值的200~300 ℃。品种选择原则可参考插秧种植品种。

2. 确定适宜的播种量

水稻是分蘖力强的作物,穗数的伸缩性很大,群体自我调节能力较强。再加上直播水稻分蘖早,分蘖节位低,在播量较少的情况下,虽然基本苗较少,但也可有较多的穗数。直播稻既要利用较强的分蘖优势,又要控制因分蘖过多导致群体过大的劣势,故确定适当的播种量,构建适宜的起点群体十分重要。播量过大,会使稻苗过密、相互遮阴、生长细弱,容易死苗和倒伏,稻穗偏小,有效分蘖率降低;播量过少,则土地利用不足,易生杂草,无效分蘖增加,穗大小不一,同时播后会遇到雀、鼠危害及其他影响立苗、全苗的不确定因素,不能确保安全基本苗数,单位面积的穗数不足,直接影响产量和品质。

一般在条件适宜的环境下,黑龙江稻区水直播稻的播种量为 90~112.5 kg/hm^2、旱直播栽培的播种量为 150~187.5 kg/hm^2、旱作栽培播种量为 180~225 kg/hm^2 比较理想,并需根据品种的千粒重、发芽率、保苗率、最佳基本苗数、收获穗数等适当调整。

3. 种子处理

黑龙江稻区直播稻的出苗易受到持续低温和连阴雨天气的影响,选用适宜直播的品种并应用种子处理技术可以提高种子发芽率和发芽势、减轻水稻种传病害,是保证直播稻全苗和壮苗的必要措施。水直播宜采用催芽播种,旱直播和旱作栽培在土壤含水量充足和温度适宜的情况下,应以催芽播种为好,但如果土壤水分不足,播后又没有人工给水措施,靠雨水出苗时,则不宜催芽。为避免发生干芽现象,只需将包衣后的种子浸种到颖壳发白、浸透即可。此外,当过早播种时,由于温度较低,低温持续时间长,旱直播和旱作栽培应直接播包衣干种。种子处理参考插秧田操作流程。

直播稻为避免苗期受地下害虫危害,造成缺苗断垄,影响产量,可于播种前进行种子拌药处理,也可播种前后施用杀虫剂。以噻虫嗪种衣剂为例,种子包衣时按照种子重量2%的比例加入种衣剂,即每 100 kg 水稻种子加 2 kg 种衣剂,先将药加 35~40 ℃的温水 1 kg 稀释,然后边翻动种子边泼洒药水,直至拌匀。用药时务必注意安全,以防人、畜中毒。

(二)精细整地

黑龙江省土壤类型丰富,既有平原也有山地,应选择适宜的直播田块。直播田块应选择地势平整、排灌良好、蓄水、保肥和供肥性能好、耕层深厚、土壤肥沃、土壤中性或偏酸性、避免产生前茬药害的耕地。稻田建设要求在田、渠、林、路、池等方面进行统一规划,综合配套,使田块大小适中、土地平整、渠系配套、

水稻种植全程解决方案

沟渠布局合理、灌溉流程短,保证供水及时、控水容易、排水良好、旱涝保收。

1. 水直播整地方法一般与插秧田相同,整地后经过 5~7 天沉降,将多余的水排出待播。详细整地方法参考插秧田操作流程。水整田后土壤首先要求上虚下实、土软而不糊、过细、过糊不利于出苗,并且田面要平整,同一块田内存水不露泥;其次要求耕层深厚松软,没有裸露地表的残茬、杂草,只有这样播种与灌水深浅才能均匀一致,出苗整齐。如田面不平,播后水浆管理难度增大,往往造成低处水深难立苗,高处无水草挤苗,不易取得一播全苗。

2. 旱直播稻田整地方法与旱田整地相似,采用旱直播栽培的田块一般均为"老稻田",这种稻田土壤整平、整碎的难度大于旱田,详细整地方法参考插秧田旱整地操作流程。旱直播整地质量要求较高,耕作平整和土壤细碎对全苗、苗匀、苗齐、苗壮极为重要。

3. 旱作栽培整地的主要技术要点与旱直播基本一致,详细整地方法参考插秧田旱整地操作流程。旱作稻田整地要做到地平、土细、无坷垃、无根茬,以利于保墒保苗。目前,杂草危害是影响旱作水稻产量最大的原因之一。播种前灭草是消灭旱稻田杂草的一项重要措施。旱作田杂草种子在耕作前一般存在土壤表层,在 0~5 cm 耕层中杂草种子的存在量为 96.8%,结合旋耕,用化学除草法,在播种前 10 天杀灭 1 次杂草,效果良好。

此外,镇压是旱直播和旱作稻田整地的又一重要作业。播前镇压可以使土块破碎、田面平整,使播种层深度一致,以保证播种深浅均匀一致。

三、播种

确定适宜的播种行距、播种方式和播种期是直播稻实现高产、优质的关键。一是要根据不同土壤条件来确定选择哪种直播栽培方式;二是要依据不同地区的气候条件,合理安排播种期;三是要根据品种的特性,合理安排种植密度、适宜的行距,构建高效群体。

(一)播种方式

目前水稻直播有条播、穴播(点播)、漫撒(撒播)三种。

1. 条播

条播(图 3-11)是目前水稻直播应用最多的播种方式,一般采用类似谷物条播机的直播机进行播种,播后种子呈直线分布。水直播可采用水直播机将种子播在播种机底板压出的播种槽内,使根系扎在土里,比撒播抗倒伏,且常用机具均采用独轮驱动,仿船板形底板结构,一次完成水稻的种植和开沟两项作业。旱直播与旱作稻均采用水稻旱田直播机一次完成水稻的开沟、播种、覆土等作业。直播机播种的特点是:种植规范,行距标准,省时、省力,效率高,出苗快、整齐,保持了有序种植的传统。黑龙江稻区多采用弯穗型或半直立型品种,条播的行距一般为20~30 cm,播深1~2 cm。水稻旱作条播以宽行为好,行距多为25~35 cm,播深2~3 cm。

图3-11 条播

2. 穴播

穴播(图3-12)是通过水稻穴播机械采用宽行窄株进行播种,行距为20~30 cm,株距为10~15 cm,播深1~2 cm。采用穴播方式播种的多为水直播栽培模式。因水稻种子轻且小,控制每穴精确的种子粒数较困难,所以穴播稻的播种质量应当严格保证,它关系到能否出全苗及以后的生长整齐度。

图3-12 穴播

3. 漫撒

漫撒(图3-13)是将待直播的种子通过机械如飞机(无人机)、播种机、甩肥器等均匀播撒到本田中。飞机(无人机)撒播是在飞机(无人机)上安装类似于散布固体物料的装置,一般结构简易,撒播质量较好,播种效率高;播种机撒播采用离心式撒播机在水田中撒播水稻,这种水稻直播方法的效率高,均匀性好;人工撒播是原始的播种方法,简便易行,要求技术熟练才能撒播均匀,仅适于小面积机具不易工作的田块。

漫撒直播的稻种在田间无序分布、疏密不匀,机械、人在田间行走不便,不利于除草作业。漫撒直播也影响了田间的通风透光,作物容易出现倒伏、长势偏弱、易得病等情况。所以水稻直播种植不提倡漫撒播种。

图3-13 漫撒

(二)播期确定

水稻的生长发育对温度要求比较严格,秧苗出土快慢取决于土壤湿度、温度条件。在保证一定湿度的条件下,出苗快慢与地表5 cm土层的地温呈正相关。即播种期越晚、温度越高,发芽出苗越快,出苗时间越短;反之,早播时地温低,则出苗慢,出苗时间长。直播田播种如图3-14所示。

适时早播是保证黑龙江地区直播稻获得高产和稳产的关键。一般旱直播和旱作栽培在平均气温稳定通过10 ℃以后开始播种,多在4月下旬至5月上旬播种。水直播在当地平均气温稳定通过12 ℃后播种保苗效果更好,以5月上中旬播种为适宜。直播水稻要做到不违农时,适时播种。播得过早,虽然土壤墒情好,但受温度的限制,种子养分无效消耗多、出苗慢、成苗率低、苗弱小、长势差,并易受土壤中病菌的感染,发生烂芽,造成缺苗。播得过晚,虽然出苗快,但易因延误农时,造成生育日数不足,不能安全成熟。

第三章 本田整地与插秧

图 3-14 直播田播种

（三）旱直播、旱作稻的播种深度及镇压

水直播是在浅水层条件下或湿润状态下播种，种子可正常生长，而旱直播和旱作稻需利用土壤水分进行生长，所以播种后需覆土、镇压。

1. 播种深度

旱直播和旱作稻的播种深度是由种子顶土力的强弱来确定的。顶土力与种子的千粒重、种胚的大小、种子生活力的强弱、芽鞘的长度与强度有关，并主要由芽鞘（主要为中胚轴）的长短来确定。水稻的芽鞘一般只能长到 3 cm，接着破头放叶，如果覆土超过 3 cm，遇到疏松土层尚能依靠不完全叶多穿过 1 cm 顶针而出。当覆土过深或遇到干硬的土壤表层，顶土能力大大减弱，在地表下放叶曲叠生长，如不能及时破碎表土和硬盖，幼芽易在土壤中逐渐死亡，造成缺苗断条。因此，水稻旱直播和旱作栽培的播种深度不能过深。一般旱直播栽培镇压后的播种深度宜在 1.5~2 cm 之间，旱作栽培的播种深度宜在 2.5~3 cm 之间，既利于利用底墒，又能防止水稻种子不因播种过深而出土困难的现象发生。在土壤墒情好的田块进行旱直播或旱作栽培时也可适当浅播，但一般不宜小于 1.5 cm。

2. 镇压

镇压是水稻旱直播和旱作栽培的重要环节，具有保墒、提墒的作用。播后镇压能够使种子与土壤紧密接触，促进稻种吸水发芽，并有利于除草剂散布均匀，提高药效。

黑龙江地区水稻直播以水直播和旱直播为主，旱作稻受品种、气候、机械及种植技术等多种因素制约，水稻产量普遍低于水直播与旱直播，所以种植面积很少。水直播与旱直播苗(2叶1心)后期管理与插秧栽培本田管理基本一致。直播稻要想提高产量,需做到以下几点:第一在于保全苗,达到苗齐苗壮;第二是防草害,移栽稻的秧苗比较高,田面又有水层覆盖,不利杂草滋生,而直播田,水稻与杂草种子在一起发芽成长,杂草先出土,占据了优势,易危害稻苗;第三是防止倒伏,水直播稻种浅播在土壤表层,分蘖节裸露田面,根系入土浅,加之苗数多、分蘖率高、封垄早、基部节间细长,容易发生倒伏,不仅空秕粒增加、千粒重降低,而且造成机械收割困难和稻谷的损失;第四是防止冷害,直播稻全生长期比移栽稻短,但本田生长期比移栽稻长,如不能适时齐穗,可能遭遇冷害,造成产量损失。

第四章　合理施肥

　　合理施用化学肥料和农家肥是提高水稻产量和品质、维持农田养分平衡、保障土壤可持续利用的有效途径。水稻作为我国主要的粮食作物，为了获取高产，肥料投入量往往过多，尤其是化学肥料的投入过度，不仅造成水稻肥料利用率低、水稻品质下降，而且还带来了严重的环境风险。不合理的施肥，不仅不会明显提高水稻的产量和品质，甚至会导致水稻病虫害及倒伏等情况的发生，进而影响水稻产量。因此，选择合适的肥料品种、掌握科学的肥料用量、应用正确的施肥方法，是取得水稻高产的有效手段。

第一节　水稻需肥规律及稻田供肥性能

一、水稻需肥规律

水稻体内约含83%的水分和16%的干物质。其中氮素约占4.17%，磷、钾、钙、镁、铁、硅等灰分元素约占11.91%，灰分元素中硅含量最高，约占6.72%。各元素在作物体内的含量差异很大。

水稻正常生长发育所必需的营养元素有碳、氢、氧、氮、磷、钾、钙、镁、硫、铁、锌、锰、铜、钼、硼及硅。碳、氢、氧在植物体组成中占绝大多数，是水稻淀粉、脂肪、有机酸、纤维素的主要成分。它们来自空气中的二氧化碳和水，一般不需要另外补充。水稻需要大量的氮、磷、钾三元素，单纯依靠土壤供给，不能满足水稻生长发育的需要，必须另外施用，所以氮、磷、钾又叫肥料三要素。对其他元素的需要量有多有少，一般土壤中的含量基本能满足，但随着高产品种的种植，地上部分带走的养分多而补充的少，耕地用养不结合，不合理施肥以及对中微量元素肥料的忽视，造成了水稻中、微量元素缺乏日益增多。

每生产100 kg稻谷所吸收的氮、磷、钾分别为1.5~1.9 kg、0.81~1.02 kg、1.83~3.82 kg，大致比例为2:1:3。由于其中不包括根的吸收和水稻收获前地上部分中的一些养分及落叶等已损失的部分，所以水稻实际吸肥总量应高于此值，而且随着品种、气候、土壤和施肥技术等条件的变化而变化。水稻不同生育时期对氮、磷、钾吸收量的差异十分显著，通常在生育时期，从秧苗到成熟期的进程中，吸收氮、磷、钾的数量呈正态分布。

就整个生育期而言，水稻移栽后2~3周及7~9周形成2个吸肥高峰，氮的吸收较早，到穗分化前已达到总吸收量的80%；钾以穗分化至出穗开花期吸收最多，约占总量的60%，出穗开花后停止吸收；磷的吸收较氮、钾稍晚。总之，水稻在抽穗前吸收各种养分数量已占总吸收量的大部分，所以应重视各种肥料的早期供应。

第四章　合理施肥

水稻除需要氮、磷、钾三要素外,对硅的吸收量也很大。据分析,每收获100 kg稻谷,需吸收硅17.6~20 kg,故水稻有"硅酸植物"之称。同时水稻生长也需要钙、镁、硫、铁、锌、锰、铜、钼、硼等中微量元素。在实际水稻生产中,要注意各种元素的协调性或某些中微量元素的重点施用。

二、稻田供肥性能

(一)稻田土壤供肥量

浙江、上海、辽宁等地农业科学院曾采用^{15}N标记土壤氮,湖北曾用^{32}P标记土壤磷试验表明,水稻吸收氮的59%~84%、磷的58%~83%、钾的48%~82%来自土壤。

氮、磷供给量决定于土壤养分的贮存量及其有效化状况,前者称为供应容量,后者则称为供应强度。供应容量与土壤有机质含量、母质成分和灌溉水质等状况有关,供应强度则受土壤有机质含量、土壤结构、酸碱度、氧化还原电位、微生物组成、土壤温度等的影响,尤其与有机质含量的关系最大。

如果有机质含量高,碳氮比低,分解容易,则供应容量和供应强度都较大。黑龙江多属于黑土区,有机质含量高,供应容量大,但插秧时气温低,有机质分解慢,养分供应强度低,随着气温的升高供应强度逐渐增大。同时,新稻区土壤有机质少,但土壤通气性好,有机质分解快,故养分供应容量小而供应强度大。

(二)稻田肥料利用率

施入稻田的肥料被水稻吸收利用的部分占施用肥料的比率,称为肥料利用率。稻田施肥后,土壤溶液中养分浓度增加,但随着养分的吸收利用逐渐减少而恢复到原来程度,这段时间称为肥效期。

以氮素为例,利用率计算公式如下:

肥料利用率(%)=(施氮区水稻吸收的氮素量-对照区水稻吸收的氮素量)÷施用氮素量×100

稻田的肥料利用率和肥效期,与肥料种类、土壤环境、施肥方法等有密切关系。一般氮、钾化肥的利用率相比磷肥略高,磷肥利用率较低。氮素化肥中,以硫酸铵的利用率为最高。各种有机肥料因其C/N和腐熟程度不同,利用率也有很大差别。

不同水稻生育期的施肥利用率也有较大差异,这主要与根量和气候条件有关。相关试验结果表明,在水稻出穗前氮肥施用越早,利用率越低,则肥效期越长。以穗分化开始到减数分裂期(倒3.5叶至倒0.4叶期)施肥的利用率最高,因为正值根系最大、温度最高的时期。

施用方法和肥料利用率亦有密切关系。根据中国科学院南京土壤研究所的放射性磷试验结果,磷肥撒施时因被土壤固定,利用率较低,如集中施到根部,利用率则明显提高。

第四章 合理施肥

第二节 水稻所需部分矿质营养元素的作用

一、氮

氮是组成水稻细胞原生质(蛋白质)和叶绿素的主要成分。在施氮肥后,水稻的叶色加深,这是光合作用加快,叶绿素含量增加的缘故。水稻对氮素营养十分敏感,氮素是决定水稻产量的主要因素。水稻一生中在体内保持较高的氮素浓度,这是高产水稻所需要的营养生理特性。水稻对氮素的吸收有两个明显的高峰:一是水稻分蘖期,即插秧后两周;二是插秧后 7~8 周,如果氮素供应不足,常会引起颖花退化,而不利于高产。

氮主要是以铵离子形态(NH_4^+)被水稻根所吸收,合成氨基酸,再输送到叶部,合成蛋白质。水稻在氮素不足时,由于蛋白质和叶绿素合成受阻,表现为植株矮小,叶小色黄,分蘖少,稻穗短小。植株缺氮则表现早衰,叶片功能下降,特别是在水稻生育后期往往严重影响产量。氮素过多也对水稻的正常生长不利,造成叶片过大过长,无效分蘖增多,易倒伏;氮素过多则蛋白质合成过多,铵态氮和可溶性氮增加,使水稻对病虫害抵抗力减弱,易感染稻瘟病等病害。

二、磷

磷是植物核酸的主要成分,磷可促进植物分蘖。磷是三磷酸腺苷(ATP)和二磷酸腺苷(ADP)的组成成分,对能量传递和贮藏起着重要作用。磷对淀粉和纤维素的合成也有重要作用。磷还有促进氮吸收的作用。分蘖期增施磷肥,可有效克服僵苗不发的现象。磷在水稻体内是最易转移和多次利用的元素。水稻对磷的吸收量远比氮低,平均为氮量的一半。水稻对磷素是早期吸收,逐渐利用。水稻在各生育期均需磷素,磷素的吸收规律与氮素吸收相似。以幼苗期和分蘖期吸收最多,插秧后 3 周前后为吸收高峰。此时在水稻体内的积累量占全生育期总磷量的 54%,分蘖盛期每克干物质含 P_2O_5 最高。此时若磷素营养不足，则对水稻分蘖数和植株干物质的积累均有影响。水稻苗期吸收的磷，可反复多次从衰老器官向新生器官转移，至稻谷黄熟时，有60%～80%的磷素转移集中于籽粒中，而出穗后吸收的磷多数残留于根部。

磷在水稻植株体内主要以磷酸氢根离子（HPO_4^{2-}）存在，水稻也能吸收偏磷酸根离子（PO_3^-）、焦磷酸根离子（$P_2O_7^{4-}$）和某些含磷有机物。

水稻缺磷表现：秧苗移栽后发红不返青，有很少分蘖，或返青后出现僵苗现象，被人们称为"一炷香"；叶片细瘦且直立不披，有时叶片沿中脉稍呈卷曲折合状；叶片暗绿无光泽，严重时叶尖带紫色，远看稻苗暗绿中带灰紫色；稻株间不散开，稻丛成簇状，矮小细弱；根系短而细，新根很少；若有硫化氢中毒的并发症，则根系灰白，黑根多，白根少。土壤供磷不足、低温和阴湿的气候条件都会造成磷素的缺乏。

三、钾

钾与糖类的合成、运输有密切关系，特别是与合成核酸、蛋白质、淀粉、纤维素、木质素等多糖物质关系更加密切。钾能提高光合强度。钾素供应充足，有利于籽粒饱满和机械组织的发育，使水稻茎秆坚韧，抗倒伏能力强。

水稻对钾的吸收量高于氮，表明水稻需要较多钾素，但在水稻抽穗开花前对钾的吸收已基本完成。幼苗对钾素的吸收量不高，植株体内钾含量为0.5%～1.5%，不影响正常分蘖。

钾的吸收高峰是在分蘖盛期到拔节期，此时茎、叶含钾量保持在2%以上。在水稻孕穗期，茎、叶含钾量不足1.2%，颖花数会显著减少。出穗期至收获期，茎、叶中的钾并不像氮、磷那样向籽粒集中，含量为1.2%～2.0%。所以，钾肥底肥深施或在水稻拔节前施用比较适宜。钾与氮、磷不同，它不参与水稻体内重要有机物质的组成，主要以溶解的无机盐形式（即离子状态）存在，或以游离状态被胶体不稳定吸附。

水稻在缺钾时叶色暗绿，株高降低，叶片出现棕色斑点或不正常的皱纹，叶尖及边缘弯曲，最后焦枯。缺钾的植株，由于钾往往向靠近生长点的分生组织转运，故下部叶片首先焦枯，逐步向上部叶片发展。水稻缺钾，降低了对胡麻叶斑病、白叶枯病等病害的抵抗力，茎秆软弱，易倒伏。水稻缺钾引起的减产，以分蘖盛期和幼穗形成期较为显著，故应及时施钾肥。

第四章 合理施肥

四、硅

硅对于水稻来说是第四大元素,水稻一生中可吸收大量的硅,茎叶中的硅含量可达干重的10%～20%。

硅有利于增强水稻的光合作用,水稻吸收硅以后,形成硅化细胞,增强细胞壁强度,使植物机械组织发达,株型挺拔,茎叶直立。水稻茎叶之间夹角减小,有利于通风透光,提高水稻叶面的光合作用,有利于有机物的积累,从而增加稻谷的产量。

硅有利于提高水稻抵御病虫害的能力,硅化细胞的形成使水稻表层细胞壁加厚,角质层增加,从而增强对病虫害的抵抗能力,特别是对稻瘟病、水稻纹枯病、胡麻叶斑病等有比较显著的作用。水稻缺硅时,表皮细胞积累的硅减少,导致病菌从表皮侵入;当稻粒的表皮细胞硅化不良时,受病菌侵染,在表皮形成褐色斑点,使穗感染病害。

硅素能够增强植株基部茎秆强度,使水稻导管的刚性增强,提高水稻体内通气性,从而增强根系的氧化能力,防止根系早衰与腐烂,根系发达反过来又增强水稻的抗倒伏能力;水稻植株中的硅化细胞能够有效地调节叶面气孔开闭及水分蒸腾,施用硅肥可增强水稻的抗旱、抗寒及抗低温的能力;硅能够减少磷肥在土壤中的固定,同时活化土壤中的磷,促进磷在水稻体内运转,从而提高磷肥的利用率;硅能够促进水稻幼穗的分化,增加水稻穗粒数,同时可有效促进水稻生长和增加叶面积,提高光合强度,增加水稻的千粒重,对产量的提高有很大的促进作用。

五、钙

钙是构成水稻细胞壁的主要成分之一,约60%的钙集中于细胞壁中。水稻叶中含钙(CaO)量为0.3%～0.7%,穗中含钙量成熟期下降至0.1%以下。

水稻缺钙首先表现在新根、幼叶和生长点等分生组织上。严重缺钙时,根系发育不良,植株变矮,上位叶片变白、卷曲,生长点死亡。

六、镁

镁是水稻叶绿素的主要成分之一,也是多种酶的活化剂。水稻茎叶中的含镁（MgO）量为 0.5%~1.2%，穗部含镁量低。镁是可移动元素，缺镁症状从老叶开始，叶绿素不能形成，叶脉黄绿色，叶尖先枯死。

七、锌

锌是生长素合成必不可少的元素，在植株体内也是氧化还原的催化剂，是多种酶的组成部分，能催化叶绿素的合成，参与碳水化合物的合成与转化。锌在水稻体内含量虽少，水稻叶片干重的含锌量底限为 15 mg/kg，但它对水稻生长发育的影响很大，能促进缓秧，防止缩苗，增加分蘖，提高水稻的抗病性、抗寒性和耐盐能力。

水稻缺锌的表现：在苗期易发生"坐蔸"现象，叶片呈淡绿色；根系老朽，呈褐色；出叶速度缓慢，新叶短而窄，叶色褪淡，老叶发脆易折断；有效分蘖少，花期不孕，迟熟，成熟时空秕率高，进而造成严重减产。

八、铁

铁主要参与叶绿素的合成，也促进水稻体内的呼吸作用，影响与能量有关的生理活动。水稻体内含铁量较低，叶片中含铁量为 200~400 mg/kg，老叶中含铁量比嫩叶要多。缺铁现象先从嫩叶开始，叶绿素不能形成，出现失绿现象，而老叶仍正常。

九、硼

硼是水稻必需的营养元素之一，但水稻对硼的需求极少。硼肥能促进碳水化合物的运转、繁殖器官的正常发育、花粉萌发和花粉管的生长以及授粉受精，提高结实率。水稻缺硼，叶尖及两侧叶缘发黄，出现暗褐色斑点，开花期雄蕊发育不良，花药瘦小，花粉粒少而畸形，结实率显著降低，生育期延迟。有效穗数、每穗粒数均减少，空壳率增加，成熟期提前。

十、锰

锰是水稻含量较多的一种微量元素，能促进种子的萌发和生长，增加淀粉酶的活力。叶绿素中不含锰，但锰能促进叶绿素的形成。嫩叶中含锰量一般不超过 500 mg/kg，老叶含锰量多在 1 000 mg/kg 以上。

第四章 合理施肥

缺锰时叶绿素形成受阻,光合强度显著受到抑制,而且植株矮小,分蘖少,叶窄而小,严重褪绿,出现由黄绿色变为深棕色的斑点,继而坏死,嫩叶最为严重。

十一、铜

铜也是水稻生长发育必不可少的微量元素,由于需求量较少,一般土壤中的铜即可满足水稻需求。缺铜症状一般在分蘖期的新生叶尖端首先出现,表现为顶端枯萎,节间缩短,叶尖发白,叶片变窄变薄。铜过量表现为插秧后不易成活,即使成活根也不易下扎,白根露出地表,叶片变黄,生长停滞。

第三节 肥料品种与选择

一、老三样系列

老三样施肥,是指将尿素、磷酸二铵(或磷酸一铵)及钾肥按一定比例混拌后施肥的一种方式,是黑龙江省大多数种植户的选择,具有价格低廉、含量足的优势,但普遍存在着配比不合理、自行混拌不均匀现象。农户购肥时,可以在农化技术人员指导下,根据土壤检测结果选择相应的氮、磷、钾肥及中微量元素肥料,制定相对科学、合理的肥料配方,合理搭配使用。

(一)尿素

尿素(CH_4N_2O),又称碳酰胺,是由碳、氮、氧、氢组成的,是一种化学合成的有机态氮肥,其氮素以酰胺($CO—NH_2$)形态存在,属酰胺态氮肥(图4-1)。尿素因具有含量高、物理性状好和无副成分等优点,是世界上施用量最多的氮肥品种,尿素含氮量为42%~46%,也是目前含氮量最高的固体氮肥。

图4-1 尿素

第四章 合理施肥

尿素为白色晶体或颗粒,晶体呈针状或棱柱状,易溶于水,20 ℃时每 100 mL 水中可溶 100 g,水溶液呈中性,吸湿性小,20 ℃时吸湿临界值为 80%,在干燥条件下物理性状良好,常温下基本不分解,但遇高温、潮湿气候,也有一定的吸湿性,贮、运时应注意防潮。

在市场上流通的尿素根据其颗粒直径的大小可以分为大颗粒(直径 2.8～4.0 mm,粒度要求大于 90%)和中颗粒(或小颗粒,直径 0.85～2.85 mm,优级品粒度要求大于 93%)尿素,颗粒直径不同的尿素在化学成分上没有差别,但大颗粒尿素相比于小颗粒尿素由于粒径更大,粉尘少,强度高,易于运输和储存。同时,与中颗粒尿素相比,施入土壤后与土壤接触面积相对较小,溶解时间比小颗粒尿素略长,更适合做基肥,而中颗粒尿素跟土壤接触面积更大,溶解速度更快,适合追肥时施用。农业用(肥料)尿素的要求如表 4-1 所示。

表 4-1 农业用(肥料)尿素的要求(GB/T 2440—2017)

项目		等级	
		优等品	合格品
总氮(N)的质量分数 /%	≥	46.0	45.0
缩二脲的质量分数 /%	≤	0.9	1.5
水分的质量分数 /%	≤	0.5	1.0
亚甲基二脲(以 HCHO 计)的质量分数 /%	≤	0.6	0.6
粒度	0.85～2.80 mm ≥ 1.18～3.35 mm ≥ 2.00～4.75 mm ≥ 4.00～8.00 mm ≥	93	90
水分以生产企业出厂检验数据为准。 若尿素生产工艺中不加甲醛,则不测亚甲基二脲。			

(二)磷酸二铵(或磷酸一铵)

磷酸二铵[$(NH_4)_2HPO_4$](图 4-2)和磷酸一铵($NH_4H_2PO_4$)(图 4-3)属于磷酸铵类肥料,属于氮、磷二元复合肥。磷酸一铵和磷酸二铵产品按外观分为粒状和粉状两类,按生产工艺可分为料浆法(以镁、铁、铝含量较高的中低品位磷矿为原料,采用料浆浓缩法制得的磷酸一铵和磷酸二铵)和传统法(采用料浆浓缩法以外的其他方法制得的磷酸一铵和磷酸二铵)。

图4-2 磷酸二铵　　　　　　　　图4-3 磷酸一铵

不论是磷酸一铵还是磷酸二铵,其有效成分水溶性都较高,适合与单质氮、钾配合,经二次加工制成各类中、高浓度的掺混肥料。

黑龙江省农户使用的磷酸铵类肥料主要是磷酸二铵。磷酸二铵和磷酸一铵主要有两方面区别:一是,氮和磷的比例,磷酸一铵的氮磷比为1:4至1:5,而磷酸二铵的氮磷比接近1:2,根据作物对元素最佳吸收比例来说,磷酸二铵更容易被吸收利用。二是,两者的pH值,磷酸一铵溶解后呈酸性,pH值为4.4~4.8;而磷酸二铵呈碱性,饱和溶液的pH值达到8,施在酸性土壤上可以减少铁铝对磷的固定,使磷保持较高的有效性,故提倡磷酸二铵用在酸性土壤上。大家可以根据不同的土壤条件,选择性施用磷酸一铵或磷酸二铵。传统法粒状磷酸一铵和磷酸二铵的要求如表4-2所示,料浆法粒状磷酸一铵和磷酸二铵的要求如表4-3所示,粉状磷酸一铵的要求如表4-4所示。

表4-2 传统法粒状磷酸一铵和磷酸二铵的要求(GB 10205—2009)

项目		磷酸一铵			磷酸二铵		
		优等品 12-52-0	一等品 11-49-0	合格品 10-46-0	优等品 18-46-0	一等品 15-42-0	合格品 14-39-0
外观		颗粒状,无机械杂质					
总养分($N+P_2O_5$)的质量分数/%	≥	64.0	60.0	56.0	64.0	57.0	53.0
总氮(N)的质量分数/%	≥	11.0	10.0	9.0	17.0	14.0	13.0
有效磷(P_2O_5)的质量分数/%	≥	51.0	48.0	45.0	45.0	41.0	38.0
水溶性磷占有效磷百分率/%	≥	87	80	75	87	80	75

第四章　合理施肥

续表

项目		磷酸一铵			磷酸二铵		
		优等品 12-52-0	一等品 11-49-0	合格品 10-46-0	优等品 18-46-0	一等品 15-42-0	合格品 14-39-0
水分(H_2O)的质量分数/%	≤	2.5	2.5	3.0	2.5	2.5	3.0
粒度(1.00~4.00 mm)/%	≥	90	80	80	90	80	80
		水分为推荐性要求					

表4-3　料浆法粒状磷酸一铵和磷酸二铵的要求(GB 10205—2009)

项目		磷酸一铵			磷酸二铵		
		优等品 11-47-0	一等品 11-44-0	合格品 10-42-0	优等品 16-44-0	一等品 15-42-0	合格品 14-39-0
外观		颗粒状,无机械杂质					
总养分($N+P_2O_5$)的质量分数/%	≥	58.0	55.0	52.0	60.0	57.0	53.0
总氮(N)的质量分数/%	≥	10.0	10.0	9.0	15.0	14.0	13.0
有效磷(P_2O_5)的质量分数/%	≥	46.0	43.0	41.0	43.0	41.0	38.0
水溶性磷占有效磷百分率/%	≥	80	75	70	80	75	70
水分(H_2O)的质量分数/%	≤	2.5	2.5	3.0	2.5	2.5	3.0
粒度(1.00~4.00 mm)/%	≥	90	80	80	90	80	80
		水分为推荐性要求					

表4-4　粉状磷酸一铵的要求(GB 10205—2009)

项目		传统法		料浆法		
		优等品 9-49-0	一等品 8-47-0	优等品 11-47-0	一等品 11-44-0	合格品 10-42-0
总养分($N+P_2O_5$)的质量分数/%	≥	58.0	55.0	58.0	55.0	52.0
总氮(N)的质量分数/%	≥	8.0	7.0	10.0	10.0	9.0
有效磷(P_2O_5)的质量分数/%	≥	48.0	46.0	46.0	43.0	41.0

续表

项目		传统法		料浆法		
		优等品 9-49-0	一等品 8-47-0	优等品 11-47-0	一等品 11-44-0	合格品 10-42-0
水溶性磷占有效磷百分率/%	≥	80	75	80	75	70
水分(H_2O)的质量分数/%	≤	3.0	4.0	3.0	4.0	5.0
水分为推荐性要求						

(三) 钾肥

含钾矿物,特别是可溶性钾矿盐是生产钾肥的主要原料,从盐湖水、热井水和卤水中也可提取钾肥。

世界上较大的钾矿资源主要分布在加拿大、德国和俄罗斯等地。加拿大钾盐矿床主要集中在萨斯喀彻温和沿海各省(占世界总资源的2/3);俄罗斯的钾盐矿床主要分布于乌拉尔的上卡姆;德国的钾盐主要分布在北部盆地,大多为由钾盐和硫镁矾组成的硬盐;美国的钾盐矿床主要分布在北达科他州。此外,泰国西北部、法国北部阿尔萨斯矿区、英格兰东部的约克郡、约旦和以色列的死海均拥有钾盐资源。

目前俄罗斯、加拿大、德国、法国、美国和以色列等国家是主要钾肥生产国,总产量占世界产量的93%。

钾是肥料三要素之一,钾肥品种主要有氯化钾(KCl)和硫酸钾(K_2SO_4),两者都属于化学中性,生理酸性肥料。水稻不属于对氯敏感作物,两种钾肥都可以施用。从成本上看,硫酸钾比氯化钾价格贵,投入成本高。肥料级、工农业用氯化钾的要求如表4-5和4-6所示,农业用硫酸钾的要求如表4-7所示。

表4-5 肥料级氯化钾的要求(GB 37918—2019)

项目		粉末结晶状			颗粒状		
		Ⅰ型	Ⅱ型	Ⅲ型	Ⅰ型	Ⅱ型	Ⅲ型
氧化钾(K_2O)的质量分数/%	≥	62.0	60.0	57.0	62.0	60.0	57.0
水分(H_2O)的质量分数/%	≤	1.0	2.0	2.0	0.3	0.5	1.0
氯化钠($NaCl$)的质量分数/%	≤	1.0	3.0	4.0	1.0	3.0	4.0
水不溶物的质量分数/%	≤	0.5	0.5	1.5	0.5	0.5	1.5

第四章　合理施肥

续表

项目			粉末结晶状			颗粒状		
			Ⅰ型	Ⅱ型	Ⅲ型	Ⅰ型	Ⅱ型	Ⅲ型
粒度/%	1.00~4.75 mm	≥	—			90.0		
	2.00~4.00 mm	≥	—			70.0		
颗粒平均抗压碎力/N		≥	—			25.0		

除水分外,各组分质量分数均以干基计。

粒度只需符合两档中任意一档即可。颗粒状产品的粒度,也可执行供需双方合同约定的指标。

颗粒状产品若用作掺混肥料(BB肥)生产的原料,粒度可根据供需协议选择标注平均主导粒径(SGN)和均匀度指数(UI)。

表4-6　工农业用氯化钾的要求(GB 6549—2011)

项目		Ⅰ类			Ⅱ类		
		优等品	一等品	合格品	优等品	一等品	合格品
氧化钾(K_2O)的质量分数/%	≥	62.0	60.0	58.0	60.0	57.0	55.0
水分(H_2O)的质量分数/%	≤	2.0	2.0	2.0	2.0	4.0	6.0
钙镁合量(Ca+Mg)的质量分数/%	≤	0.3	0.5	1.2			
氯化钠(NaCl)的质量分数/%	≤	1.2	2.0	4.0			
水不溶物的质量分数/%	≤	0.1	0.3	1.5			

除水分外,各组分质量分数均以干基计。

Ⅰ类中钙镁合量、氯化钠及水不溶物的质量分数作为工业用氯化钾推荐性指标,农业用不限量。

表4-7　农业用硫酸钾的要求(GB 20406—2017)

项目		粉末结晶状			颗粒状		
		优等品	一等品	合格品	优等品	合格品	
水溶性氧化钾(K_2O)的质量分数/%	≥	52	50	45	50	45	
硫(S)的质量分数/%	≥	17.0	16.0	15.0	16.0	15.0	
氯离子(Cl^-)的质量分数/%	≤	1.5	2.0	2.0	1.5	2.0	

续表

项目		粉末结晶状			颗粒状	
		优等品	一等品	合格品	优等品	合格品
水分(H_2O)的质量分数/%	≤	1.0	1.5	2.0	1.5	2.5
游离酸(以H_2SO_4计)的质量分数/%	≤	1.0	1.5	2.0	2.0	2.0
粒度(粒径1.00~4.75 mm或3.35~5.60 mm)/%	≥	—	—	—	90	90
水分以生产企业出厂检验数据为准。 对粒径有特殊要求的,按供需双方协议确定。						

(四)硫酸铵、氯化铵

选用老三样作为水稻主要肥料来源时,为了使水稻插秧后快速返青,农民往往在返青肥中添加适量的硫酸铵(表4-8)或氯化铵(表4-9、4-10),为水稻提供速效氮源。但由于两者连年大量施用会造成土壤酸化,因此不宜作为水稻主要的氮肥来源。

表4-8 肥料级硫酸铵的技术指标要求(GB 535—2020)

项目		指标	
		Ⅰ类	Ⅱ类
氮(N)/%	≥	20.5	19.0
硫(S)/%	≥	24.0	21.0
游离酸(H_2SO_4)/%	≤	0.05	0.20
水分(H_2O)/%	≤	0.5	2.0
水不溶物/%	≤	0.5	2.0
氯离子(Cl^-)/%	≤	1.0	2.0

表4-9 工业用氯化铵的要求(GB 2946—2018)

项目		优等品	一等品	合格品
氯化铵(NH_4Cl)的质量分数(以干基计)/%	≥	99.5	99.3	99.0
水的质量分数/%	≤	0.5	0.7	1.0
灼烧残渣的质量分数/%	≤	0.4	0.4	0.4

第四章　合理施肥

续表

项目		优等品	一等品	合格品
铁(Fe)的质量分数/%	≤	0.000 7	0.001 0	0.003 0
重金属的质量分数(以 Pb 计)/%	≤	0.000 5	0.000 5	0.001 0
硫酸盐的质量分数(以 SO_4 计)/%	≤	0.02	0.05	——
pH 值(200 g/L 溶液)		4.0~5.8		

水的质量分数仅在生产企业检验和生产领域质量抽查检验时进行判定。当需方对水分有特殊要求时,可由供需双方协定。

表4-10　农业用氯化铵的要求(GB 2946—2018)

项目		优等品	一等品	合格品
氮(N)的质量分数(以干基计)/%	≥	25.4	24.5	23.5
水的质量分数/%	≤	0.5	1.0	8.5
钠盐的质量分数(以 Na 计)/%	≤	0.8	1.2	1.6
粒度(2.00~4.75 mm)/%	≥	90	80	——
颗粒平均抗压碎力/N	≥	10	10	——
砷及其化合物的质量分数(以 As 计)/%	≤	0.005 0		
镉及其化合物的质量分数(以 Cd 计)/%	≤	0.001 0		
铅及其化合物的质量分数(以 Pb 计)/%	≤	0.020 0		
铬及其化合物的质量分数(以 Cr 计)/%	≤	0.050 0		
汞及其化合物的质量分数(以 Hg 计)/%	≤	0.000 5		

水的质量分数仅在生产企业检验和生产领域质量抽查检验时进行判定。
钠盐的质量分数以干基计。
结晶状产品无粒度和颗粒平均抗压碎力要求。

二、复合肥料和掺混肥料

氮、磷、钾三种养分中,至少有两种养分标明量的由干混方法制成的颗粒状肥料叫掺混肥料。氮、磷、钾三种养分中,至少有两种养分标明量的由化学方法和(或)物理方法制成的肥料叫复合肥料。

除这三种养分外,同时还含有微量营养元素的叫多元掺混肥料或多元复合肥料。虽然植物对中微量元素的需要量较大量元素要少,但它们对植物生长发育的作用与大量元素是同等重要的,当某种中微量元素缺乏时,作物生长发育受到明显的影响,产量降低,品质下降。随着人们对水稻产量和品质的要求不断提高,对中微量元素肥料的需求逐渐迫切,将含有中微量元素的过磷酸钙、钙镁磷肥、钼酸铵、硼砂、硫酸亚铁等作为原料制成掺混肥料或复合肥料是补充中微量元素的有效手段。

复合肥料(表4-11)和掺混肥料(表4-12)的优点是养分总量一般比较高,营养元素种类较多,一次施用至少同时可供应作物两种以上的主要营养元素,但二者也有明显的区别。在我国,复合肥料的原材料主要是矿石或化工产品,生产工艺流程中有明显的化学反应过程,产品成分和养分浓度一般比较固定。掺混肥料的原材料主要是单质化肥或复合肥料等基础肥料,生产工艺是以简单的物理方法为主的二次加工,配方可根据需要在一定幅度内加以调整,产品的成分和养分比例随配方而相应变化,可以根据不同类型土壤的养分状况和作物的需肥特性配制成系列专用肥,配方灵活多变,针对性强,肥效显著,肥料利用率和经济效益都比较高。

表4-11 掺混肥料(BB肥)的技术指标要求(GB 21633—2020)

项目			指标
总养分($N+P_2O_5+K_2O$)的质量分数/%		≥	35.0
水溶性磷占有效磷百分率/%		≥	60
水分(H_2O)/%		≤	2.0
粒度(2.00~4.75 mm)/%		≥	90
氯离子/%	未标"含氯"产品	≤	3.0
	标识"含氯(低氯)"产品	≤	15.0
	标识"含氯(中氯)"产品	≤	30.0
单一中量元素(以单质计)/%	有效钙(Ca)	≥	1.0
	有效镁(Mg)	≥	1.0
	总硫(S)	≥	2.0
单一微量元素(以单质计)/%		≥	0.02

续表

组成产品的单一养分含量不应小于4.0%,且单一养分测定值与标明值负偏差的绝对值不应大于1.5%。
以钙镁磷肥等枸溶性磷肥为基础磷肥并在包装容器上注明为"枸溶性磷"时,"水溶性磷占有效磷百分率"项目不做检验和判定。若为氮、钾二元肥料,"水溶性磷占有效磷百分率"项目不做检验和判定。
氯离子的质量分数大于30.0%的产品,应在包装袋上标明"含氯(高氯)",标明"含氯(高氯)"的产品氯离子的质量分数可不做检测和判定。
包装容器上标明含有钙、镁、硫时检测本项目。
包装容器上标明含有铜、铁、锰、锌、硼、钼时检测本项目,钼元素的质量分数不高于0.5%。

表4-12 复合肥料的技术指标(GB/T 15063—2020)

项目			指标		
			高浓度	中浓度	低浓度
总养分($N+P_2O_5+K_2O$)的质量分数/%		≥	40.0	30.0	25.0
水溶性磷占有效磷百分率/%		≥	60	50	40
硝态氮/%		≥	1.5		
水分(H_2O)/%		≤	2.0	2.5	5.0
粒度(1.00~4.75 mm 或 3.35~5.60 mm)/%		≥	90		
氯离子/%	未标"含氯"产品	≤	3.0		
	标识"含氯(低氯)"产品	≤	15.0		
	标识"含氯(中氯)"产品	≤	30.0		
单一中量元素(以单质计)/%	有效钙(Ca)	≥	1.0		
	有效镁(Mg)	≥	1.0		
	总硫(S)	≥	2.0		
单一微量元素(以单质计)/%		≥	0.02		

组成产品的单一养分含量不应小于4.0%,且单一养分测定值与标明值负偏差的绝对值不应大于1.5%。
以钙镁磷肥等枸溶性磷肥为基础磷肥并在包装容器上注明为"枸溶性磷"时,"水溶性磷占有效磷百分率"项目不做检验和判定。若为氮、钾二元肥料,"水溶性磷占有效磷百分率"项目不做检验和判定。
包装容器上标明"含硝态氮"时检测本项目。

水稻种植全程解决方案

续表

> 水分以生产企业出厂检验数据为准。
> 特殊形状或更大颗粒(粉状除外)产品的粒度可由供需双方协议确定。
> 氯离子的质量分数大于30.0%的产品,应在包装容器上标明"含氯(高氯)";标识"含氯(高氯)"的产品氯离子的质量分数可不做检测和判定。
> 包装容器上标明含有钙、镁、硫时检测本项目。
> 包装容器上标明含有铜、铁、锰、锌、硼、钼时检测本项目,钼元素的质量分数不高于0.5%。

三、测土配方肥

(一)测土配方施肥的基本原理

肥料是水稻增产的物质基础,合理科学施肥是提高水稻产量的重要措施,为了最大限度地发挥施肥的作用,除必须考虑水稻作物的营养特性、土壤肥力条件、肥料特性及气象条件之外,还要熟知施肥的基本原理。

测土配方施肥是以养分归还(补偿)学说、最小养分律、同等重要律、不可替代律、报酬递减律和环境因子综合作用律等为理论依据,以确定每种养分的施肥总量和配比为主要内容。为了补充发挥肥料的最大增产效益,施肥必须与选用良种、肥水管理、种植密度、耕作制度和气候变化等影响肥效的诸因素结合,形成一套完整的施肥技术体系。测土配方施肥可以有针对性地补充作物所需的营养元素,实现各种养分平衡供应,有效提高肥料利用率,减少肥料用量,提高作物产量,改善农产品品质。

1. 养分归还学说

养分归还学说是19世纪由德国著名化学家李比希提出的,主要内容有以下几点:

(1)作物每次收获,从土壤中带走大量养分。作物生产上无论是收获经济产量还是生物学产量,均会从土壤中带走植物生长发育所吸收的大量养分。

(2)若不补充土壤养分,地力会逐年降低。李比希认为:如果不能对土壤养分进行有效补充,作物产量会逐年下降,地力也会最终消耗殆尽。虽然土壤中的养分被植物吸收之后会有一部分难以吸收的养分转化为植物可以吸收的有效养分来维持土壤中不同形态养分的平衡,但若一直不对土壤中的养分加以补充,土壤会越来越贫瘠。

第四章　合理施肥

（3）要恢复并保持土壤肥力，必须归还从土壤中带走的养分。李比希主张用化肥来补充土壤中缺失的养分，为化肥的施用奠定了理论基础。

2. 最小养分律

最小养分律是李比希在试验的基础上提出来的，大致可以归纳为：作物为了生长发育需要从土壤中吸收各种养分，但是其产量由土壤中相对含量最少的那种所需元素所决定，如果不及时补充这一元素，即使继续增加其他营养元素，也难以提高产量。最小养分是从相对含量来说的，并不是指土壤中绝对含量最少的养分。

（1）决定作物产量的并不是土壤中绝对含量最少的养分。无论养分的绝对含量多少，作物对每种必需营养元素的需求都有一个适宜的范围。与适宜范围比较，相对含量最少的元素就是最小养分。

（2）最小养分是会随条件变化而变化的。当作物生长的某一阶段最小养分得到补充之后，作物长势会有明显的提升，对其他营养元素的吸收量也会提高，这时其他营养元素可能会成为最小养分。

3. 同等重要律和不可替代律

在作物所需的必需营养元素中，无论是大量元素还是微量元素，对于作物来说都是同等重要，缺一不可的。不同的元素都有其不同的生理功能，缺少任何一种必需元素，植物都不能完成其正常的生长发育，因此，各种必需元素都同样重要。同时，缺少了任何一种必需元素，作物会出现相应的症状，只有补充这一元素，缺素症状才会减轻或者消失，其他任何一种元素都不能替代其作用。

4. 报酬递减律

报酬递减律的主要含义：从一定土地上所获得的报酬会随着向该土地投入的劳动和资本量的增加而增加，但当投入达到一定限度后，随着投入的继续增加，报酬的增加速度会逐渐降低。许多学者通过试验也发现：随着施肥量的逐渐增加，作物产量也随之增加，但产量的增加量会随着施肥量的增加呈现递减趋势。

5. 环境因子综合作用律

水稻的生长发育和产量形成，不仅受到养分因子的影响，而且受土壤、水分、温度、光照、微生物、品种特性及栽培措施的影响。这些综合的生态环境条件不仅直接影响着作物的生长发育和产量，同时对施肥的效果也有很大影响，进而影响作物产量。

(1) 温度与施肥效果

水稻的生长发育和产量的形成都必须有适宜的温度,温度过高或过低均会造成作物生命活动的紊乱,同时也影响养分在土壤中的扩散速度及作物对养分的吸收运输。

(2) 光照及气候条件与施肥效果

水稻生长发育依赖的物质基础,一方面来自根系吸收的矿质营养,另一方面依赖于叶片光合作用制造的碳水化合物。作物在较强的光照条件下,通过光合作用制造出丰富的碳水化合物,供根系生长需要,而根系的生长发育促进了对矿质养分的吸收,肥料利用率也比较高,当光线不足时,作物叶片光合作用水平较低,从而限制了自身的生长发育,也影响了作物对矿质养分的吸收,施肥效果也较差。

(3) 水分与施肥效果

水分是决定水稻能否种植的先决条件,也影响着肥效的发挥。施肥后长时间淹水会增加氮肥的气体损失(反硝化作用),同时也会改变水稻根部的通气状况,影响水稻根系发育。因此,在保证水稻正常发育的条件下,在施肥前后尽可能保证田间水分有一个浅、湿、干的循环过程,是提高肥效、减少氮肥损失的关键。

(4) 土壤肥力及土壤 pH 与施肥效果

施肥效果与土壤肥力、土壤酸碱度及土壤理化性质等因素密切相关。一般来说,土壤肥力越高,施肥的增产效果越不明显,而肥力较差的地块由于土壤养分含量本来就低,施肥的增产效果往往更显著。土壤酸碱度对作物肥效也有很大影响,因为不同作物对土壤的酸碱度要求不同,当土壤酸碱度不适宜时,作物的生长发育会受到严重影响,作物对肥料的吸收效果也明显不佳。

(5) 栽培措施与施肥效果

栽培措施对肥料效果影响很大,如插秧密度、追肥时间及施肥方式等措施对作物的生长环境影响较大,进而会影响肥效的发挥。

(6) 水稻品种与施肥关系

据对黑龙江省水稻产区进行的试验与生产调查的结果,品种对氮肥、磷肥的反映有很大的差别,总的趋势是圆粒品种对氮肥的需求要大于长粒品种。

第四章 合理施肥

(7) 养分间的互作效应

如果对作物同时施用两种养分,其增产效果大于单独施用一种养分的增产效应之和,那么这两种养分间就存在正互作效应。正互作效应在生产上有积极的意义,可以使有限的肥料发挥出更大的增产潜力。

如果对作物同时施用两种养分,其增产效果等于单独施用一种养分的增产效应之和,那么这两种养分间无互作效应,各种养分独立地起作用。

如果对作物同时施用两种养分,其增产效果小于单独施用一种养分的增产效应之和,那么这两种养分间存在负互作效应。在施肥中应注意避免养分间的负互作效应。

(二) 测土配方施肥方法

1. 土壤养分丰缺指标法

土壤养分丰缺指标法是经典的测土配方施肥方法。其具体做法是利用土壤普查的土壤养分测试资料和田间的测土分析数据,结合农民的经验将土壤肥力分成若干等级,根据各种养分丰缺等级确定适宜的肥料种类并估算出用量。此方法的核心是测土,即通过对土壤养分的测定,判定相应地块土壤养分的丰缺程度并提出施肥建议,同时用建立在相关校验基础上的测土施肥参数和指标指导施肥实践。此方法的优点是简单易行、快捷、廉价并具有针对性,可服务到每一地块,提出的肥料种类和用量接近当地群众的经验值,农民也容易接受。

2. 养分平衡法

养分平衡法早在20世纪60年代就引进我国,这种方法虽然为国内外学术界所公认,但由于养分平衡计算公式中的"土壤供肥量"要通过田间不施肥区的作物产量来推算,对"经验"仍然有较大的倾向性。

这种方法的优点是概念清楚,容易理解、掌握和推广,但也存在部分问题:

(1) 由于土壤养分供应量受其他条件影响较大,年份间差异较大。

(2) 肥料利用率变化较大,不同肥力水平、不同施肥量、不同水分管理条件等因素都会影响肥料利用率,因此设定一个地区统一的肥料利用率可能不太合理。

(3) 作物养分吸收量要用作物目标产量和作物养分含量来计算,而作物目标产量估算没有客观的指标和方法,一般根据前三年的平均产量来估算,数据不全时计算结果会有误差。

(三)测土配方施肥的应用

目前关于作物测土施肥的方法有很多,但由于各种原因,真正应用于生产实践的并不多。土壤养分丰缺指标法、养分平衡法是生产上应用较为普遍的方法。

水稻施用氮、磷、钾大量元素时要综合运用土壤养分丰缺指标法和养分平衡法。首先测定出土壤速效氮、速效磷和速效钾水平,确定丰缺状况,根据丰缺状况决定是否施肥。如果确定应该施肥,那么就要解决施多少的问题,通过养分平衡法推算在预期产量目标情况下的实际施肥量。

作物对微量元素的敏感性差异较大,缺乏与丰富之间的范围又较窄,因此在土壤微量元素丰缺判定和推荐施肥中用的最为普遍的是一个土壤微量元素的丰缺临界值。测试值高于此临界值则土壤不需要施微量元素。

施肥量 = (目标产量所需养分量 − 土壤供肥量) ÷ 当季肥料利用率 ÷ 肥料养分含量

(四)配方形式

1. 完全配方

根据土壤检测结果,结合当地实际种植情况,一个地块一个配方套餐,每家每户都不相同。肥料施用情况完全根据每一个地块的测土结果进行补充,同时肥料的使用方法及使用时间按照肥料提供单位的技术人员的指导使用。

2. 区域配方

以县、乡为单位,根据当地土壤养分状况、气候特点、种植水平等因素,制定出适合特定区域的配方肥料。可以按照乡(镇)或县(市)来划分区域,统一制定配方,同时根据每年测土结果和土壤养分变化情况,3~5年更新一次配方,农户可根据专业农技人员的推荐选择施用。

3. 建议配方

对于部分水稻种植农户比较分散、肥料市场混乱、农户购买肥料品种多样,无法大面积推广、统一测土配方施肥的区域,相关专业农技人员可根据当地具体情况,在农户购肥时,结合土壤检测结果、当地农户不同的施肥习惯和肥料选择,制定相对科学、合理的肥料使用方法,推荐水稻专用配方肥料或老三样等的建议配方。

第四章 合理施肥

(五)操作流程

测土配方施肥工作包括土样采集与处理、土样检测、配方制定、技术培训、肥料配置与生产、肥料配送、田间指导、开现场会共八个步骤,如图4-4所示。这八个步骤环环相扣,紧密衔接,确保了测土配方施肥技术的应用效果,如图4-5至4-8所示。

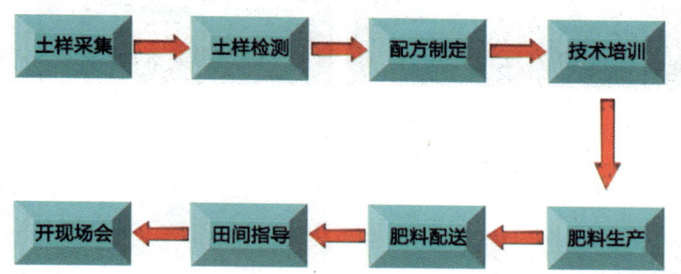

图4-4 测土配方施肥工作流程

图4-5 土样采集及处理

图4-6 土样检测

图4-7 测土配方肥田间指导

图4-8 田间效果展示

第四章 合理施肥

第四节 肥料的搭配与施用

水稻施肥环节较多,一般分为底肥(也叫基肥)和追肥,而追肥又可分为返青分蘖肥和穗肥,穗肥又可以细分为促花肥、保花肥和粒肥,同时大部分地区还有结合水稻病害防治喷施叶面肥的习惯。农户在搭配肥料、选择施肥时间和施肥量时,可以结合当地施肥习惯,并在专业农化技术人员的指导下施用肥料。

一、底肥

(一)底肥的作用

水稻底肥,也称基肥,是水稻种植过程中最重要的肥料来源,一般以有机肥配合化学肥料施用为主。底肥不仅为水稻插秧后提供初始养分,在水稻整个生育期中,水稻植株都需要吸收底肥中的养分,可以说,底肥是保证水稻产量的关键所在。同时,底肥中有机肥的施用可以改善水稻土壤的理化性质,减缓水稻连作造成的土壤质量下降,不同的有机肥料来源还能为水稻的生长提供部分必需的中微量营养元素,保持养分供应平衡。

(二)底肥的使用时间及方法

对于传统的水稻施肥方式来说,秋翻地块底肥应在灌水泡田之前施入,先施肥,然后旋地,把肥料和土壤混匀,再灌水。春翻地块底肥要在翻地前施入,将肥料翻入土壤,保证地表没有裸露的肥料,不仅能有效减少因温度升高及太阳直射造成的氮肥损失,还能减少因磷肥表施出现水绵的概率。对于有条件的农户,在翻地之前可适量施用有机肥和农家肥,将有机肥翻入土壤当中,然后再施用化学肥料。

随着新型肥料品种的开发应用及水稻种植农机的不断优化,侧深施肥插秧机的使用也越来越普遍。水稻侧深施肥技术是结合插秧机插秧,将底肥施在距稻株根侧 3~5 cm、深 3~5 cm 处,是一项培肥地力、减肥、省力、节本、增效的技术综合措施。该施肥法肥料利用率高,环境污染轻。侧深施肥将肥料呈条状集中施于耕层中,分布在水稻根侧附近,有利于根系吸收,有效减少了肥料淋失,提高了土壤对铵态氮的吸附;稻田表层氮、磷等元素较常规施肥少,藻类、水绵等明显减少,行间杂草长势弱,既减少了肥料浪费,又减轻了环境污染。据调查,侧深施肥肥料利用率与常规施肥相比提高明显。

(三)不同种类的底肥及用量

底肥用量占水稻总用肥量的50%以上,对于黑龙江主要水稻产区来说,通常底肥中的氮占水稻整个生育期施氮量的40%左右,磷肥几乎都在底肥中施用,钾肥也占整个生育期总用量的50%左右。而对于一些持效期比较长的高端肥料来说,底肥的施用量甚至占水稻总施肥量的80%。有机肥料的施用量可根据地力不同施用2~3吨/亩,不同化学肥料的底肥用量具体见表4-13和4-14所示。

表4-13 老三样推荐用量

目标产量 (千克/亩)	底肥(千克/公顷)		
	尿素(46%)	二铵(64%)	氯化钾(60%)
500	50~70	85~100	40~50
600	60~80	90~125	50~75
650	80~100	100~140	70~80

表4-14 复合肥料和掺混肥料用量

肥料配比($N-P_2O_5-K_2O$)	目标产量(千克/亩)	底肥(千克/公顷)
20-15-18	500	150~200
	600	200~300
	650	300~400
18-12-16	500	150~200
	600	200~330
	650	300~430

续表

肥料配比(N-P₂O₅-K₂O)	目标产量(千克/亩)	底肥(千克/公顷)
19-16-17	500	150~190
	600	190~300
	650	300~400
17-14-16	500	150~200
	600	200~375
	650	375~450

针对水稻种植过程中人工贵、雇工难、肥料利用率低、浪费多等问题,一些只用底肥和返青分蘖肥,不用施穗肥的新型长效肥料(表4-15)也相继出现,且使用效果较好。

表4-15 新型长效肥料用量

肥料配比(N-P₂O₅-K₂O)	目标产量(千克/亩)	底肥(千克/公顷)
22-14-16(含控释氮肥)	500	150~200
	600	200~350
	650	350~450

二、追肥

对于黑龙江大部分水稻主要产区来说,水稻追肥分为返青分蘖肥和穗肥,随着无人机在农业上的应用和普及,后期喷施叶面肥也逐渐成为水稻种植过程中的一项常规操作。

(一)返青分蘖肥

水稻返青分蘖肥(表4-16)可促进水稻快速返青,同时为水稻分蘖提供快速充足的养分,保证田间有足够的茎蘖数,肥料多以硫酸铵(或氯化铵)和尿素配施为主,施氮量占水稻总施氮量的35%左右,一般不补充磷肥,可适当添加钾肥,缺锌土壤施用含锌返青肥效果更佳,根据具体情况施用方式分以下两种:

(1)气温正常的情况下,在插秧后5~7天,水稻发出新根时一次性施用全部返青分蘖肥。

(2)在插秧前一天到插秧后 3 天施入 40% 返青分蘖肥,插秧后 10~13 天施入 60% 返青分蘖肥(可结合封闭除草带药施用)。

如果水稻插秧后出现冷害、药害、水深、秧苗素质差等条件造成大缓苗时,可在农化技术人员指导下提前增施硫酸铵等速效氮肥 70~80 kg/hm^2。

表 4-16　返青分蘖肥用量

目标产量(千克/亩)	老三样(千克/公顷)		掺混肥料(千克/公顷)
	硫酸铵(20.5%)	尿素(46.4%)	以 30-0-5 为例
500	60~80	40~50	80~100
600	75~100	50~75	100~150
650	85~110	50~75	140~165

(二)穗肥

水稻穗肥(表 4-17)多以尿素和钾肥配施为主,施氮量占整个生育期总施氮量的 30% 左右,钾肥用量占整个生育期钾肥施用总量的 50% 左右,科学合理施用穗肥可以稳定水稻有效穗数,为水稻在抽穗灌浆期提供足够的养分,提高水稻成穗率和结实率,促进水稻取得高产。

穗肥一定要在中期叶色褪淡落"黄"的基础上才能施用;如果中期不落"黄",则不宜施用。施用穗肥,既有利于巩固穗数,又可防止无效分蘖的发生和生长;既有利于攻大穗,又可防止叶面积过度增长,有利于形成配置良好的冠层结构,使水稻有较高的粒/叶、结实率和千粒重。

对于黑龙江的主要水稻种植区域来说,在水稻拔节期前(第一、二积温带插秧后 55~60 天,第三、四积温带插秧后 45~55 天),倒 2.5 叶期,剥开主茎基部,可看到基部节间,并能看到 0.5~1 cm 白色的幼穗已形成,此时钾肥正常施用,氮肥应根据水稻长势确定用量,如水稻叶片落"黄"、挺立,可正常施用氮肥;如叶片颜色以深绿为主,叶片挺立,穗肥用氮量应降低 20%~50%;如叶片浓绿、披垂,则少施或不施氮肥。个别区域也有分次施用穗肥的习惯,第一次在水稻倒 3.0 叶期施用 40% 穗肥(促花肥),第二次在倒 1.0 叶期施用剩余 60% 穗肥(保花肥);还有个别高产田会应用粒肥,多以施用钾肥为主。

第四章 合理施肥

表4-17 穗肥用量

目标产量(千克/亩)	老三样(千克/公顷)		掺混肥料(千克/公顷)
	尿素(46.4%)	氯化钾(60%)	以20-0-17为例
500	30~40	40~50	100~120
600	40~55	50~75	120~150
650	55~80	50~75	140~170

(三)叶面肥

叶面施肥能为水稻快速提供所需营养成分,见效快,肥料利用率高。随着农用无人机的普及,水稻喷施叶面肥也逐渐成为一种常规操作。根据其成分和功能不同,具体使用时期和方式也有差别,主要分为以下几个类别。

1. 营养型叶面肥

此类叶面肥中氮、磷、钾及中微量元素等养分含量较高,主要功能是为植物提供各种营养元素,改善作物营养状况,适于植物整个生育期各种营养的补充。

2. 调节型叶面肥

此类叶面肥中含有调节植物生长的物质,主要功能是调节植物的生长发育。适于植物生长中前期使用。

3. 生物型叶面肥

此类叶面肥中含有生物体及其代谢物,如氨基酸、核苷酸等物质,主要功能是刺激植物生长,促进新陈代谢。

4. 复合型叶面肥

此类叶面肥种类多,复合形式多样,可以发挥既提供营养又调节生长发育等多种作用。

三、注意事项

(一)对于秧苗长势较弱的地块,返青分蘖肥最好选择分次施用,同时,适当延后带药肥(第二次)的施用时间,施带药肥后要加强田间水层管理,避免产生药害。

(二)对于保水较差、水分流失严重的地块,建议在适量施肥的基础上增加施肥次数,比如返青分蘖肥分两次施用,穗肥也分两次(促花肥、保花肥)或三次(促花肥、保花肥和粒肥)施用,以减少养分损失,提高肥料利用率。

（三）直播田返青分蘖肥在稻苗3.0叶左右施用，用量可参照插秧田；底肥和穗肥用量及用法基本与插秧田一致。

（四）喷施叶面肥时，除了慎重、合理选择叶面肥的种类外，与除草剂或杀虫剂等其他试剂混用时，应首先取少量样品做一下混配试验，避免出现试剂间反应、失效的情况。

第五章 本田植保解决方案

水稻插秧后就进入本田管理阶段，水稻的产量和品质受品种、栽培制度、气候、病虫草害等多种因素影响，其中防治病虫草害是保证水稻产量和品质的重要任务。

水稻病虫草害防治遵循"预防为主，综合防治"的植保方针，把预防作为植物保护工作的指导思想，在综合防治中，要以农业防治为基础，因地制宜地合理应用化学防治、生物防治、物理防治等措施，达到经济、安全、有效控制病虫草害的目的。

黑龙江省水稻生育期间活动积温少、无霜期短，平均气温低，前期升温慢，中期高温短，雨热同季湿度大，后期降温快，冷害频繁，气候条件非常利于水稻病虫草害的集中发生。近年来，随着城镇化进程的加快，大量年轻人进入城市，使得水稻种植者年龄偏大，对新事物和新技术的认知和接受程度都较低，间接影响了水稻病虫草害的科学防治。

第一节 本田病害解决方案

一、植物病害概念

植物由于受到病原生物或不良环境条件的持续干扰，其干扰强度超过了能够忍耐的程度，使植物正常的生理功能受到严重影响，在生理和外观上表现出异常，这种偏离了正常状态的植物就是发生了病害。

植物病害对植物生理功能的影响表现在下列六个方面：水分和矿物质的吸收与输导；光合作用；养分的转移与运输；生长与发育速度；产物的积累与贮存（产量）；产物的消化、水解与再利用（品质）。

引起植物偏离正常生长发育状态而表现病变的因素谓之"病因"。引起植物发生病害的原因很多，既有不适宜的环境因素，包括各种物理因素与化学因素；又有生物因素，包括外来生物的因素和植物自身的因素；还有环境与生物相互配合的因素，包括病原生物与环境条件的配合，环境因素与植物生长发育过程的配合，以及环境、病原物和植物三者的相互作用等。

二、植物病害的类型

植物病害种类有很多，病因也各不相同，造成病害的形式也多样。因此植物病害的分类可以有多种分类方法。但最客观实用的还是按照病因类型来区分的方法。它既可知道发病的原因，又可知道病害发生的特点和防治的对策等。根据这一原则，植物病害分为两大类：

第一类是由病原生物因素侵染造成的病害，称为侵染性病害，因为病原生物能够在植株间传播，因而又称传染性病害。按照病原生物不同可分为真菌性病害，如水稻稻瘟病；细菌性病害，如水稻细菌性褐斑病；病毒性病害，如水稻病毒病；由寄生植物侵染引起的寄生植物病害，如大豆菟丝子；由线虫侵染引起的线虫病害，如大豆胞囊线虫；由原生动物侵染引起的原生动物病害，如椰子心腐病。

另一类是无病原生物参与，只是由于植物自身的原因或由于外界环境条件的恶化所引起的病害，这类病害在植株间不会传染，因此称为非侵染性病害或非传染性病害，如温度过高、过低引起的灼伤、冻害；气候导致的旱、涝、风、雹害；农事操作不当导致的药害或肥害等。

三、植物病害防治方法

植物病害防治就是通过人为干预，改变植物、病原物与环境的相互关系，减少病原物数量，削弱其致病性，保护与提高植物的抗病性，优化生态环境，以达到控制病害的目的，从而减少植物因病害流行而蒙受的损失。

植物病害防治主要有以下几种方法。

（一）植物检疫

其目的是利用立法和行政措施防治或延缓有害生物的人为传播。植物检疫的基本属性是其强制性和预防性。

（二）农业防治

其目的是在全面分析寄主植物、病原物和环境因子三者相互关系的基础上，运用各种农业调控措施，减少病原物数量，提高植物抗病性，创造有利于植物生长发育而不利于病害发生的环境条件。

（三）抗病品种的利用

选育和利用抗病品种是防治植物病害最经济、最有效的途径。对于土壤病害、病毒病害，选育和利用抗病品种几乎是唯一可行的防治途径。

（四）生物防治

生物防治包括利用有益生物防治植物病害的各种措施。

（五）物理防治

物理防治主要利用热力、冷冻、干燥、电磁波、超声波、激光等手段抑制、钝化或杀死病原物，达到防治病害的目的。

（六）化学防治

化学防治是利用农药防治植物病害的方法。农药具有高效、速效、使用方便、经济效益高等优点,但使用不当会对植物产生药害,引起人、畜中毒,杀伤有益微生物,导致病原物产生抗药性,农药的残留还会造成环境污染。但当前化学防治仍然是防治植物病害的重要措施,在面临病害大发生的紧急时刻,甚至是唯一有效的措施。

四、本田常见病害的识别与防治

黑龙江省水稻本田中常见的病害有稻瘟病、纹枯病、胡麻斑病、稻曲病、穗腐病、恶苗病、细菌性褐斑病、叶鞘腐败病、菌核秆腐病、赤枯病等。

(一)稻瘟病

1. 为害症状

根据水稻为害部位不同,田间主要发生苗瘟、叶瘟、节瘟、叶枕瘟、穗茎瘟、枝梗瘟和谷粒瘟。稻瘟病表现如图 5-1 所示。

图 5-1 稻瘟病表现

（1）苗瘟

苗瘟是指水稻苗期发病,由于黑龙江水稻苗期温度低,苗瘟基本不发生。

（2）叶瘟

叶瘟一般在七月上、中旬发生,主要发生在水稻分蘖期以后,一般从下部叶片开始发病,病斑的形状、色泽和大小常因气候条件、水稻品种的感病程度分为急性型、慢性型、白点型、褐点型。

①急性型病斑暗绿,中心灰白,正反两面密生灰绿色霉层,出现此症状后预示该病将大发生,应立即喷药防治。

②慢性型田间最为常见,病斑多为梭形,褐色,中央呈灰白色,称崩溃部;最外层为黄色或淡黄色晕圈,称中毒部;内圈为褐色,称坏死部;病斑两端各有一条褐色坏死线,此"三部一线"是慢性型病斑的主要特征,也称典型病斑,病斑背面有灰绿色霉层。

③白点型为感病品种的叶片感病后产生的白色近圆形小斑,无霉层。

④褐点型为褐色小点,多局限在叶脉间,无霉层,多发生在抗病品种或稻株下部老叶上。

（3）节瘟

节瘟多发生于剑叶下第1、2节上,初为黑褐色小点,逐渐扩大,病斑可绕节的一部分或全部,使节部变黑色,后期节干缩、凹陷,使稻株折断而倒伏,影响结实、灌浆,形成白穗,造成绝产。

（4）叶枕瘟

叶枕瘟发生在叶片基部的叶耳、叶舌和叶枕上,病斑初期为灰绿色,后呈灰白色或褐色。

（5）穗颈瘟、枝梗瘟

穗颈瘟、枝梗瘟发生于穗茎部、穗轴和枝梗上,病斑初期为水渍状褐色小点,后扩展呈黑褐色条斑,轻者影响结实、秕粒增多,重者形成白穗,造成绝产。

（6）谷粒瘟

谷粒瘟发生于谷粒颖壳和护颖上,初为褐色小点,后扩大成褐色椭圆形或不规则形病斑,中央灰白色形成秕粒。

2. 病原

病原菌无性阶段为灰梨孢(*Pyricularia grisea* Cooke ex Sacc.),属半知菌亚

门、丝孢纲、丝孢目、梨孢属真菌。有性阶段(人工培养,自然界未发现)为灰色大角间座壳菌[*Magnaporthe grisea* (T. T. Hebert) M. E. Barr],属子囊菌亚门、粪壳菌纲、大角间座壳目、大角间座壳属真菌。

灰梨孢的变异性很大,不同菌株的分生孢子形态和对温度的反应有一定差异,甚至致病性的差异也很明显。根据在不同水稻品种上的反应,又可分为许多小种。

3. 传播途径

病菌以分生孢子和菌丝体在稻草和稻谷上越冬。翌年产生分生孢子借风雨传播到稻株上,萌发侵入寄主向邻近细胞扩展发病,形成中心病株。病部形成的分生孢子,借风雨传播进行再侵染。

4. 发病条件

病原菌菌丝发育的温度范围为 8～37 ℃,以 26～28 ℃ 最适宜。分生孢子在 10～35 ℃ 之间都可形成,以 25～28 ℃ 最适宜。分生孢子的形成以空气湿度达饱和时最好,相对湿度低于 90%,孢子形成量就减少到 1/10 左右,相对湿度在 80% 以下几乎不能形成。孢子需有水滴存在且相对湿度达 96% 以上时,才能萌发良好。当空气湿度饱和而无水滴时,萌发率就减少到 1% 以下,相对湿度低于 90%,则不能萌发。病菌侵入过程中所需保湿时间与温度有关,26 ℃ 需 6 小时,28 ℃ 需 8 小时,32 ℃ 需 10 小时,34 ℃ 则不能侵入。适宜温度形成附着胞并产生侵入丝,穿透稻株表皮,在细胞间蔓延摄取养分。天气阴雨连绵,日照不足或时晴时雨,早晚有云雾或结露条件,病情扩展迅速。

5. 防治方法

(1)选择高产、优质、抗病性强的品种是防治稻瘟病最经济有效的方式。

(2)加强田间管理,合理补充氮、磷、钾,过量或偏重施用氮肥有利于病原侵染发病。

(3)晒田不及时导致田间湿度较高,有利于病害发生,故应合理晒田。

(4)药剂防治:抓住防治关键时期早抓叶瘟、狠治穗瘟。孕穗末期和齐穗期是防治穗茎瘟的最佳时期。发病初期,可选用 2% 春雷霉素水剂每亩 80～100 mL,或 75% 肟菌酯·戊唑醇水分散粒剂每亩 15～20 g,或 75% 戊唑醇·嘧菌酯水分散粒剂每亩 15～25 g,或 30% 稻瘟酰胺·戊唑醇悬浮剂每亩 80～100 mL,或 40% 三环唑悬浮剂每亩 40～50 mL,或 9% 吡唑醚菌酯微囊悬浮剂每亩 50 g 等药剂,上述药剂可单剂使用也可混配使用,兑水 15 L(背负喷雾器)或 1.5~2 L(无人机飞防)喷雾防治。

(二)纹枯病

1. 为害症状

水稻纹枯病(图 5-2)又称云纹病,俗名烂脚瘟,主要发生在叶鞘和叶片上,严重时可侵入茎秆并蔓延至穗部,瘪谷增加,粒重下降,并可造成倒伏或整株枯死。发病初期,在近水面叶鞘处产生暗绿色水浸状边缘模糊小斑,后渐扩大呈椭圆形或云纹形,中部呈灰绿或灰褐色,湿度低时中部呈淡黄或灰白色,中部组织破坏呈半透明状,边缘暗褐色。发病严重时数个病斑融合形成大病斑,呈不规则状云纹斑,常致叶片发黄枯死。叶片染病病斑也呈云纹状,边缘褪黄,发病快时病斑呈污绿色,叶片很快腐烂,茎秆受害症状似叶片,后期呈黄褐色,易折。穗颈部受害初为污绿色,后变灰褐色,常不能抽穗,抽穗的秕谷较多,千粒重下降。湿度大时,病部长出白色网状菌丝,后汇聚成白色菌丝团,形成菌核,菌核深褐色,易脱落。

图 5-2 纹枯病表现

2. 病原

病原菌无性阶段为立枯丝核菌(*Rhizoctonia solani* J. G. Kühn),属半知菌亚门、丝孢纲、无孢目、丝核菌属真菌。有性阶段为瓜亡革菌[*Thanatephorus cucumeris*(A. B. Fank)Donk],属担子菌亚门、层菌纲、胶膜菌目、亡革菌属真菌。

3. 传播途径

病菌主要以菌核在土壤中越冬,也能以菌丝和菌核在病稻草和其他寄主作物或杂草的残体上越冬。水稻收获时落入田中的大量菌核是翌年的主要初侵染源。漂浮在水面上的菌核黏附在稻株基部的叶鞘上,萌发菌丝侵入叶鞘组织,进行初侵染。发病后,病斑上形成的菌核随水漂浮或靠菌丝蔓延进行再侵染。

4. 发病条件

新稻田一般越冬菌源很少,几乎不发病,老稻田中菌源较多,发病严重,水稻抽穗到乳熟阶段是菌核形成的高峰期。落入田中的菌核漂浮在水面上也能再侵染。在水稻各生育期中,一般从分蘖期开始感染,孕穗到抽穗期形成发病高峰,到了蜡熟期逐渐停止蔓延。病菌喜高温,菌丝生长温度范围是10~30 ℃,最适温度是28~30 ℃,高温高湿有利于病害的发生和扩展。

5. 防治方法

(1) 打捞菌核,减少菌源,并带出田外深埋。

(2) 合理密植,水稻纹枯病发生的程度与水稻群体的大小关系密切;群体越大,发病越重。因此,适当稀植可降低田间群体密度、提高植株间的通透性、降低田间湿度,从而达到有效减轻病害发生及防止倒伏的目的。

(3) 加强栽培管理,不偏施氮肥,增施磷钾肥,采用测土配方施肥技术,使水稻前期不披叶,中期不徒长,后期不贪青。

(4) 药剂防治:水稻孕穗期、齐穗期喷洒30%苯醚甲环唑·丙环唑乳油每亩15~20 mL,或75%肟菌酯·戊唑醇水分散粒剂每亩15~20 mL,或20%烯肟菌胺·戊唑醇悬浮剂每亩40~50 mL,或24%噻呋酰胺悬浮剂每亩15~20 mL,兑水15 L(背负喷雾器)或1.5~2 L(无人机飞防)喷雾防治。施药时应保持水稻浅水层2~3天,浅水自然落干3~4天后重新上浅水。

(三) 胡麻斑病

1. 为害症状

主要侵染水稻叶片,最初为褐色小点,继而逐渐扩大成褐色至暗褐色椭圆形病斑,似芝麻粒状,病斑中部黄褐色或灰白色,边缘褐色,外围有黄色晕圈。放大观察褐斑呈轮纹状,后期病斑边缘呈深褐色,中央变为灰白色,无沿叶缘延伸的坏死线。植株缺钾时,病斑略大,呈梭形,病斑上轮纹明显。胡麻斑病表现如图5-3所示。

2. 病原

病原菌无性阶段为稻平脐蠕孢[*Bipolaris oryzae* (Breda de Haan) Shoemaker],属半知菌亚门、丝孢纲、丝孢目、长蠕孢属真菌,有性阶段(人工培养,自然界未发现)为宫部旋孢腔菌[*Cochliobolus miyabeanus*(Ito et Kurib.)Drechsl.],属子囊菌亚门、腔菌纲、座囊菌目、旋孢腔菌属真菌。

图5-3 胡麻斑病表现

3. 传播途径

病菌以分生孢子或菌丝体附着在稻种或稻草上越冬,成为翌年初侵染源。病菌在干燥的条件下可存活2~3年。播种后谷粒上的病菌可直接侵害幼苗。稻草上越冬的分生孢子,或由越冬菌丝产生的分生孢子,都可随风扩散,引起秧田和本田的侵染。在当年病组织上产生的分生孢子可再次侵染,不断扩大为害。

4. 发病条件

病菌生育适应的温湿度范围较广,但最适宜于适温、高湿、遮阴的条件。当湿度饱和、温度在25~28℃时,4小时就完成侵入过程,如再无强烈阳光直射,一昼夜即可出现病斑。黑龙江省水稻胡麻斑病病斑在6月底、7月初出现,7月末为盛发期,8月中旬基本停止蔓延。酸性土壤,缺磷少钾时易发病。缺水受旱,生长不良或因硫化氢中毒引起的黑根稻田也易发病。

5. 防治方法

(1)清理病草、病谷,减少菌源。

(2)合理施用氮、磷、钾肥,尤其是钾肥,一旦缺乏,会导致缺钾型胡麻斑病发生。

(3)注意排水晒田,避免长期淹水,田间通气不良。

(4)药剂防治:在水稻孕穗末期和齐穗期,用20%三唑酮可湿性粉剂每亩

100 g,或50%异菌脲悬浮剂每亩70~100 mL,或50%多菌灵可湿性粉剂每亩100 g,或30%稻瘟酰胺·戊唑醇悬浮剂每亩50~60 mL,兑水15 L(背负喷雾器)或1.5~2 L(无人机飞防)喷雾防治。如环境条件适宜病原菌生长,发病较早,可在6叶期预防病害发生,其余防治时期同稻瘟病。

(四)稻曲病

1. 为害症状

稻曲病(图5-4)只发生于穗部,为害部分谷粒。受害谷粒内形成菌丝块逐渐膨大,导致内外颖裂开,露出淡黄色块状物,即孢子座,后包于内外颖两侧,呈黑绿色,初外包一层薄膜,后破裂,散生墨绿色粉末,即病菌的厚垣孢子,有的两侧生黑色扁平菌核,风吹雨打易脱落。

图5-4 稻曲病表现

2. 病原

病原菌无性阶段为稻绿核菌[*Ustilaginoidea oryzae*(Pat.)Bref.],属半知菌亚门、丝孢纲、瘤座菌目、绿核菌属真菌,有性阶段为稻麦角菌(*Claviceps virens* M. Sakurai ex Nakata),属子囊菌亚门、核菌纲、球壳目、麦角菌属真菌。

3. 传播途径

病菌主要以落入土壤中的菌核和附着在种子表面的厚垣孢子越冬。翌年菌核萌发释放子囊孢子成为主要的初侵染源;厚垣孢子在适宜条件下萌发产生分生孢子,借助气流侵染水稻。该病菌由于生长缓慢,侵染时间集中,再侵染较少。

4. 发病条件

稻曲病发生除与品种不抗病有关外,主要还与施肥、抽穗期间温湿度及降雨量有关。一般水稻在抽穗开花期气温为 24~32 ℃,田间湿度 90% 以上时利于发病,氮肥偏施、迟施或水稻抽穗开花期间阴雨天气多,降雨大、田间郁闭,光照不足,露水重、有雾日数多也容易造成发病。

5. 防治方法

(1)选用抗病品种,是防治稻曲病最经济有效的措施。

(2)发病田块应进行深翻,清除菌源,减少初侵染源。

(3)合理施肥,采用测土配方施肥技术,合理补充氮、磷、钾,控制氮肥用量。

(4)药剂防治:水稻孕穗后期至破口前 7~10 天和始穗期施药,用 13% 井冈霉素 A 水剂每亩 35~50 g,或 20% 三唑酮可湿性粉剂每亩 100 g,或 25% 丙环唑乳油每亩 40 g,兑水 15 L(背负喷雾器)或 1.5~2 L(无人机飞防)喷雾防治;齐穗期针对上一年发病较重的田块施药,用 30% 苯醚甲环唑·丙环唑乳油每亩 20 mL,兑水 15 L(背负喷雾器)或 1.5~2 L(无人机飞防)喷雾防治。

(五)穗腐病(褐变穗)

1. 为害症状

水稻抽穗后不久,谷粒内颖出现褐色斑点或变褐色,随病势进展变浓褐或黑褐色,小穗轴并不坏死,并伴随叶片出现褐色斑点,叶鞘部几乎没有变褐。受害褐粒多数茶米、黑米率高,严重影响米质,严重时稻田远看一片黑,对水稻生育后期灌浆影响较小。穗腐病(褐变穗)表现如图 5-5 所示。

图 5-5 穗腐病(褐变穗)表现

2. 病原

病原菌无性阶段为链格孢菌[*Alternaria alternata*(Fr.)Keissl],属半知菌亚门、丝孢纲、丝孢目、链格孢属真菌,有性阶段为李维菌属(*Lewia Barr* & simmons),链格孢属真菌的有性态在自然条件下难以见到。

3. 传播途径

病菌孢子一般附着在稻粒、稻秆、禾本科杂草的枯死株上越冬,成为翌年的侵染源。同时连年大面积种植同一品种,品种的抗病性逐年下降,为水稻褐变穗病大发生提供了寄主条件。带菌秸秆、稻穗经机械化收割、还田,使稻田和田埂杂草上黏附了大量病菌孢子,田间菌源恶性积累,易暴发水稻褐变穗病。

4. 发病条件

该病害田间发病主要集中在7月中下旬到8月上旬。在水稻孕穗末期多雨的天气有利于水稻褐变穗的发生和流行,水稻抽穗后遇大风的天气也利于水稻褐变穗的发生和流行。病原菌分生孢子适宜萌发的温度范围为25~32 ℃,在30 ℃时,分生孢子萌发率最高;适宜pH值范围为6.03~7.94,在pH值为6.90的条件下,分生孢子萌发率最高;相对湿度低于93%,分生孢子不能萌发。

5. 防治方法

(1)改变大面积单一种植结构,做到品种多样化,种植抗病品种。

(2)正确合理地增施基肥、磷、钾、硅肥,少施氮肥。为防止稻叶早枯,要浅水灌溉,增强根系发育,保持水稻活力。

(3)受害稻草和禾本科杂草枯死叶割后尽快移出田外,防止孢子大量繁殖,做堆肥应充分腐熟。

(4)药剂防治:在水稻孕穗末期、齐穗期,使用1.5%多抗霉素可湿性粉剂每亩150 mL,或50%异菌脲悬浮剂每亩70~100 mL,或每亩1.5%多抗霉素130 mL+50%异菌脲悬浮剂75 mL混配,兑水15 L(背负喷雾器)或1.5~2 L(无人机飞防)喷雾防治。

(六)恶苗病

1. 为害症状

水稻恶苗病(图5-6)又称徒长病,病谷粒播后常不发芽或不能出土。苗期发病秧苗比正常苗细高,叶片叶鞘细长,叶色淡黄,根系发育不良,部分病苗在移栽前死亡。在枯死苗上有淡红色或白色霉粉状物,即病原菌的分生孢子。病轻的提早抽穗,穗形小而不实。抽穗期谷粒也可受害,严重的变褐,不能结实,颖壳夹缝处生淡红色霉,病轻不表现症状,但内部已有菌丝潜伏。

图 5-6 恶苗病表现

2. 病原

病原菌无性阶段为串珠镰孢菌(*Fusarium moniliforme* J. Sheld.),属半知菌亚门、丝孢纲、瘤座孢目、镰刀菌属真菌,有性阶段为藤仓赤霉菌[*Gibberella fujikuroi*(Sawada)S. Ito],属子囊菌亚门、核菌纲、球壳目、赤霉属真菌。

3. 传播途径

病菌以分生孢子附着在种子表面或以菌丝体潜伏于种子内越冬,带菌种子和病稻草是该病发生的初侵染源。浸种时带菌种子上的分生孢子污染无病种子而传染,严重的引起苗枯,死苗上产生分生孢子,借助气流传播到健苗,引起再侵染。

4. 发病条件

恶苗病主要是由种子带菌传播,带菌的种子不仅本身发病,而且在浸种、催芽、幼苗生长过程中可使健康种子和幼苗受到浸染。高温对水稻恶苗病病菌繁殖、侵染及发生极为有利。土温在30～35 ℃时病苗出现最多,25 ℃时病苗出现少,种子和秧苗有外伤时,有利于病菌侵入。施氮肥过多或田间病株残体未清理干净易得病。

5. 防治方法

(1)选择无病的种子,如果制种田发生了恶苗病,种子很容易携带病菌,因此无病种子对预防恶苗病有很好的效果。

(2)种子处理:水稻恶苗病主要通过种子包衣与浸种处理进行预防。使用62.5 g/L咯菌腈·精甲霜灵悬浮种衣剂,或12%甲基硫菌灵·嘧菌酯·甲霜灵悬浮种衣剂等按药种比1∶50进行均匀拌种,或使用25%氰烯菌酯悬浮剂

3 000～4 000 倍液浸种,即 25～33 mL 兑水 100 kg,浸 80～100 kg 稻种,预防水稻恶苗病。浸种温度 11～12 ℃,浸种时间 5～7 天,取出后直接催芽。

(3)药剂防治:进入本田后,发生前期,喷施药剂可能起到一定的抑制作用,比如咪鲜胺乳油,但效果有限,尤其是进入中后期,基本上无效果。

(4)拔掉病株,当稻田中发现恶苗病病株后,要及时拔除,来抑制恶苗病的传播蔓延,尤其是在恶苗病发生初期,能起到很好的控制作用。

(七)细菌性褐斑病

1. 为害症状

细菌性褐斑病(图 5-7)的病菌主要侵染水稻叶片、叶鞘和穗部。叶片病斑初为水渍状小斑点,扩大后呈纺锤形、长椭圆形或不规则形,赤褐色,边缘有黄色晕纹,最后病斑中心呈灰色常融合形成大条斑,使局部叶片枯死。如病斑发生于叶片边缘时,沿叶脉扩展成赤褐色长条形病斑。叶鞘发病,多发生于剑叶叶鞘,病斑为赤褐色、短条形、水渍状,多数病斑融合形成不规则形病斑,后期中央呈灰褐色,组织坏死,剥开叶鞘,内部茎秆上有黑色条状斑,叶鞘被害严重时,稻穗不能抽出。稻粒颖壳发病,产生污褐色、近圆形病斑,重者可融合成污褐色块状斑。

图 5-7 细菌性褐斑病表现

2. 病原

病原为丁香假单胞菌丁香致病变种(*Pseudomonas oryzicola* Klement.),属假单胞菌属细菌。

3. 传播途径

病菌在病株残体、种子以及各种野生寄主上越冬。种子上带菌,播种后直

第五章 本田植保解决方案

接引起幼苗发病;在病株残体和野生杂草上越冬的病菌先为害杂草,以后再借风、雨传播侵染插秧后的水稻,感病水稻上的病菌再借风、雨、灌溉水传播引起再侵染。

4. 发病条件

病菌主要从叶片的伤口处侵入,7~8月如遇天气阴冷、大风,尤其暴雨使水稻叶面相互摩擦,造成多处伤口,可加重病情。同时如果水肥管理不当,氮肥过多,长期深水淹灌,水稻生育不良,则病害发生较重。

5. 防治方法

(1)加强检疫,防止病种调入和调出。

(2)选用抗病良种;及时清除田边杂草,处理带菌稻草。

(3)浅水灌溉,采用测土配方施肥技术,避免偏施氮肥,严禁病水田串灌。

(4)药剂防治:发病初期喷施2%春雷霉素水剂每亩80~100 mL,或14%胶氨铜水剂每亩125~170 mL,或25%叶枯宁可湿性粉剂每亩100 g,或20%噻唑锌悬浮剂每亩80~100 g,兑水15 L(背负喷雾器)或1.5~2 L(无人机飞防)喷雾防治。

(八)叶鞘腐败病

1. 为害症状

水稻叶鞘腐败病(图5-8)在秧苗期至抽穗期均可发病,幼苗染病叶鞘上生褐色病斑,边缘不明显。分蘖期染病叶鞘上或叶片中脉上初生针头大小的深褐色小点,向上、下扩展后形成菱形深褐色斑,边缘浅褐色。叶片与叶脉交界处多现褐色大片病斑。孕穗至抽穗期染病剑叶叶鞘先发病且受害严重,叶鞘上生褐色至暗褐色不规则病斑,中间色浅,边缘黑褐色较清晰,严重的现虎斑纹状病斑,向整个叶鞘上扩展,致叶鞘和幼穗腐烂。湿度大时病斑内外现白色至粉红色霉状物,即病原菌的子实体。

2. 病原

病原菌无性阶段为稻帚枝霉[*Sarocladium oryzae*(Sawada)W. Gams & D. Hawksw.],属半知菌亚门、丝孢纲、丝孢目、帚枝霉属真菌。

3. 传播途径

病菌以菌丝体和分生孢子在病种子和病稻草上越冬,翌年以分生孢子借昆虫、气流等传播进行初侵染,带菌种子萌发后病菌以生长点入侵。发病后病部形成分生孢子从伤口、气孔等侵入,完成再侵染。

图5-8 叶鞘腐败病表现

4. 发病条件

病菌侵入和在植物体内扩展最适温度为30 ℃,低温条件下水稻抽穗慢,病菌侵入机会多,高温时病菌侵染率低,但病菌在体内扩展快,发病重。生产上氮、磷、钾比例失调,尤其是氮肥过量、过迟或缺磷及田间缺肥时发病重。

5. 防治方法

(1)选育抗病良种。由于品种之间存在抗病的差异,选择稻穗抽出度较好的品种可以减轻发病。

(2)及时治虫,防止稻飞虱、叶蝉、螨类等对病菌的传播。

(3)药剂防治:水稻破口到齐穗期是药剂防治的关键时期。发病初期,选用43%戊唑醇悬浮剂每亩20 mL,或25%咪鲜胺乳油每亩100 mL,或50%多菌灵可湿性粉剂每亩100 g,兑水15 L(背负喷雾器)或1.5~2 L(无人机飞防)喷雾防治。

(九)菌核秆腐病

1. 为害症状

水稻菌核秆腐病(图5-9)主要是稻小球菌核病和小黑菌核病,两病单独或混合发生,又称小粒菌核病或秆腐病。菌核秆腐病主要为害植株下部叶鞘和茎秆,叶鞘初呈黑色块状小斑,后向上下和内侧扩张,形成黑色纵向线条乃至黑色大斑块。病菌由叶鞘进而入侵茎秆,亦形成黑色条状病斑,继续扩展,终致茎秆下部成段变黑软腐。剖视病秆,可见其内腔充满菌丝并密生大量针头状的黑色小菌核。

图 5-9 菌核秆腐病表现

2. 病原

小球菌核病原菌[*Nakataea sigmoideum*(Cavara) Hara],属子囊菌亚门真菌。小黑菌核病原菌(*Nakateae irregulare* Hara),属半知菌亚门真菌,是小球菌核病菌的变种。除此之外,还有褐色菌核病菌、球状菌核病菌、黑粒菌核病菌、灰色菌核病菌、赤色菌核病菌、褐色小粒菌核病菌等。

3. 传播途径

发病较重的主要是小球菌核病和小黑菌核病,主要以菌核在稻茬和稻草或散落于土壤中越冬,可存活多年。当整地灌水时菌核浮于水面,黏附于秧田或叶鞘基部,遇适宜条件菌核萌发后产生菌丝侵入叶鞘,后在茎秆及叶鞘内形成菌核。有时病斑表面生浅灰霉层,即病菌分生孢子,分生孢子通过气流或昆虫传播,也可引起再侵染,但主要以病健株接触短距离再侵染为主。菌核数量是次年发病的主要因素。

4. 发病条件

菌核秆腐病是一种在高温、高湿的情况下发生的病害。病菌发育温度 11~35 ℃,适温为 25~30 ℃,多雨寡照的天气稻田温度在 25 ℃以上对病原菌扩展有利。越冬菌源数量是发病的主因,尤其是土壤中和稻茬内的菌核多发病重,害虫多发病也重。

5. 防治方法

(1)选用抗病品种。

(2)减少菌源,稻田发病重,收割时应紧贴地面,整地时将田间菌核尽量捞出,并带出田外深埋或者烧掉。

(3) 及时防治潜叶蝇、负泥虫、二化螟等害虫,减少植物物理损伤。

(4) 药剂防治:发病初期用 25% 咪鲜胺乳油每亩 100 mL,或 50% 多菌灵可湿性粉剂每亩 100 g,或用 5% 井冈霉素水剂每亩 100 mL,兑水 15 L(背负喷雾器)或 1.5~2 L(无人机飞防)喷雾防治。

(十) 赤枯病

1. 为害症状

水稻赤枯病(图 5-10)发病植株的典型症状是受害植株矮小,分蘖少而小,上部叶片挺直与茎夹角较小。稻株进入分蘖期后,老叶上呈现褐色小点或短条斑,边缘不明显,并自叶尖沿叶缘向下出现焦枯。到分蘖期在叶片上出现碎屑状褐点,以后斑点增多、扩大,叶片多由叶基部逐渐变黄褐色枯死,发病严重时,远望全田稻叶如火烧焦状。

图 5-10 赤枯病表现

拔起病株可见根部老化、赤褐色,软绵状无弹性,有的变黑,腐烂,白根极小。

2. 病因

(1) 土壤缺钾型

土壤本身有效钾含量低,不能满足水稻生长对钾的需求而发病。此类型多发生在浅薄沙土田、漏水田。常在水稻栽后十几天开始发病,初期水稻叶色略呈深绿色,叶片狭长而软,基部叶片自叶尖沿叶缘两侧向下逐渐变黄色或黄褐色,根毛少且易脱落。

(2) 中毒型

因土壤中含有大量的还原性化学物质如二价铁、硫化氢等毒害水稻根系,降低其活力而发病。此类型多发生在深泥田、长期灌深水、通气不良和施用过量未腐熟粪肥的地块。秧苗移栽后难返青,或返青后稻苗直立,几乎无分蘖,叶尖先向下褪绿,叶片中脉周围黄化,并长出红褐色黑斑,甚至腐烂,有类似臭鸡蛋的气味。

(3)低温诱发型

因长期低温阴雨影响水稻根系发育,导致吸肥能力下降而发病。此类型多发生在水稻生长前期,植株上部嫩叶变成淡黄色,叶片上也出现很多褐色针尖状小点,下部老叶起初呈黄绿色或淡褐色,随后出现稻根软绵、弹性较差、白根少而细。

3. 防治方法

(1)发病地块要立即排水,适当晒田,增加土壤通透性,提高根系活力,促发新根。

(2)发病地块均匀喷施叶面肥,促进秧苗快速发育。施用磷钾肥,磷酸二氢钾每亩50 g,兑水15 L(背负喷雾器)或1.5~2 L(无人机飞防)喷雾防治。

第二节　本田虫害解决方案

一、害虫的概念

人们通常把害虫定义为其活动对人类有害的昆虫（包括螨类）。从人类维护自己利益的观点出发，这无疑是正确的。简要地说，害虫与人类争夺资源，它们会降低人类对资源的利用率。植食性昆虫为了生存而取食植物，从自然的角度来讲，它们有权利分享这种资源。但是如果这些资源被昆虫取食太多，以至影响人类的利益，这些昆虫就被人们称为害虫。

就近代有害生物综合治理的观点来看，有害和有益是相对的。即使是同一种农业害虫，在不同的地区、年份、季节或作物生育期，由于虫口密度不同，取食作物后引起的经济损失也不同，有时甚至对农业生产起了一定的增产作用。只有当它们的种群密度达到了经济危害水平时，才会造成作物产量或质量的损失，成为真正的害虫。因此判断一种昆虫是否属于害虫，唯一的标准是看其种群数量及其造成损失的程度是否达到经济危害水平，否则只能作为维持生态平衡的生物种群或有潜在性的害虫而已。

二、害虫的类别

（一）关键性害虫

关键性害虫又称常发性害虫，在不防治的情况下，其种群数量常常达到经济危害的水平，对农业生产构成严重的威胁。关键性害虫是害虫综合治理工作中应该予以防治的重点害虫，其占植食性昆虫种类的1%~2%。常见的有水稻二化螟、菜青虫等。

（二）偶发性害虫

偶发性害虫在一般年份不会达到经济危害水平，而在个别年份常因自然控

第五章 本田植保解决方案

制力的破坏,或气候不正常(如雨水偏多或干旱等),或人们的治理不当,致使其种群数量暴发造成严重的经济损害,如稻螟蛉、大豆造桥虫等。此类害虫的防治,应以加强预警和保护利用天敌为主,尽量发挥自然控制作用,防治暴发危害。

(三)潜在性害虫

作为资源消费者和资源竞争者中的大多数种类属于潜在性害虫,占植食性昆虫种类的 80%~90%。在现行的耕作栽培与管理措施下,它们的种群数量长期处在经济阈值以下,不会造成经济危害。但是如果改变耕作制度或管理措施,可使某些种类的种群数量上升而成为关键性害虫,如飞虱、蚜虫等。

(四)迁移性害虫

迁移性害虫具有很强的迁移能力,可以周期性地远距离从一个地方迁移到另一个地方危害,如褐飞虱、黏虫、小地老虎、稻纵卷叶螟等。掌握异地迁飞性害虫发生动态,对做好当地的测报至关重要。

(五)非害性害虫

非害性害虫包括绝大多数植食性昆虫种类,由于自然控制作用或自身适应、繁殖能力的限制,种群数量长期处于一个较低水平,永远达不到经济损害水平。在生态系统中,它们所造成的危害甚微,但它们的存在对于自然界中的物质循环和能量流动,对于维持自然界的生物多样性,或为有益生物提供转换营养或庇护场所等有重要的作用。

三、害虫防治方法

农业害虫的防治方法,根据作用原理和应用技术,概括起来可分为以下五大类。

(一)植物检疫

植物检疫是利用立法和行政措施防治或延缓有害生物的人为传播。植物检疫的基本属性是其强制性和预防性。

(二)农业防治

农业防治是根据农业生态系统中害虫、作物和环境条件三者之间的关系,结合农作物整个生产过程中一系列耕作栽培管理技术措施,有目的地改变害虫生活条件和环境条件,使之不利于害虫的发生发展,而有利于农作物的生长发育,或是直接对害虫种群数量起到一定的抑制作用。

(三)生物防治

生物防治是利用害虫的天敌来防治害虫。随着科学技术的不断进步,生物防治的内容一直在扩充。从广义来说,生物防治就是利用生物或其代谢产物控制有害生物的方法,包括传统的天敌利用和近年出现的昆虫不育、昆虫激素及信息素的利用等。

(四)物理防治

物理防治是利用各种物理因子、人工或器械防治有害生物的方法,包括最简单的人工捕杀至近代新技术直接或间接捕灭害虫,或破坏害虫的正常生理活动,或使环境条件不利于害虫的发生或危害。

(五)化学防治

化学防治是利用化学药剂来防治害虫,也称为药剂防治。用于害虫防治的药剂称为杀虫剂。化学防治在害虫综合防治中占有重要地位,是当前国内外广泛应用的一类防治方法。

实践证明,单独使用任何一类治理方法,都不能全面有效地解决虫害问题,只有坚持综合治理的原则,协调使用各种措施进行综合治理,才能达到有效控制害虫,保障农业生产丰产丰收和保护生态环境的目的。

四、本田常见虫害的识别与防治

黑龙江水稻本田中常见的虫害有潜叶蝇、负泥虫、稻螟蛉、二化螟、稻纵卷叶螟和稻飞虱等。

(一)潜叶蝇

1. 为害症状

水稻潜叶蝇主要出现在插秧后的秧苗上,幼虫钻入叶内潜食叶肉,残留上、下表皮,使受害叶片呈现不规则的白色条斑。叶片内部可见长形无足的小蛆形幼虫,后期还可见长条形两头尖的褐色至黄褐色多节的蛹。危害严重时可造成秧苗叶片腐烂、枯死。

第五章 本田植保解决方案

2. 形态特征

水稻潜叶蝇（*Hydrellia griseola*）属双翅目、水蝇科昆虫，如图 5-11 所示。

成虫为青灰色或暗灰色小型蝇子，具金属光泽，头部暗灰色，复眼黑褐色，单眼 3 个，触角黑色 3 节，第 3 节最大，扁圆形，触角芒一侧有刺毛 5 根，呈栉齿状。体长 2~3 mm，翅展 2.4~2.6 mm，翅膜质，平衡棒黄白色，足灰黑色，中、后足跗节的第 1 节基部黄褐色。

卵为长椭圆形，乳白色，表面有细纹，每卵块少者 3~5 粒，多者 20 粒左右，卵多产于倒伏水面的叶面上。

幼虫体长 3.6 mm 左右，圆筒形，稍扁平，头尾两端较细，体躯乳白色至黄白色。蛆式幼虫，口钩黑色，尾端呈截断状，有 2 个黑色气门突起，由 2 节构成，全体 13 节，前足、胸足退化。

蛹体长 3 mm 左右，体躯褐色乃至黄褐色，末端也有 2 个黑色气门突起。

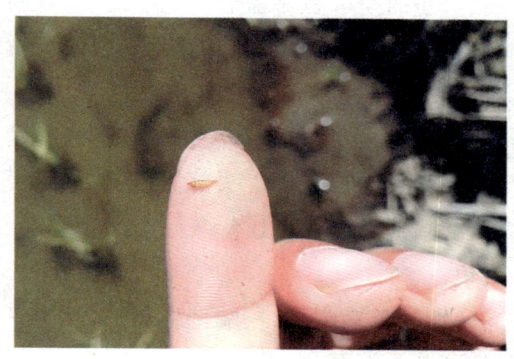

图 5-11 潜叶蝇

3. 发生规律

水稻潜叶蝇 1 年发生 4~5 代，田间世代重叠，属完全变态昆虫。以成虫形态在杂草间越冬。越冬成虫 4 月中下旬开始出现，先在田边、水渠等地的杂草间活动，5 月上旬可在水稗草、三棱草等野生寄主叶片上见到卵，5 月中旬出现幼虫，5 月末可见蛹。5 月中下旬水稻插秧后潜叶蝇一部分从野生寄主处转到稻田活动并产卵繁殖，产卵盛期在 5 月末至 6 月初。幼虫发生盛期在 6 月 10 日前后，危害水稻的潜叶蝇是第 1 代幼虫。

4. 防治方法

（1）清除水田周边杂草。

（2）插秧后浅水灌溉。

（3）药剂防治：水稻移栽前，每 100 m² 苗床喷施 70% 吡虫啉水分散粒剂 6 g，或 25% 噻虫嗪水分散粒剂 6 g，兑水喷雾，喷液量为每 100 m² 2.5 L。移栽本田后幼虫初发期，用 40% 氧化乐果乳油每亩 100 mL，或 70% 吡虫啉水分散粒剂每亩 6~8 g，或 25% 噻虫嗪水分散粒剂每亩 6~8 g，或 5% 甲氨基阿维菌素苯甲酸盐水分散粒剂每亩 3 g，兑水 15 L（背负喷雾器）或 1.5~2 L（无人机飞防）喷雾防治。

（二）负泥虫

1. 为害症状

水稻负泥虫成虫在叶尖叶脉取食，呈白色细线状食痕。幼虫取食叶片表皮及叶肉组织，残留另一面表皮，食痕常呈纵行的不规律透明条斑，受害叶尖枯萎，严重时全叶焦枯破裂。老熟幼虫亦蚕食叶缘。一般被害叶片上可见背负粪团的头小、背大而粗、多皱纹的乳白色至黄绿色寡足型幼虫。

2. 形态特征

水稻负泥虫（*Oulema oryzae*）属鞘翅目、负泥虫科昆虫，如图 5-12 所示。

成虫体长 5 mm。头部黑色；前胸背板狭，钟罩形；后部溢缩，黄褐色。翅鞘青蓝色，有光泽，其上有纵行点刻 10 列。体的腹面黑色，足黄褐色，但跗节暗褐色。

卵为长椭圆形，一端稍尖，长径为 0.7 mm，短径为 0.3 mm，表面具细微刻点，卵初为淡黄色，带光泽，后呈黑褐色。

老熟幼虫体长近 5 mm，头部黑色，体暗褐色，纺锤形，背面隆起，腹部扁平。肛门向上开口，常堆积排泄物于体背，因而称为负泥虫。

幼虫化蛹前先做茧。茧白色或暗黄色，椭圆形，长径为 5 mm，短径为 3 mm。

图 5-12 负泥虫

3. 发生规律

水稻负泥虫 1 年 1 代。以成虫在稻田附近的禾本科杂草根际和叶鞘中越夏、越冬，取食一段时间即交尾产卵。卵在稻叶的正面一般靠近叶尖，卵块排成两行。幼虫共4龄，初孵幼虫群集为害，以后逐步扩散到他处为害，幼虫排泄物堆积在背面，老熟幼虫脱去背面的排泄物，爬至水面上的叶片或叶鞘结茧准备化蛹。早晨及阴天活动最盛，幼虫于清晨露重时很活泼，集中于稻叶的正面及叶尖，阳光猛烈时则隐蔽于背光处。

4. 防治方法

（1）减少虫源，清除田间四周及池梗杂草，种植面积小可人工扫落。

（2）药剂防治：发生初期，可采用2.5%溴氰菊酯乳油每亩15～30 mL，或30%甲氰·氧乐果乳油每亩10 mL，或70%吡虫啉水分散粒剂每亩6～8 g，兑水15 L（背负喷雾器）或1.5～2 L（无人机飞防）喷雾防治。

(三) 稻螟蛉

1. 为害症状

以幼虫食害稻叶，1～2龄将叶片食成白色条纹，3龄后将叶片食成缺刻，严重时将叶片咬得破碎不堪，仅剩叶脉，重者可将叶片吃光。老熟幼虫在叶尖吐丝把稻叶曲折成粽子样三角苞，藏身苞内，咬断叶片，使虫苞浮落水面，然后在苞内结茧化蛹。叶片上有时可见绿色多足型幼虫，爬行时呈拱桥状。

2. 形态特征

稻螟蛉（*Naranga aenescens* Moore）属鳞翅目、夜蛾科昆虫，如图5-13所示。

成虫体暗黄色，雄蛾体长6～8 mm，翅展16～18 mm，前翅深黄褐色，有2条平行的暗紫宽斜带；后翅灰黑色。雌蛾稍大，体色较雄蛾略浅，前翅淡黄褐色，2条紫褐色斜带中间断开不连续；后翅灰白色。

卵直径0.45～0.50 mm，扁球形，表面有放射状纵隆线约29条，其间有横隆线若干。初产时淡黄色，以后映出紫色环纹，孵化前为灰紫色。

幼虫老熟时体长约20 mm，头部为黄绿色或淡褐色，胸、腹部为绿色。体背中央有3条白色细纵纹，两侧各有1条明显的淡黄色纵纹。胸足3对，腹足4对，第1、第2对腹足退化，仅留痕迹，第3、第4对腹足正常，并有尾足1对，由于第1、第2对腹足退化，不能正常爬行，而是似尺蠖幼虫的拱形爬行。

蛹体长7～10 mm，初为绿色，后转褐色，羽化前金黄色具光泽。下腭短，不及前翅长度的一半。腹末有钩刺4对，中央1对较粗长。

图 5-13 稻螟蛉

3. 发生规律

稻螟蛉在黑龙江省1年2代,第1代幼虫在稻田发生较少,主要以第2代幼虫在水稻生育中后期发生危害。稻螟蛉以蛹在稻秆、杂草及散落在田间的叶鞘间越冬。一般在6~7月份第1代稻螟蛉开始羽化。清晨羽化较多,白天隐伏于稻丛或草丛中,遇惊即疾飞逃跑。成虫日间潜伏于水稻茎叶或草丛中,夜间活动交尾产卵,趋光性强,且灯下多属未产卵的雌蛾。卵多产于稻叶中部,也有少数产于叶鞘,每一卵块一般有卵7~8粒,排成1行或2行,也有个别单产,每雌蛾平均产卵250粒左右。稻苗叶色青绿,能招引成虫集中产卵。幼虫孵化后约20分钟开始取食,先食叶面组织,渐将绿色叶肉啃光,致使叶面出现枯黄线状条斑。幼虫有假死性,一旦受惊,会跌落水中,停顿少许后再到其他稻株上为害。

4. 防治方法

(1)清除害虫越冬场所,减少虫源;秋收后及早春清除田边、沟边杂草,收集散落及成堆的稻草集中烧毁,消灭越冬场所。

(2)鳞翅目有趋光性,成虫时期用黑光灯诱杀,但需要联防联治,大面积铺设黑光灯。

(3)生物防治。释放稻螟赤眼蜂为代表的寄生性天敌,水稻生长季节在田埂上播种蜜源植物,也可提高寄生蜂的生活力和繁殖力。

(4)化学防治。一般在幼虫2~3龄期进行。用40%毒死蜱乳油每亩75~100 mL,或50%杀螟丹可溶性粉剂每亩75~100 g,或2.5%溴氰菊酯乳油每亩15~30 mL,或30%甲氰·氧乐果乳油每亩10 mL,兑水15 L(背负喷雾器)或

1.5~2 L(无人机飞防)喷雾防治。

(四)二化螟

1. 为害症状

二化螟以幼虫钻蛀稻秆为害,水稻在不同的生育期均受害,形成不同的被害症状。叶鞘受害造成"枯鞘",分蘖期受害造成"枯心",孕穗期受害使稻穗不能抽出形成"枯孕穗",抽穗期受害形成"白穗",乳熟期以后受害成为"虫伤株",对水稻产量影响最大的是"枯心苗"和"白穗",遇大风易折。

2. 形态特征

二化螟[*Chilo suppressalis*(Walker)]属鳞翅目、螟蛾科昆虫,如图5-14所示。

成虫翅展雄虫约20 mm,雌虫25~28 mm。头部淡灰褐色,额白色至烟色,圆形,顶端尖。胸部和翅基片白色至灰白,并带褐色。前翅黄褐至暗褐色,中室先端有紫黑斑点,中室下方有3个斑排成斜线。前翅外缘有7个黑点。后翅白色,靠近翅外缘稍带褐色。雌虫体色比雄虫稍淡,前翅黄褐色,后翅白色。

卵为扁椭圆形,有10余粒至百余粒组成卵块,排列成鱼鳞状,初产时乳白色,将孵化时灰黑色。

幼虫老熟时长20~30 mm,体背有5条褐色纵线,腹面灰白色。

蛹长10~13 mm,淡棕色,前期背面尚可见5条褐色纵线,中间3条较明显,后期逐渐模糊,足伸至翅芽末端。

图5-14 二化螟

3. 发生规律

黑龙江省1年发生1代,为完全变态昆虫。以老熟幼虫在稻茬、稻草中越冬。水稻二化螟每年6月上旬开始化蛹,6月中下旬为化蛹盛期,蛹期8~10天,6月下旬至7月上旬为羽化盛期,7月中旬产卵,7月中下旬初孵幼虫开始集中为害叶鞘,二龄后开始蛀茎为害,到9月末开始越冬。

4. 防治方法

(1) 消灭越冬场所,清除池埂、水渠边的稗草、香蒲、芦苇等杂草。将稻茬、稻草粉碎还田,尤其是有虫稻草要及时处理掉。

(2) 鳞翅目有趋光性,成虫期可用灯光诱杀,但需要联防联治,大面积铺设黑光灯。

(3) 化学防治:在幼虫孵化后、钻蛀为害之前及时打药,可使用5%氟虫腈胶悬剂每亩30 mL,或25%噻虫嗪水分散粒剂每亩6~8 g;或20%三唑磷水乳剂每亩100 mL,兑水15 L(背负喷雾器)或1.5~2 L(无人机飞防)喷雾防治。

(五) 稻纵卷叶螟

1. 为害症状

以幼虫为害水稻,幼虫吐丝纵卷叶尖躲藏其中取食上表皮及绿色叶肉组织,仅留白色下表皮,形成白色条斑。苗期受害影响水稻正常生长,甚至枯死;分蘖期至拔节期受害,分蘖减少,植株缩短,生育期推迟;孕穗后特别是抽穗到齐穗期剑叶被害,影响开花结实,空壳率提高,千粒重下降。

2. 形态特征

稻纵卷叶螟(Cnaphalocrocis medinalis)属鳞翅目、草螟科昆虫,如图5-15所示。

成虫体长7~9 mm,翅展12~18 mm。体、翅黄褐色,停息时两翅斜展在背部两侧。前翅近三角形,前缘暗褐色,翅面上有内、中、外三条暗褐色横线,内、外横线从翅的前缘延至后缘,中横线短而略粗,外缘有一条暗褐色宽带,外缘线黑褐色。

图5-15 稻纵卷叶螟

后翅有内、外横线二条,内横线短,不达后缘,外横线及外缘宽带与前翅相同,直达后缘。腹部各节后缘有暗褐色及白色横线各一条,腹部末节有两个并列的白色直条斑。

卵椭圆形而扁平,长约 1 mm,宽约 0.5 mm,中间稍隆起,卵壳表面有细网纹。初产时乳白色透明,后渐变淡黄色,在烈日曝晒下,常变赭红色;孵化前可见卵内有一黑点,为幼虫头部。

幼虫头部淡褐色,腹部淡黄色至绿色,老熟幼虫体长 14~19 mm,橘红色。前胸背板淡褐色,上有褐色斑纹,近前缘中央有并列的褐色斑点两颗,两侧各有一条由褐点组成的弧形斑。幼虫一般 5 龄,少数 6 龄。

蛹体长 7~10 mm,圆筒形,末端较尖削。初淡黄色,后转红棕色至褐色,背部色较深,腹面色较淡。蛹常裹薄茧。

3. 发生规律

稻纵卷叶螟具有远距离迁飞的特性。越冬北界在北纬30°一线,东北地区 1 年发生 1~2 代,每年春季,成虫随季风由南向北而来,随气流下沉和雨水拖带降落下来,成为黑龙江地区的初始虫源。稻纵卷叶螟生长和发育的适宜温度为 22~28 ℃,相对湿度80%以上。如迁入的虫量大,成虫产卵至孵化期需连续阴雨,才可能大发生。孵化后以幼虫爬入心叶或叶鞘内取食,3 龄前食量少,5 龄幼虫占总食量的 40%~50%。

4. 防治方法

(1)加强水肥管理,促进水稻生长健壮,降低幼虫孵化期田间湿度,或在化蛹高峰期灌深水 2~3 天,杀死虫蛹。

(2)人工释放赤眼蜂,在稻纵卷叶螟产卵始盛期至高峰期,分期分批放蜂,每亩每次放 3 万~4 万头,连续放蜂 3 次。

(3)药剂防治:掌握在幼虫 1 龄盛期或百株有新束叶苞 15 个以上时,可用 5% 阿维菌素乳油每亩 200 mL,或 15% 阿维·毒死蜱乳油每亩 200 mL,或 20% 氯虫苯甲酰胺悬浮剂每亩 15 mL,兑水 15 L(背负喷雾器)或 1.5~2 L(无人机飞防)喷雾防治。

(六)稻飞虱

稻飞虱是重要的迁飞性害虫,主要为害水稻、玉米、小麦、高粱、甘蔗、茭白等。该虫害在我国各水稻产区均有发生,其中南方稻区以褐飞虱(*Nilaparvata lugens* Stal)为主,其次为灰飞虱(*Laodelphax striatellus* Fallén)和白背飞虱[*Sogatella furcifera*(Horvath)],而东北地区最为常见的则是灰飞虱(图 5-16)与白背飞虱。

1. 为害症状

灰飞虱与白背飞虱均为不完全变态昆虫,所以成虫与若虫都以刺吸式口器刺吸水稻汁液为害水稻植株,并大部分聚集在水稻植株的中下部位啃食茎秆与叶片,同时所分泌出的毒素致水稻中毒枯萎,最后导致水稻死亡。成株期受害的水稻茎秆,表面会呈现一些长条形状的不规则的褐色斑点,叶片自下而上逐渐变黄,整个植株生长缓慢,明显

图5-16 灰飞虱

变矮。同时还会造成一部分水稻不完全抽穗,即使抽穗也大部分是白穗,结实率十分低。受害较严重的稻株下部逐渐变黑,结果造成倒伏、腐烂、枯死。如果虫害发生早,成虫数量大,在稻飞虱产卵时,其产卵器就会划破幼苗叶片和茎。稻飞虱以成虫、若虫用刺吸式口器吸吮水稻汁液,使之造成损伤。稻飞虱又可传播病毒,从而引发水稻黑条矮缩病。

2. 形态特征

稻飞虱属同翅目飞虱科昆虫。

灰飞虱与白背飞虱均为不完全变态昆虫,害虫态为成虫与若虫。

灰飞虱若虫体长约2.7 mm,体呈灰黄色或黄褐色,腹部中间颜色较浅,两侧颜色较重,在三、四节各有一对"八"字形浅色斑纹。

灰飞虱成虫属长翅型,连同双翅体长3.7 mm左右,体呈黄褐色或黑褐色,头顶突出。雌成虫,小盾片中央呈淡褐色,两头暗褐色,胸及腹部呈黄褐色。雄成虫,小盾片和胸腹部全部为黑褐色。

白背飞虱若虫体长约2.9 mm,呈灰褐色或灰黑色,第三、四腹节背面各有一对乳白色三角形斑纹。

白背飞虱成虫属长翅型,连同双翅体长4 mm左右,体为黄色或淡黄色,头顶明显突出,小盾片中间呈黄白色,两边为黑褐色。雌成虫的小盾片及胸腹部为黄褐色,而雄成虫这些地方为黑褐色。

第五章 本田植保解决方案

3. 发生规律

灰飞虱在我国北方水稻产区1年可发生4~5代,若虫在地埂沟渠及荒地的杂草根际、落叶中或土壤中越冬。翌年春季5月份左右开始羽化为成虫,并在有杂草的低洼湿地寻食活动,到5月下旬开始向稻田地集中。从6月上旬开始第1代若虫出现,到7月初羽化成第2代成虫,第3代成虫在8月末,而第4代成虫则在9月中旬左右,此时开始由稻田向地边转移,等到10月上旬左右第5代成虫形成,发育到3~4龄越冬。在成虫迁飞期,因其趋嫩性,凡是稻田生长茂盛的地块,虫量最多,为害也最重。由于成虫有趋光性,喜欢通风的地方,所以还有趋边的习性,因而田边要比田中数量多。雌成虫大多将卵产在稻株下部的叶鞘内,只有很小一部分将卵产在叶片基部叶肋组织内及周围的杂草上。灰飞虱较耐低温,故而可在东北地区越冬,所以一般是春秋季节为害较重。如果初夏时雨量较频,更有助于虫害的发生。种植密度大的稻田或排水不畅,都会加重虫害的发生。

白背飞虱属于一种远距离迁飞性害虫,由于该虫在我国东北地区不能越冬,我国北方稻区的飞虱基本都是由南方稻区迁飞而来的,春季由南向北逐步而至,秋季又由北向南回至南方稻区。成虫白天活动,夜晚羽化,中午前后是活动盛期,主要在稻株茎秆和叶片背部活动取食。雌成虫交配后2~5天开始产卵,且大部分产在接近水面的叶鞘内侧组织内,若虫多数在稻丛下部活动取食,待水稻乳熟后会潜移到剑叶主脉与稻穗上取食。如稻田氮肥施量过多,造成植株徒长,而植株茂盛,叶片浓绿,有助于害虫的繁殖,进而加重危害。

4. 防治方法

(1)选用抗病品种是防治稻飞虱最经济也是最有效的方法和途径。

(2)为增强水稻的抗病性,做到合理施肥。在施足基肥的基础上,适时进行追肥,但要注意氮肥的施用量,不可过多,以避免水稻徒长、晚熟。掌控氮、磷、钾的合理搭配,做到促控结合。要实施科学灌水,做到灌排自如,浅水勤灌,干湿交替,及时晒田,防止稻田长期积水。

(3)及时清除稻田内及田边的杂草,能够有效消灭一部分稻飞虱的卵块。加强田间通风透光,降低湿度,不给稻飞虱的繁殖创造有利的环境条件,最大限度地减轻稻飞虱的危害。

(4)药剂防治:在水稻分蘖期加强测报及田间调查,监测稻飞虱的发生情况,防治适期是 2 龄若虫盛发期,可用 10% 阿维菌素悬浮剂每亩 40~50 mL,或 70% 吡虫啉水分散粒剂每亩 3~6 g,或 25% 噻嗪酮可湿性粉剂每亩 25~35 g,兑水 15 L(背负喷雾器)或 1.5~2 L(无人机飞防)喷雾防治。

(七)稻摇蚊

1. 为害症状

稻摇蚊有多个种类,稻田中主要有大红摇蚊、小型有巢筒摇蚊和小型无巢筒摇蚊,其中以大红摇蚊发生最多。稻摇蚊以幼虫取食水稻萌发的种子、幼根、幼芽,或钻入未萌发的种子内啃食,造成种子腐烂、浮苗等现象。尤其是直播田,它们会钻食稻种,严重时甚至会造成绝产。

2. 形态特征

稻摇蚊(*Chironomus oryzae* Matsumura)属双翅目摇蚊科昆虫,如图 5-17 所示。

图 5-17　稻摇蚊

成虫形似小蚊,但口器不适于刺吸;翅短,盖不住腹部,中脉与肘脉之间无横脉;前足跗前节长于胫节,静止时举起前足并颤动如触角。雌虫触角毛疏而短;雄虫触角毛密而长,环毛状。

卵为长椭圆形,包于透明的胶囊内,每卵囊有卵 80~200 粒以上,各卵粒连接成链并弯曲成螺旋状。卵囊尖端索状,附于水中茎叶、草根、土块或其他漂浮物上。

幼虫为水生,体细长,无足,前胸和腹部有肢状突起。体长和体色因种类而异。

蛹为裸蛹。筑筒巢者,羽化前破筒巢而出。蛹能在水中自由活动。

3. 发生规律

稻摇蚊在东北地区1年发生4代。每年4月末出现成虫,于5月中旬至6月中旬主要以第1代幼虫为害秧苗,第2~4代本田中生存,但无明显为害症状。

4. 防治方法

(1) 幼虫发生期,排水晒田,晒至有裂缝为止,再灌水,再晒田,能够减轻稻摇蚊发生。

(2) 稻摇蚊成虫趋光性强,可设置黑光灯诱杀,但需要联防联治,大面积设置。

(3) 药剂防治:幼虫大量发生时,可用15%毒死蜱颗粒剂每亩70~100 g,均匀抛洒。

第三节 本田草害解决方案

一、杂草的概念

杂草是能够长期自生自长在人为环境中的任何非有目的栽培的草本植物。杂草是伴随着人类的生产活动而产生的,它们的存在是长期适应当地的作物、栽培、耕作、气候、土壤等生态条件和生产条件生存下来的植物。杂草是一类特殊的植物,它既不同于自然植被植物,也不同于栽培植物;它既有野生植物的特性,又有栽培植物的某些习性。杂草从不同的方面侵害农作物,与作物竞争养分、水分和光照,传播植物的病、虫害,降低作物的产量和品质,增加农业生产成本。

二、杂草的分类

对杂草进行分类是识别的基础,而杂草的识别又是杂草的生物学、生态学研究,特别是防除和控制的重要基础。

(一)按形态学分类

根据杂草的形态特征对杂草进行分类,大致可分为三大类。该识别方法虽然粗糙,但在杂草化学防除中却有实际意义。许多除草剂的选择性就是由于杂草的形态特征差异所致。

首要区分的是单子叶和双子叶杂草,在单子叶杂草中根据形态和特征要区分禾本科杂草与莎草科杂草;在双子叶杂草中要区分一些主要科别,如蓼科、藜科、十字花科、菊科等杂草。形态特征是鉴定杂草的依据,花、叶片、子叶、根、茎是鉴定双子叶杂草的根据;芽、叶片、叶舌、舌基、叶耳、叶鞘以及根则是鉴定禾本科杂草的标志。

1. 单子叶杂草

胚具有1个子叶(种子叶),通常叶片窄而长,平行叶脉,无叶柄,也称为尖叶杂草,又可分为禾本科杂草和莎草科杂草。

(1) 禾本科杂草

叶鞘开张,有叶舌。茎圆或略扁,节间中空,有节,如马唐、稗草、狗尾草、千金子等。

(2) 莎草科杂草

叶鞘包卷,无叶舌。茎三棱形或扁三棱形,通常实心,无节,如香附子、碎米莎草、萤蔺等。

2. 双子叶杂草

胚具有 2 片子叶,草本或木本,叶脉网状,叶片宽,有叶柄,也称为阔叶杂草。

常见的阔叶杂草有反枝苋、凹头苋、野苋、刺苋、萹蓄、酸模叶蓼、水蓼、卷茎蓼、藜、刺儿菜、苍耳、打碗花、菟丝子等。

(二) 按生育特点分类

从田间防治的角度,根据杂草的生物学特性,可以按照它们的生育特点进行分类,这种分类的方法实用性较强。

1. 一年生杂草

在一个生长季节完成从出苗、生长及开花结果的生活史,此类杂草在其生活史中只开花结实一次,种子繁殖。一年生杂草是大田中最常见的,如马齿苋、铁苋菜、马唐、稗草等。在我国北方地区,一年生杂草多在春季发芽、出苗,当年夏季或秋季开花、结实,由于各地气温的变化,故其发生时期差异很大,例如稗草在辽宁省 5 月上旬发芽与出苗,在黑龙江省 5~6 月发芽与出苗。

在我国东北及内蒙古地区,一年生杂草由于萌发时期不同,可分为两大类:一年生早春杂草,在 4 月下旬至 5 月上旬萌发出土,如藜、萹蓄等;一年生晚春杂草,在 5 月中旬至 6 月初萌发出土,如稗草、本氏蓼、鸭跖草、苍耳等。

2. 二年生杂草

在两个生长季内或跨两个日历年度完成从出苗、生长及开花结实的生活史,此类杂草需要度过两个完整的夏季才能完成其生育周期,如秋季发芽、出苗,则需生长至第三年才能开花、结实。通常第一年发育庞大的根系,积累营养物质并形成叶簇,次年春季从根茎处抽薹,夏季开花、结实、种子繁殖,多分布于我国华北及东北地区,如飞廉、黄花蒿等。它们多发生危害于夏熟作物田。

3. 多年生杂草

一次出苗,可在多个生长季节内生长并开花结实。此类杂草的主要特点是开花结实后地上部死亡,次年春季从地下营养器官重新萌发,生成新株,其一生中可结实多次,可以由种子及营养繁殖器官繁殖,并度过不良气候条件,因而难以防治。根据芽位和营养繁殖器官的特点,又可分为以下几类。

(1) 根茎杂草

地下有茎节,节上的叶退化,在适宜条件下每个节生出一个或数个芽,从而形成新枝,凡是有节的根茎段都能长出新株并进行繁殖,如问荆、狗牙根、两栖蓼等。

(2) 根芽杂草

根上着生大量芽,在适宜条件下由芽生出萌发枝形成新株,任何根的断段均易产生不定芽而萌发,如苣荬菜、苦荬菜等。

(3) 直根杂草

此类杂草既有主根,又有很多小侧根,主根入土很深,其下段很小或完全不分枝,根茎处生出大量芽,这些芽露出地面便形成强大的株丛,而由一小段根也可成为新株,但仍以种子繁殖为主,如车前、羊蹄、蒲公英等。

(4) 球茎杂草

此类杂草在土壤中形成球茎,利用球茎进行繁殖,而其种子繁殖能力很低,如香附子的地下茎膨大,呈长圆球状,长 1~3 cm,球茎生出吸收根和地下茎,地下茎延伸出一定长度后顶端又膨大并发育成新的球茎,在新的球茎上又长出新株,因而繁殖迅速,危害严重。

(5) 鳞茎杂草

在土壤中形成鳞茎,到生育的第三年鳞茎便成为主要繁殖器官,如小根蒜。

(6) 寄生杂草

根据寄生特点,寄生杂草可分为全寄生与半寄生,前者地上部器官无叶绿素,不能进行光合作用,寄生于寄主植株的根、茎或叶上,吸收寄主营养物质进行生长,后者虽含有叶绿素并能合成部分营养物质,但主要还是依靠寄主供给的营养物质而生长。

在全寄生杂草中,主要有根寄生与茎寄生两类,列当属是根寄生的典型代表,寄生于向日葵、番茄、烟草、茄子、亚麻及瓜类作物。它们没有叶片,仅在茎

第五章　本田植保解决方案

上生出螺旋状褐色鳞片,肉质直茎,顶端的鳞片内着生小花,种子繁殖,每株结实可达10万粒之多,借风与水传播。茎寄生杂草的主要代表是菟丝子属,这类杂草一年生,种子繁殖,种子在土壤中可存活1~5年,种子发芽后幼苗一端在土中,另一端向上生长;茎丝状,黄色,无叶片,遇寄主产生吸盘,缠绕在寄主上吸收营养,这时入土的一端便死亡,从而营寄生生活。菟丝子主要分布于我国新疆、山东、安徽、江西、吉林及黑龙江等地区,寄生于大豆、亚麻及十字花科作物。

(三)按除草剂作用特征分类

生产上一般根据除草剂品种的作用特性,结合生育特点和形态特征,将杂草划分为以下类别:

1. 小粒一年生阔叶杂草

双子叶,种子繁殖,种子直径小于2 mm,一般在0~2 cm土层发芽,如藜、苋、荠、野西瓜苗等,用土壤处理除草剂可有效防治。

2. 大粒一年生阔叶杂草

双子叶,种子繁殖,种子直径超过2 mm,发芽深度达5 cm,如果种子在药层下发芽,则应用土壤处理的除草剂难以防治,如苍耳、鸭跖草、苘麻等。

3. 多年生阔叶杂草

双子叶,种子与营养器官繁殖,如田旋花、苣荬菜、蓟等,翻耕后能够再生,由于借助于根茎与根芽进行繁殖,所以应用大多数土壤处理除草剂难以防治,通常采用传导型茎叶处理剂才能杀死地下繁殖器官。

4. 小粒一年生禾本科杂草

种子直径小于2 mm,发芽深度1~2 cm,土壤处理除草剂能有效防治,如稗草、马唐、金狗尾草等。

5. 大粒一年生禾本科杂草

种子直径超过2 mm,发芽深度达5 cm以上,用土壤处理除草剂难以防治,如野黍、双穗雀稗等。

6. 多年生禾本科杂草

种子及营养器官繁殖,由于以地下营养器官繁殖为主,故用土壤处理除草剂难以防治,翻耕后能再生,宜用传导型苗后茎叶处理除草剂进行防治,如狗牙根、假高粱等。

7. 莎草科杂草

莎草科杂草的根具有块状根茎，除草剂只能杀死部分根茎，地下的根茎无法一次性杀灭，需要多次用药或者结合人工防除，才能达到良好的效果。

三、杂草防治方法

杂草的防治方法，根据杂草的危害程度、种类特点等概括起来可分为以下六大类。

（一）植物检疫

对国际和国内各地区间所调运的作物种子和苗木等进行检查和处理，防止新的外来杂草远距离传播。这是一种预防性措施，对近距离的交互携带传播无效，须辅以作物种子净选去杂、农具和沟渠清理以及施用腐熟粪肥等措施，以减少田间杂草发生的基数。

（二）人工除草

包括手工拔草和使用简单农具除草。耗力多、工效低，不能大面积及时防除。现都是在采用其他措施除草后，人工除草作为去除局部残存杂草的辅助手段。

（三）机械除草

使用机械动力牵引机具除草，一般于作物播种前、播后苗前或苗期进行机械中耕与覆土，以控制农田杂草的发生与危害。机械除草具有工效高、劳动强度低的优点；缺点是难以清除苗间杂草，不适于间套作或密植条件，频繁使用还会引起耕层土壤板结。

（四）物理除草

利用水、光、热等物理因子除草，如用火燎法进行垦荒除草，用水淹法防除旱生杂草，用深色塑料薄膜覆盖土表遮光，以提高温度除草等。

（五）生物除草

利用昆虫、禽畜、病原微生物和竞争力强的置换植物及其代谢产物防除杂草，如在稻田中养鱼、鸭防除杂草。生物除草不产生环境污染、成效稳定持久，但对环境条件要求严格，研究难度较大，见效慢。

第五章 本田植保解决方案

(六)化学除草

即用除草剂除去杂草而不伤害作物。化学除草是根据除草剂对作物和杂草之间植株高矮和根系深浅不同所形成的"位差"、种子萌发先后和生育期不同所形成的"时差"以及植株组织结构和生长形态上的差异和不同种类植物之间抗药性的差异等特性而实现的。其具有高效、快速、经济等优点,能大幅度提高劳动生产率,成为农业高产、稳产的重要保障。但高频率地重复使用,也会伴随产生许多不利的影响,如除草剂对环境的污染,对当茬或后茬作物的药害,除草剂在作物中的残留、杂草的抗药性等。

四、本田常见杂草

黑龙江省水稻种植区域常见的杂草有 20 多种,可分为禾本科杂草、阔叶杂草、莎草科杂草及一些藻类。杂草的发生一般是在移栽后 10 天左右出现第一出草高峰。此批杂草主要是以禾本科为主的稗草、千金子和莎草科的异型莎草等一年生杂草,其发生早、数量大、危害重。移栽后 20 天左右出现第二出草高峰,杂草主要以莎草科杂草和阔叶杂草为主。

(一)禾本科杂草

禾本科杂草主要有稗属(稗草)、匍茎剪股颖(鸡爪草)、稻李氏禾、千金子、马唐、芦苇等。

1. 稗属(稗草)

稗属(*Echinochloa Beauv.*)为一年生或多年生禾本科植物。

叶片扁平,线形。

圆锥花序由穗形总状花序组成;小穗含 1~2 朵小花,背腹压扁呈一面扁平,一面凸起,单生或 2~3 个不规则地聚集于穗轴的一侧,近无柄;颖草质;第一颖小,三角形,长约为小穗的 1/3~3/5;第二颖与小穗等长或稍短;第一小花中性或雄性,其外稃草质或近革质,内稃膜质,少见或缺失;第二小花两性,其外稃成熟时变硬,顶端具极小尖头,平滑,光亮,边缘厚而内抱同质的内稃,但内稃顶端外露;鳞被 2 枚,折叠,具 5~7 脉;花柱基分离;种脐点状。

在我国"稗草"一词存在歧义,一种意思是指稗属杂草,另一种意思是单指稗草[*Echinochloa crusgali*(L.) Beauv.]这一种。稗草种类多,黑龙江省常见的稗属杂草有稗[*Echinochloa crusgali* (L.) Beauv.]、稻稗(*Echinochloa oryzicola* Vasing)、无芒稗[*Echinochloa crus-galli* var. mitis (Pursh) Peterm.]、水田稗[*Echinochloa oryzoides* (Ard.) Flritsch.]等,水田稗如图5-18所示。稗属是水稻田危害最严重的恶性杂草。幼苗初期生长缓慢,至4~5叶期迅速生长,与水稻争肥争光,抑制水稻生长,幼苗期形态、习性类似水稻,较难防除。

图5-18 水田稗

2. 匍茎剪股颖(鸡爪草)

匍茎剪股颖(*Agrostis stolonifera*)为多年生禾本科植物,如图5-19所示。

茎基部平卧,幼苗叶长3~4 cm,其茎叶柔嫩、细软并匍匐,具倒生根,极易繁殖。成株茎粗1.5 mm左右,匍匐茎长达8 m以上,一般3~6节,节上有倒生根,向前爬行1~2 m,直立茎高20~35 cm,叶鞘无毛,基部略带紫色。

图5-19 匍茎剪股颖

叶片扁平、线性、先端渐尖,长5.5~8.5 cm,宽3~4 mm。

圆锥花序,绿色,稍带紫色,以后呈紫铜色。小穗长2.0~2.2 mm,无芒;颖果长圆形,长约1.2 mm,黄色。

主要发生在池埂上,遇到田间呈湿润状态就侵入水田,节处很快长出倒生根,危害水稻。

3. 稻李氏禾

稻李氏禾[*Leersia oryzoides*(L.) Swartz.]为多年生禾本科植物,如图5-20所示。

具根状茎,秆下部倾卧,节着土生根,高 1~1.2 m,具分枝,节生髯毛,花序以下部分粗糙。

叶鞘被倒生刺毛;叶片长 10~30 cm,宽 6~10 mm,线状披针形,渐尖,两面与边缘具小刺状粗糙。

圆锥花序舒展,长 15~20 cm,宽 10~15 cm,分枝具 3~5 枚小枝,长达 10 cm,3 至数枚着生于主轴各节;小穗长 5~6 mm,宽 1.5~2 mm,

图 5-20 稻李氏禾

长椭圆形,先端具短咏,基部具短柄;外秤压扁,散生糙毛,脊具刺状纤毛;内秤与外秤相似,较窄而具 3 脉,脊上生刺毛;雄蕊 3 枚,花药长 2~3 mm。有时上部叶鞘中具隐藏花序,其小穗多不发育,花药长 0.5 mm。

幼苗形态与水稻相似,叶片边缘和茎秆生有钩状刺。

4. 千金子

千金子 [*Leptochloa chinensis* (L.) Nees] 为一年生禾本科植物,如图 5-21 所示。

秆直立,基部膝曲或倾斜,高 30~90 cm,平滑无毛。

叶鞘无毛,大多短于节间;叶舌膜质,长 1~2 mm,常撕裂具小纤毛;叶片扁平或多少卷折,先端渐尖,两面微粗糙或下面平滑,长 5~25 cm,宽 2~6 mm。

图 5-21 千金子

圆锥花序长 10~30 cm,分枝及主轴均微粗糙;小穗多带紫色,长 2~4 mm,含 3~7 朵小花;颖具 1 脉,脊上粗糙,第一颖较短而狭窄,长 1~1.5 mm,第二颖长 1.2~1.8 mm;外秤顶端钝,无毛或下部被微毛,第一外秤长约 1.5 mm;花药长约 0.5 mm。颖果长圆球形,长约 1 mm。

千金子大多在 5 叶就开始拔节,之后随着茎节不断伸长,植株开始匍匐生长,茎节触地生根,发根茎节上极易长出新植株和分蘖,在田间容易辨别。

5. 马唐

马唐[*Digitaria sanguinalis*(L.) Scop.]为一年生禾本科植物,如图5-22所示。

秆直立或下部倾斜,膝曲上升,高10~80 cm,直径2~3 mm,无毛或节生柔毛。

叶鞘短于节间,无毛或散生疣基柔毛;叶舌长1~3 mm;叶片线状披针形,长5~15 cm,宽4~12 mm,基部圆形,边缘较厚,微粗糙,具柔毛或无毛。

图5-22 马唐

总状花序长5~18 cm,4~12枚呈指状着生于长1~2 cm的主轴上;穗轴直伸或开展,两侧具宽翼,边缘粗糙;小穗椭圆状披针形,长3~3.5 mm;第一颖小,短三角形,无脉;第二颖具3脉,披针形,长为小穗的1/2左右,脉间及边缘大多具柔毛;第一外稃等长于小穗,具7脉,中脉平滑,两侧的脉间距离较宽,无毛,边脉上具小刺状粗糙,脉间及边缘生柔毛;第二外稃近革质,灰绿色,顶端渐尖,等长于第一外稃;花药长约1 mm。

6. 芦苇

芦苇[*Phragmites australis*(Cav.) Trin. ex Steud.]为多年生禾本科植物,如图5-23所示。

根状茎十分发达。秆直立,高1~3 m,直径1~4 cm,具20多节,基部和上部的节间较短,最长节间位于下部第4~6节,长20~40 cm,节下被腊粉。

图5-23 芦苇

叶舌边缘密生一圈长约1 mm的短纤毛,两侧缘毛长3~5 mm,易脱落;叶片披针状线形,长30 cm,宽2 cm,无毛,顶端长渐尖成丝形。

圆锥花序,大型,长 20~40 cm,宽约 10 cm,分枝多数,长 5~20 cm,着生稠密下垂的小穗;小穗柄长 2~4 mm,无毛;小穗长约 12 mm,含 4 朵花;颖具 3 脉,第一颖长 4 mm;第二颖长约 7 mm;第一不孕外稃雄性,长约 12 mm,第二外稃长 11 mm,具 3 脉,顶端长渐尖,基盘延长,两侧密生等长于外稃的丝状柔毛,与无毛的小穗轴相连接处具明显关节,成熟后易自关节上脱落;内稃长约 3 mm,两脊粗糙;花药长 1.5~2 mm,黄色;颖果长约 1.5 mm。

(二) 阔叶杂草

阔叶杂草主要有野慈姑、泽泻(水白菜)、雨久花、鸭舌草、眼子菜、狼把草等。

1. 野慈姑

野慈姑(*Sagittaria trifolia* L.)为多年生泽泻科植物,如图 5-24 所示。

根状茎横走,较粗壮,末端膨大,有的不膨大。

挺水叶箭形,叶片长短、宽窄变异很大,通常顶裂片短于侧裂片,比值 1∶1.2~1∶1.5,有时侧裂片更长,有的顶裂片与侧裂片之间缢缩,有的没有;叶柄基部渐宽,鞘状,边缘膜质,具横脉,或者不明显。

图 5-24 野慈姑

花葶直立,挺水,高 15~70 cm,或更高,通常比较粗壮。花序总状或圆锥状,长 5~20 cm,有时更长,具分枝 1~2 枚,具花多轮,每轮 2~3 朵花;苞片 3 枚,基部多少合生,先端尖。花单性;花被片反折,外轮花被片椭圆形或广卵形,长 3~5 mm,宽 2.5~3.5 mm;内轮花被片白色或淡黄色,长 6~10 mm,宽 5~7 mm,基部收缩,雌花通常 1~3 轮,花梗短粗,心皮多数,两侧压扁,花柱自腹侧斜上;雄花多轮,花梗斜举,长 0.5~1.5 cm,雄蕊多数,花药黄色,长 1~2 mm,花丝长短不一,0.5~3 mm,通常外轮短,向里渐长。瘦果两侧压扁,长约 4 mm,宽约 3 mm,倒卵形,具翅,背翅多少不整齐;果喙短,自腹侧斜上。种子褐色。

2. 泽泻

泽泻(*Alisma plantago-aquatica* L.)为多年生泽泻科植物,如图5-25所示。

块茎直径通常在1~3.5 cm,少部分更大。

叶通常多数;沉水叶条形或披针形;挺水叶宽披针形、椭圆形至卵形,长2~11 cm,宽1.3~7 cm,先端渐尖,少部分急尖,基部宽楔形或浅心形,叶脉通常5条,叶柄长1.5~30 cm,基部渐宽,边缘膜质。

图5-25 泽泻

花葶通常高78~100 cm,少部分更高;花序通常长15~50 cm,少部分更长,具3~8轮分枝,每轮分枝3~9枚。花两性,花梗长1~3.5 cm;外轮花被片广卵形,长2.5~3.5 mm,宽2~3 mm,通常具7脉,边缘膜质,内轮花被片近圆形,远大于外轮,边缘具不规则粗齿,白色、粉红色或浅紫色;心皮17~23枚,排列整齐,花柱直立,长7~15 mm,长于心皮,柱头短,为花柱的1/9~1/5;花丝长1.5~1.7 mm,基部宽约0.5 mm,花药长约1 mm,椭圆形,黄色或淡绿色;花托平凸,高约0.3 mm,近圆形。瘦果椭圆形或近矩圆形,长约2.5 mm,宽约1.5 mm,背部具1~2条不明显浅沟,下部平,果喙自腹侧伸出,喙基部凸起,膜质。种子紫褐色,具有凸起。

3. 雨久花

雨久花(*Monochoria korsakowii* Regel & Maack)为多年生雨久花科植物,如图5-26所示。

根状茎粗壮,具柔软须根。

茎直立,高30~70 cm,全株光滑无毛,基部有时带紫红色。

叶基生和茎生;基生叶宽卵状心形,长4~10 cm,宽3~8 cm,顶端急尖或渐尖,基部心形,全缘,具有多数弧状脉;叶柄长达30 cm,有时膨大成囊状;茎生叶叶柄渐短,基部增大成鞘,抱茎。

总状花序顶生,有时再聚成圆锥花序;花 10 余朵,具 5~10 mm 长的花梗;花被片椭圆形,长 10~14 mm,顶端圆钝,蓝色;雄蕊 6 枚,其中 1 枚较大,花药长圆形,浅蓝色,其余各枚较小,花药黄色,花丝丝状。蒴果长卵圆形,长 10~12 mm。种子长圆形,长约 1.5 mm,有纵棱。

4. 鸭舌草

鸭舌草 [*Monochoria vaginalis* (Burm. f. C.) Presl] 为多年生雨久花科植物,如图 5-27 所示。

根状茎极短,具柔软须根。

茎直立或斜上,高 6~50 cm,全株光滑无毛。

叶基生和茎生;叶片形状和大小变化较大,由心状宽卵形、长卵形至披针形,长 2~7 cm,宽 0.8~5 cm,顶端短突尖或渐尖,基部圆形或浅心形,全缘,具有弧状脉;叶柄长 10

图 5-26 雨久花

图 5-27 鸭舌草

~20 cm,基部扩大成开裂的鞘,鞘长 2~4 cm,顶端有舌状体,长 7~10 mm。

总状花序从叶柄中部抽出,该处叶柄扩大成鞘状;花序梗短,长 1~1.5 cm,基部有 1 披针形苞片;花序在花期直立,果期下弯;花通常 3~5 朵(稀有 10 余朵),蓝色;花被片卵状披针形或长圆形,长 10~15 mm;花梗长不到 1 cm;雄蕊 6 枚,其中 1 枚较大,花药长圆形,其余 5 枚较小;花丝丝状。蒴果卵形至长圆形,长约 1 cm。种子多数,椭圆形,长约 1 mm,灰褐色,具 8~12 纵条纹。

5. 眼子菜

眼子菜(*Potamogeton distinctus* A. Benn.)为多年生眼子菜科植物,如图 5-28 所示。

根茎发达,白色,直径 1.5~2 mm,多分枝,常于顶端形成纺锤状休眠芽体,并在节处生有稍密的须根。

茎圆柱形,直径 1.5~2 mm,通常不分枝。

浮水叶革质,披针形、宽披针形至卵状披针形,长 2~10 cm,宽 1~4 cm,先端尖或钝圆,基部钝圆或有时近楔形,具有 5~20 cm 长的柄;叶脉多条,顶端连接;沉水叶披针形至狭披针形,草质,具有柄,常早落;托叶膜质,长 2~7 cm,顶端尖锐,呈鞘状抱茎。

图 5-28 眼子菜

穗状花序顶生,具花多轮,开花时伸出水面,花后沉没水中;花序梗稍膨大,粗于茎,花时直立,花后自基部弯曲,长 3~10 cm;花小,绿色;雌蕊 2 枚(稀为 1 或 3 枚)。果实宽倒卵形,长约 3.5 mm,背部明显 3 脊,中脊锐利,在果实上部明显隆起,侧脊稍钝,基部及上部各具有 2 个凸起,喙略下陷而斜伸。

6. 狼把草

狼把草(*Bidens tripartita* L.)为一年生菊科植物,如图 5-29 所示。

茎高 20~150 cm,圆柱状或具钝棱而稍呈四方形,基部直径 2~7 mm,无毛,绿色或带紫色,上部分枝或有时自基部分枝。

叶对生,下部的较小,不分裂,边缘具锯齿,通常于花期枯萎,中部叶具有柄,柄长 0.8~2.5 cm,有狭翅;叶片无毛或下面有极稀疏的小硬毛,长 4~13 cm,长椭圆状披针形,不分裂(极少)或近基部浅裂成一对小裂片,通常 3~5 深裂,裂深几乎达到中肋,两侧裂片披针形至狭披针形,长 3~7 cm,宽 8~12 mm,顶生裂片较大,披针形或长椭圆状披针形,长 5~11 cm,宽 1.5~3 cm,两端渐狭,与侧生裂片边缘均具疏锯齿,上部叶较小,披针形,三裂

图 5-29 狼把草

第五章　本田植保解决方案

或不分裂。

头状花序单生茎端及枝端,直径 1～3 cm,高 1～1.5 cm,具较长的花序梗。总苞盘状,外层苞片 5～9 枚,条形或匙状倒披针形,长 1～3.5 cm,先端钝,具缘毛,叶状,内层苞片长椭圆形或卵状披针形,长 6～9 mm,膜质,褐色,有纵条纹,具透明或淡黄色的边缘;托片条状披针形,约与瘦果等长,背面有褐色条纹,边缘透明。无舌状花,全为筒状两性花,花冠长 4～5 mm,冠檐 4 裂。花药基部钝,顶端有椭圆形附器,花丝上部增宽。瘦果扁,楔形或倒卵状楔形,长 6～11 mm,宽 2～3 mm,边缘有倒刺毛,顶端芒刺通常 2 枚,极少 3～4 枚,长 2～4 mm,两侧有倒刺毛。

(三) 莎草科杂草

莎草科杂草主要有藨草属(三江藨草、三棱藨草、扁秆藨草)、异型莎草、萤蔺(小水葱)、水葱、牛毛毡等。

1. 藨草属

藨草属(Scirpus Linn.)为多年生莎草科植物。

丛生或散生,具根状茎或无,有时具匍匐根状茎或块茎。

秆三棱形,很少圆柱状,有节或无节,具基生叶或秆生叶,或兼而有之,有时叶片不发达,或叶片退化只有叶鞘生于秆的基部。

叶扁平,很少为半圆柱状。

苞片为秆的延长或呈鳞片状或叶状;长侧枝聚伞花序简单或复出,顶生或几个组成圆锥花序,或小穗成簇而为假侧生,很少只有一个顶生的小穗;小穗具少数至多数花;鳞片螺旋状复瓦式排列,很少呈两列,每鳞片内均具 1 朵两性花,或最下 1 至数鳞片中空无花,极少最上 1 鳞片内具 1 朵雄花;下鳞刚毛 2～6 条,很少为 7～9 条或不存在,一般直立,少有弯曲,较小坚果长或短,常有倒刺,少数有顺刺,或有时只有上部有刺,很少全部平滑而无刺;花柱与子房连生,柱头 2～3 个。小坚果三棱形或双凸状。

藨草属种类众多,黑龙江省水稻田主要有扁秆藨草(*Scirpus planiculmis* Fr. Schmidt,图 5-30)、三江藨草(日本藨草)(*Scirpus nipponicus* Makino)和三棱藨草(*Scirpus triqueter* L.)三种,统称为三棱草。

图 5-30 扁秆蔍草

2. 异型莎草

异型莎草（*Cyperus difformis* L.）为多年生莎草科植物，如图 5-31 所示。

根为须根，秆丛生，稍粗或细弱，高 2~65 cm，扁三棱形，平滑。

叶短于秆，宽 2~6 mm，平张或折合；叶鞘稍长，褐色。

苞片 2 枚，少 3 枚，叶状，长度长于花序；长侧枝聚伞花序简单，少数为复出，具有 3~9 个辐射枝，辐射枝

图 5-31 异型莎草

长短不等最长达 2.5 cm，或有时近于无花梗；头状花序球形，具极多数小穗，直径 5~15 mm；小穗密聚，披针形或线形，长 2~8 mm，宽约 1 mm，具 8~28 朵花；小穗轴无翅；鳞片排列稍松，膜质，近于扁圆形，顶端圆，长不及 1 mm，中间淡黄色，两侧深红紫色或栗色边缘具白色透明的边，具有 3 条不很明显的脉；花药椭圆形，药隔不突出于花药顶端；花柱极短，柱头 3 枚。小坚果倒卵状椭圆形，三棱形，约与鳞片等长，淡黄色。

3. 萤蔺（小水葱）

萤蔺（*Scirpus juncoides* Roxb.）为多年生莎草科杂草，如图 5-32 所示。

丛生，根状茎短，具许多须根。

茎秆坚挺,圆柱状,少数近于有棱角,平滑,基部具 2~3 个鞘;鞘的开口处为斜截形,顶端急尖或圆形,边缘为干膜质,无叶片。

苞片 1 枚,为秆的延长,直立,长 3~15 cm;小穗 2~7 个聚成头状,假侧生,卵形或长圆状卵形,长 8~17 mm,宽 3.5~4 mm,棕色或淡棕色,具多数花;鳞片宽卵形或卵形,顶端骤缩成短尖,近于纸质,长

图 5-32 萤蔺

3.5~4 mm,背面绿色,具有 1 条中肋,两侧棕色或具有深棕色条纹;下位刚毛有 5~6 条,长度等于或短于小坚果,有倒刺;花药长圆形,药隔突出;花柱中等长,柱头 2 枚,极少 3 枚。小坚果倒卵形或宽倒卵形,长约 2 mm 或更长些,稍皱缩,但无明显的横皱纹,成熟时黑褐色,具有光泽。

4. 水葱

水葱(*Scirpus validus* Vahl)为多年生莎草科植物,如图 5-33 所示。

匍匐根状茎粗壮,具许多须根。

茎秆高大,圆柱状,高 1~2 m,平滑,基部具有 3~4 个叶鞘,叶鞘长可达 38 cm,管状,膜质,最上面的一个叶鞘具叶片。

叶片呈线形,长度为 1.5~11 cm。

苞片 1 枚,为茎秆的延长,直

图 5-33 水葱

立,钻状,长度短于花序,极少数长度稍长于花序;长侧枝聚伞花序简单或复出,假侧生,具有 4~13 个或更多个辐射枝;辐射枝长度可达 5 cm,一面凸,一面凹,边缘有锯齿;小穗单生或 2~3 个簇生于辐射枝顶端,卵形或长圆形,顶端急尖或钝圆,长 5~10 mm,宽 2~3.5 mm,具多数花;鳞片椭圆形或宽卵形,顶端稍凹,具短尖,膜质,长约 3 mm,棕色或紫褐色,有时基部色淡,背面有铁锈色突起

小点,脉有1条,边缘具有缘毛;下位刚毛有6条,长度等长于小坚果,红棕色,有倒刺。小坚果呈倒卵形或椭圆形,双凸状,少数有三棱形,长约 2 mm。

5. 牛毛毡

牛毛毡[*Eleocharis yokoscensis* (Franch. & Sav.) Tang & F. T. Wang]为多年生莎草科植物,如图 5-34 所示。

匍匐根状茎非常细。

茎秆数量多,细如毫发,密丛生如牛毛毡,因而有此俗名,茎高 2~12 cm。

叶鳞片状,具有叶鞘,叶鞘微红色,膜质,管状,高 5~15 mm。

图 5-34 牛毛毡

小穗卵形,顶端钝,长 3 mm,宽 2 mm,淡紫色,只有几朵花,所有鳞片全有花;鳞片膜质,在下部的少数鳞片近二列,在基部的一片长圆形,顶端钝,背部淡绿色,具有三条脉,两侧微紫色,边缘无色,环抱小穗基部一周,长 2 mm,宽 1 mm;其余鳞片呈卵形,顶端急尖,长 3.5 mm,宽 2.5 mm,背部微绿色,具有一条脉,两侧紫色,边缘无色,全部膜质;下位刚毛有 1~4 条,长度为小坚果的两倍,有倒刺;小坚果狭长圆形,无棱,呈浑圆状,顶端缢缩,不包括花柱基在内长 1.8 mm,宽 0.8 mm,微黄玉白色,表面细胞呈横矩形网纹,网纹隆起,细密,整齐,因而呈现出纵纹 15 条和横纹约 50 条;花柱基稍膨大呈短尖状,直径约为小坚果宽的 1/3。

(四)藻类杂草

1. 水绵

水绵(*Spirogyra communis*)为双星藻科植物,如图 5-35 所示。

水绵为多细胞丝状结构个体,叶绿体呈带状,有真正的细胞核,含有叶绿素可进行光合作用。

藻体是由 1 列圆柱状细胞连成的不分枝的丝状体。由于藻体表面有较多的果胶质,所以用手触摸时颇觉黏滑。

水绵生长在稻田水面上,使水稻本田的水温和泥温降低。水绵附在水稻的植株上,造成植株表面潮湿,妨碍植株的通透性,使其呼吸不畅,易引起水稻烂秧和叶鞘腐败病等。还会使水稻的根部因气体交换不良,产生硫化氢、沼气毒害水稻,使根部发黑,产生烂根等生理性病害,严重影响水稻分蘖、根部吸收功能和生长发育,降低水稻的产量和品质。

2. 小茨藻

小茨藻(*Najas minor* All.)为茨藻科茨藻属一年生沉水草本植物,如图 5-36 所示。

植株纤细,易折断,下部匍匐,上部直立,呈黄绿色或深绿色,基部节上生有不定根;株高 4~25 cm。

茎圆柱形,光滑无齿,茎粗 0.5~1 mm 或更粗,节间长 1~10 cm 或有更长者,分枝多,呈二叉状。

上部叶呈 3 叶假轮生,下部叶近对生,于枝端较密集,没有叶柄;

图 5-35 水绵

图 5-36 小茨藻

叶片线形,渐尖,柔软或质硬,长 1~3 cm,宽 0.5~1 mm,上部狭而向背面稍弯至强烈弯曲,边缘每侧有 6~12 枚锯齿,锯齿长度为叶片宽的 1/5~1/2,先端有一褐色刺细胞;叶鞘上部呈倒心形,长约 2 mm,叶耳截圆形至圆形,内侧无齿,上部及外侧具有十数枚细齿,齿端均有一褐色刺细胞。

花小,单性,单生于叶腋,少有 2 花同生;雄花浅黄绿色,椭圆形,长 0.5~1.5 mm,具有 1 个瓶状佛焰苞;花粉粒椭圆形;雌花无佛焰苞和花被,雌蕊 1 枚;花柱细长,柱头 2 枚。瘦果黄褐色,狭长椭圆形,上部渐狭而稍弯曲,长 2~3 mm,直径约 0.5 mm。种皮坚硬,易碎;表皮细胞多少呈纺锤形,细胞横向远长于轴向,排列整齐呈梯状,于两尖端的连接处形成脊状突起。

3. 黑藻

黑藻[*Hydrilla verticillate* (Linn. f.) Royle]为水鳖科黑藻属多年生沉水草本植物,如图5-37所示。

茎圆柱形,表面具有纵向细棱纹,质地较脆。

休眠芽为长卵圆形;苞叶多数,螺旋状紧密排列,白色或淡黄绿色,狭披针形至披针形。

叶片3~8枚轮生,线形或长条

图5-37 黑藻

形,长7~17 mm,宽1~1.8 mm,常具有紫红色或黑色小斑点,先端锐尖,边缘锯齿明显,没有叶柄,具有腋生小鳞片;有1条明显的主脉。

花单性,雌雄同株或异株;雄佛焰苞近球形,绿色,表面具明显的纵棱纹,顶端具刺凸;雄花萼片3枚,白色,稍反卷,长约2.3 mm,宽约0.7 mm;花瓣3枚,反折开展,白色或粉红色,长约2 mm,宽约0.5 mm;雄蕊3枚,花丝纤细,花药线形,有2~4室;花粉粒呈球形,直径可达100 μm以上,表面具凸起的纹饰;雄花成熟后自佛焰苞内放出,漂浮于水面开花;雌佛焰苞呈管状,绿色;苞内有雌花1朵。果实圆柱形,表面常有2~9个刺状凸起。种子2~6粒,茶褐色,两端尖。植物以休眠芽繁殖为主。

五、本田常见杂草的防除

黑龙江省水稻田种植模式一般有两种,一是移栽田,通过旱育稀植技术培育壮苗,本田整地后移栽的栽培模式是现在主流的栽培模式;二是直播田,不进行育苗,直接将种子播于大田的栽培方式,现在种植面积较小。无论哪种方式栽培,杂草的防除大部分采用化学防治为主、人工拔除为辅的措施;也有少部分采用物理或者人工拔除为主的方式,比如有机稻种植。

(一)移栽田常见杂草防除

移栽田在黑龙江的历史悠久,种植面积广大,是目前水稻生产的主要栽培方式。随着水稻种植面积增加、整地要求的不断提高,水整地时间也不断提前。一般在4月中旬即开始整地,导致整地与插秧间隔时间长,杂草控制难度加大。

第五章 本田植保解决方案

因此,化学防除一般采用"一封(插秧前土壤处理)、二杀(水稻插秧后土壤封闭处理和杂草茎叶处理)为主,三补(水稻生长中期杂草茎叶处理)为辅"的技术体系。

1. 移栽田插秧前土壤封闭除草

插秧前土壤封闭除草(图5-38)是指在水田整地时或整地后插秧前这一时期使用的土壤封闭除草方式,因为在插秧前,具有成本低、操作简单、防除效果好、发生药害的概率低以及可针对的杂草种类较为多样化的特点。除草剂可以根据上年杂草发生情况合理选择单剂或者复配的合剂。

图5-38 土壤封闭除草

(1)移栽田插秧前土壤封闭除草单剂

表5-1 移栽田插秧前土壤封闭除草单剂

除草剂	用量/亩	防除杂草种类	施用方法	备注
600 g/L 丁草胺 乳油	100~150 mL	防除稗草、千金子、马唐、狗尾草、牛毛毡、鸭舌草、异型莎草等一年生禾本科、莎草科杂草和某些阔叶杂草,对多年生杂草几乎无效。	插秧前5~7天甩施,保持水层。	①施药后出现大幅度降温,苗小、苗弱或水稻淹没心叶时易产生药害,叶色深绿、蹲苗,心叶和分蘖发生慢。 ②丁草胺持效期较长,一般达30~40天。
50% 丙草胺 乳油	50~60 mL	防除稗草、牛筋草、牛毛毡、泽泻、水苋菜、异型莎草、碎米莎草、丁香蓼、鸭舌草等一年生禾本科、莎草科和阔叶杂草。	插秧前5~7天甩施,保持水层。	①丙草胺的安全性要高于丁草胺,对千金子和抗性稗草效果没有丁草胺效果好。 ②丙草胺持效期短,一般在15~25天。

续表

除草剂	用量/亩	防除杂草种类	施用方法	备注
30%莎稗磷乳油	70~100 mL	防除稗草、异型莎草等一年生禾本科杂草和莎草科杂草。	插秧前5~7天甩施，保持水层。	①水层深易发生药害，叶色浓绿，明显矮化，主茎发脆并抑制水稻生长。②莎稗磷持效期30天左右。
120g/L噁草酮乳油	200~250 mL	主要防治稗草、千金子、牛毛毡、异型莎草、雨久花等，对野慈姑、萤蔺等杂草有抑制作用。	插秧前5~7天整地后浑水状态甩施，保持水层。	①噁草酮是杀稗剂中杀草谱最广的除草剂。②大风天药液在池边集中产生药害，叶鞘变红褐色、生长受抑制。③噁草酮持效期很长，可达45天左右。
80%丙炔噁草酮可湿性粉剂	5~6 g	防除萤蔺、稗草、异型莎草、牛毛毡、小茨藻、千金子、三棱草、鸭舌草、雨把草、泽泻、慈姑、狼把草、眼子菜等一年生禾本科杂草、阔叶杂草、莎草科杂草和水绵。	插秧前5~7天使用，整地泥浆沉淀后甩施，保持水层。	①杀草活性比噁草酮更高。②稻田不平、缺水、心叶淹没造成药害，水稻茎基部3~4 cm处产生褐色枯斑，植株矮化、分蘖减少。③丙炔噁草酮持效期约30天。
240 g/L乙氧氟草醚乳油	30~50 mL	对多种以种子繁殖的杂草有良好的防除效果，能防除阔叶杂草、莎草及稗草，对多年生杂草只有抑制作用。	插秧前5~7天整地后均匀喷雾，保持水层。	①触杀型药剂，对水稻安全性较差，不要淹没心叶。②药害较轻的叶片发黄，严重的植株枯死，受害轻的植株逐渐恢复，对产量影响不大。③乙氧氟草醚持效期30天左右。

第五章 本田植保解决方案

续表

除草剂	用量/亩	防除杂草种类	施用方法	备注
10%吡嘧磺隆可湿性粉剂	10~15 g	防除牛毛毡、三棱草、异型莎草、鸭舌草、雨久花、泽泻、野慈姑、眼子菜、萤蔺、小茨藻等阔叶和莎草科杂草,对稗草也有一定防效。	插秧前5~7天使用,保持水层。	①吡嘧磺隆活性高,用药量低,必须准确称量。②稻田漏水、栽植太浅或用药量过高时,水稻生长可能会受到暂时的抑制,但能很快恢复生长,对产量无影响。③吡嘧磺隆持效期30天左右。

(2)移栽田插秧前土壤封闭除草合剂

表5-2 移栽田插秧前土壤封闭除草合剂

除草剂	用量/亩	防除杂草种类	施用方法	备注
60%噁草酮·丁草胺乳油	80~120 mL	扩大杀草谱,能有效防除稗草、千金子、马唐、狗尾草、牛毛毡、鸭舌草、异型莎草等一年生禾本科、莎草科杂草和某些阔叶杂草。	插秧前5~7天整地后浑水状态甩施,保持水层。	①常见的水田封闭除草剂合剂配方。②持效期长,在30天以上。
350g/L丙炔噁草酮·丁草胺水乳剂	100 mL	有效防除稗草、千金子、水绵、小茨藻、异型莎草、牛毛毡、丁香蓼、野慈姑、泽泻、雨久花等一年生杂草,以及少数多年生阔叶杂草和莎草。	插秧前5~7天使用,保持水层。	①加强对稗草、千金子等禾本科杂草的防效,并有利于杂草抗性管理。②高剂量,水田不平、缺水或施用不均易产生药害,基部受药稻苗叶片轻者出现失绿的褐黄斑,伴有植株矮化,重者干枯。
50%丙草胺乳油,10%吡嘧磺隆可湿性粉剂	50 mL,10 g	有效防除稗草、千金子、水绵、小茨藻、异型莎草、牛毛毡、丁香蓼、慈姑、泽泻、雨久花等禾本科、阔叶和莎草科杂草。	水稻移栽前5~7天甩施,施药后保持水层。	①混配剂型安全性高,不易产生药害。②混配能降低单剂用量,同时提高药效。

续表

除草剂	用量/亩	防除杂草种类	施用方法	备注
55%丙草胺·乙氧氟草醚·噁草酮乳油	50~60 mL	防除一年生禾本科、阔叶杂草及部分莎草，尤其对野慈姑、萤蔺、鸭舌草、稗草、千金子、眼子菜等防效突出。	水稻移栽前5~7天甩施，施药后保持水层。	①三元复配扩大杀草范围。②持效期30~45天。③严禁在插秧后使用。

2. 移栽田插秧后土壤封闭除草

水稻移栽之后5~7天，天气逐渐变暖，秧苗也逐渐开始返青和分蘖。此时温度也非常适合杂草萌发，将迎来出草的高峰期。杂草主要以禾本科和莎草科为主，阔叶较少。此时土壤封闭处理需要水田上深水并保持水层一段时间，如果在秧苗刚刚插秧、尚未返青的阶段施用，含有药剂的水层很容易淹没心叶而造成药害。所以，插秧后土壤封闭处理的药剂施用需要依秧苗的长势来判断，一般在秧苗返青后开始生长到4.5~5叶，秧苗达到一定的高度、施用药剂后上水不会淹没心叶为宜。插秧后封闭除草如图5-39所示。

图5-39 插秧后封闭除草

（1）移栽田插秧后除草单剂

表5-3 移栽田插秧后除草单剂

除草剂	用量/亩	防除杂草种类	施用方法	备注
600 g/L丁草胺乳油	150 mL	防除稗草、千金子、马唐、狗尾草、牛毛毡、鸭舌草、异型莎草等一年生禾本科、莎草科杂草和阔叶杂草，对多年生杂草几乎无效。	水稻移栽后15~20天，返青后5~7天，毒土或毒肥法撒施；水层3~5 cm，保水5~7天。	①施药后大幅度降温，苗小、苗弱或水稻淹没心叶时易产生药害，叶色深绿、蹲苗，心叶和分蘖发生慢。②丁草胺持效期较长，一般达30~40天。

续表

除草剂	用量/亩	防除杂草种类	施用方法	备注
50%丙草胺乳油	50~60 mL	防除稗草、牛筋草、牛毛毡、泽泻、水苋菜、异型莎草、碎米莎草、丁香蓼、鸭舌草等一年生禾本科、莎草科和阔叶杂草。	水稻移栽后15~20天，返青后5~7天，毒土或毒肥法撒施；水层3~5 cm，保水5~7天。	①丙草胺的安全性要高于丁草胺，对千金子和抗性稗草效果没有丁草胺效果好。②丙草胺持效期短，一般在15~25天。
30%莎稗磷乳油	70~100 mL	主要防除稗草，对部分阔叶杂草也有一定防效，如鸭舌草。	水稻移栽后15~20天，返青后5~7天，毒土或毒肥法撒施；水层3~5 cm，保水5~7天。	①水层深易发生药害，表现为叶色浓绿，明显矮化，主茎发脆并抑制水稻生长。②莎稗磷持效期30天左右。
50%二氯喹啉酸可湿性粉剂	30~60 g	防除稗草、鸭舌草、马唐等，但对莎草科杂草防效较差。	水稻移栽后15~20天，返青后5~7天，毒土或毒肥法撒施；水层3~5 cm，保水5~7天。	①防除稗草的特效除草剂。②施药过程中不能重喷，否则易发生药害，表现为葱状叶。③土壤中残留期比较长，喷施时漂移也会产生药害。
10%吡嘧磺隆可湿性粉剂	10~15 g	防除牛毛毡、三棱草、异型莎草、鸭舌草、雨久花、泽泻、野慈姑、眼子菜、萤蔺、小茨藻等阔叶和莎草科杂草，对稗草也有一定防效。	水稻移栽后15~20天，返青后5~7天，毒土或毒肥法撒施；水层3~5 cm，保水5~7天。	①吡嘧磺隆活性高，用药量低，必须准确称量。②稻田漏水、栽植太浅或用药量过高时，水稻生长可能会受到暂时的抑制，但能很快恢复生长，对产量无影响。③吡嘧磺隆持效期30天左右。

续表

除草剂	用量/亩	防除杂草种类	施用方法	备注
10%苄嘧磺隆可湿性粉剂	15～20 g	防除雨久花、野慈姑、泽泻、眼子菜、牛毛毡、萤蔺、异型莎草、小茨藻，对稗草、稻李氏禾、三棱草等有抑制作用。	水稻移栽后15～20天，返青后5～7天，毒土或毒肥法撒施；水层3～5 cm，保水5～7天。	①苄嘧磺隆活性高，用药量低，必须准确称量。②苄嘧磺隆持效期30天左右。
50%苯噻酰草胺可湿性粉剂	60～80 g	防除禾本科杂草，对稗草特效，对牛毛毡、泽泻、眼子菜、萤蔺、莎草等亦有较好的防效。	水稻移栽后15～20天，稗草3～3.5叶期施药，毒土或毒肥法撒施；水层3～5 cm，保水5～7天。	①露水地块使用效果差。②苯噻酰草胺持效期30天左右。
10%嘧草醚可湿性粉剂	30 g	防除稗草和小龄千金子，尤其是对抗性稗草有很好的防效。	水稻移栽后15～20天，返青后5～7天，稗草2.5叶前，毒土或毒肥法撒施；水层3～5 cm，保水5～7天。	①嘧草醚对水稻安全性好。②施药后杂草死亡速度比较慢，一般为7～10天，嘧草醚对未发芽的杂草种子和芽期杂草无效。③嘧草醚持效期长达40～60天。
2%双唑草腈颗粒剂	600 g	防除稗草、马唐、千金子等禾本科，雨久花、蓼等阔叶杂草以及异型莎草、三棱草等莎草科杂草，对水层10 cm下野慈姑有特效。	水稻移栽后15～20天，返青后5～7天，毒土或毒肥法撒施；稻田水层3～5 cm，保水5～7天。	①双唑草腈对水稻安全性好。②剂型为颗粒剂，使用方便，省工省力。③封杀兼备。④双唑草腈持效期短，土壤半衰期为6天。

续表

除草剂	用量/亩	防除杂草种类	施用方法	备注
25%双环磺草酮悬浮剂	40~60 mL	防除萤蔺、异型莎草、三棱草、雨久花、泽泻、野慈姑、幼龄稗草、千金子都有很好的防效，尤其是对萤蔺和雨久花防效突出。	水稻移栽后15~20天，返青后5~7天，毒土或毒肥法撒施；稻田水层3~5 cm，保水5~7天。	①双环磺草酮在水稻与杂草间的选择性极高，对水稻安全。②双环磺草酮持效期30~50天。
33%嗪吡嘧磺隆水分散粒剂	20~25 g	防除萤蔺、三棱草、雨久花、鸭舌草、泽泻、野慈姑等，同时能有效防治水田的幼龄稗草、一年生、多年生阔叶杂草及莎草科杂草。	水稻移栽后15~20天，返青后5~7天，毒土或毒肥法撒施；稻田水层3~5 cm，保水5~7天。	①施药时稗草超过1.5叶龄以上可能会影响防效，适当加杀稗剂。②稻花香系列等敏感品种需谨慎使用。③嗪吡嘧磺隆对莎草科杂草特效。
30%噁嗪草酮悬浮剂	5~10 mL	防除千金子、稗草、鸭舌草和异型莎草等，对不超过1.5龄稗草特效。	水稻移栽后15~20天，返青后5~7天，毒土或毒肥法撒施；稻田水层3~5 cm，保水5~7天。	①噁嗪草酮对水稻安全性高。②噁嗪草酮持效期60天以上。

（2）移栽田插秧后除草合剂

表5-4　移栽田插秧后除草合剂

除草剂	用量/亩	防除杂草种类	施用方法	备注
10%吡嘧磺隆可湿性粉剂，600 g/L丁草胺乳油	10 g，80~100 mL	杀草谱广，防除大部分禾本科、阔叶和莎草科杂草。	水稻移栽后15~20天，返青后5~7天，毒土或毒肥法撒施；水层3~5 cm，保水5~7天。	常用的二遍封闭除草剂。

续表

除草剂	用量/亩	防除杂草种类	施用方法	备注
10%吡嘧磺隆可湿性粉剂,50%丙草胺乳油	10 g,50~60 mL	杀草谱广,防除大部分禾本科、阔叶和莎草科杂草。	水稻移栽后15~20天,返青后5~7天,毒土或毒肥法撒施;水层3~5 cm,保水5~7天。	丙草胺安全性要比丁草胺更高。
68%吡嘧磺隆·苯噻酰草胺可湿性粉剂	40~60 g	杀草谱广,对稗草、稻稗、雨久花、野慈姑、泽泻、萤蔺、异型莎草、牛毛毡、眼子菜、三棱草等禾本科、阔叶杂草及种子繁殖的莎草科杂草都具有很好的防除效果。	水稻移栽后15~20天,返青后5~7天,毒土或毒肥法撒施;水层3~5 cm,保水5~7天。	水稻直播田不宜使用。
10%嘧草醚可湿性粉剂,10%苄嘧磺隆可湿性粉剂	30 g,20 g	防除稗草效果好,尤其是1~3叶期的稻稗,同时防除雨久花、野慈姑、泽泻、眼子菜、牛毛毡、萤蔺、异型莎草、小茨藻。	水稻移栽后15~20天,返青后5~7天,毒土或毒肥法撒施;水层3~5 cm,保水5~7天。	①两种药剂活性高,使用时需准确称量。②持效期长,效果好。
40%五氟磺草胺·丁草胺悬乳剂	100~125 g	防除一年生禾本科杂草如稗草、千金子、马唐,莎草科杂草如异型莎草,阔叶杂草如雨久花、鸭舌草、泽泻、野慈姑等。	水稻移栽后15~20天,返青后5~7天,毒土或毒肥法撒施;水层3~5 cm,保水5~7天。	对稗草防效稳定,封杀兼备。

3. 移栽田中后期杂草茎叶处理

水稻移栽田如果前期两次土壤处理除草效果不好,中后期还有杂草,需采取茎叶处理。稻田茎叶处理作业成本高、效率低,此时杂草草龄较大,对除草剂

第五章 本田植保解决方案

的抗性强,防除效果没有土壤封闭效果好。科学施药可以显著提高除草效果。施药前1天需要排干水,让杂草茎叶充分露出水面,用药后1~2天灌水,保持3~5 cm深水层5~7天,然后正常田间管理。

(1)移栽田中后期杂草茎叶处理单剂

表5-5 移栽田中后期杂草茎叶处理单剂

除草剂	用量/亩	防除杂草种类	施用方法	备注
50%二氯喹啉酸可湿性粉剂	30~60 g	防除稗草、鸭舌草、马唐等。	杂草4~5叶期,茎叶处理。	①防除稗草的特效除草剂。②施药过程中不能重喷,否则易发生药害,产生葱状叶。③土壤中残留期比较长,喷施时漂移也会产生药害。
10%氰氟草酯乳油	40~60 mL	防除稻稗、马唐、千金子、狗尾草、匍茎剪股颖等禾本科杂草。	杂草2~5叶期,茎叶处理。	①与其他除草剂复配时需注意可能会有拮抗现象,降低效果,先做预试验,或加大药量。②如果需要防除阔叶和莎草科杂草,建议间隔7~10天再次喷施。
48%灭草松水剂	100~200 mL	防除阔叶杂草和莎草科杂草,如雨久花、鸭舌草、牛毛毡、萤蔺、异型莎草、三棱草、野慈姑、泽泻等;多年生杂草只能防除其地上茎叶部分。	杂草4~6叶期,茎叶处理。	①禾本科杂草无效。②晴天、高温效果更好。
2.5%五氟磺草胺乳油	40~80 mL	防除抗性稗草、稻稗、野慈姑、萤蔺、雨久花、泽泻等大部分水田抗性杂草。	杂草出齐后茎叶处理。	需要2~4周杂草才能死亡。

续表

除草剂	用量/亩	防除杂草种类	施用方法	备注
5%嘧啶肟草醚乳油	50~60 mL	防除稗草、稻稗、稻李氏禾、匍茎剪股颖、野慈姑、泽泻、雨久花、鸭舌草、眼子菜、狼把草、三棱草、异型莎草等。	杂草2~4叶期,茎叶喷雾。	施用1周内,水稻略有发黄现象,1周后恢复,不影响产量。
10%噁唑酰草胺乳油	60~80 mL	防除稗草、马唐、狗尾草、千金子等一年生禾本科杂草。	杂草2~5叶期,茎叶处理。	①噁唑酰草胺喷雾时需注意不可重喷,易产生药害,表现为白化叶,新叶抽出困难,叶窄小似竹叶,叶枕倒缩。②可与灭草松、氰氟草酯混配,其余药剂慎用。
20%双草醚可湿性粉剂	12~18 g	防除稗草、稻李氏禾、马唐、匍茎剪股颖及其他禾本科杂草,兼治大多数阔叶杂草、一些莎草科杂草,如萤蔺、鸭舌草、雨久花、野慈姑、泽泻、眼子菜、牛毛毡、三棱草,尤对大龄稗草和双穗雀稗有特效,可杀死1~7叶期的稗草。	移栽15~20天后,水稻5叶期以后,茎叶喷雾。	①5叶期水稻对双草醚的降解能力显著增强,安全性明显提高。②药剂活性高,需严格控制用量。
3%氯氟吡啶酯乳油	50~60 mL	防除稗草、千金子、异型莎草、雨久花、泽泻、鸭舌草等,对野慈姑特效,对稻李氏禾无效。	杂草出齐后茎叶喷雾。	重喷且胁迫(草欺稻、弱苗、低温、高温等)情况下,部分秧苗可能出现生长畸形等不良反应,一般加强肥水管理可自然恢复,不影响产量。

续表

除草剂	用量/亩	防除杂草种类	施用方法	备注
56%二甲四氯钠可溶性粉剂	50~75 g	防除异型莎草、鸭舌草、泽泻、野慈姑、三棱草等阔叶和莎草科杂草。	水稻分蘖末期茎叶喷雾。	药剂不当易影响水稻分蘖。
45%三苯基乙酸锡可湿性粉剂	60~67 g	防除水绵效果好。	水绵形成初期,用毒土或毒肥法撒施。	配合高温晴天可排水2~3天,将水绵晒干,最终枯死。
农用硫酸铜	300~500 g	可防除水绵。	水绵形成初期,用毒土法撒施。	①具有触杀作用,只能杀死水上的水绵,施药后,如果水下水绵继续生长,还必须再次用药。②用量大易产生药害。

(2)移栽田中后期杂草茎叶处理合剂

表5-6 移栽田中后期杂草茎叶处理合剂

除草剂	用量/亩	防除杂草种类	施用方法	备注
9%嘧啶肟草醚·氰氟草酯微乳剂	100~120 mL	有效防除稗草、千金子、野慈姑、鸭舌草、扁秆藨草等杂草,对稻李氏禾、牛毛毡、泽泻、异型莎草等杂草有较强抑制作用,对萤蔺几乎无效。	杂草4~6叶期,茎叶喷雾。	高温时水稻易产生接触性药害。
10%噁唑酰草胺·氰氟草酯乳油	120~150 mL	防除抗性稗草、马唐、千金子等禾本科杂草。	杂草4~6叶期,茎叶喷雾处理。	

续表

除草剂	用量/亩	防除杂草种类	施用方法	备注
460 g/L 二甲四氯·灭草松水剂	133～167 mL	防除泽泻、野慈姑、雨久花、鸭舌草、牛毛毡、异型莎草、萤蔺、三棱草、水葱等阔叶和莎草科杂草。	水稻分蘖末期到拔节前茎叶喷施。	①高温情况下2天见效。②莎草科杂草密度大时也不要重复喷洒。
30%草甘膦异丙胺盐水剂,15%精吡氟禾草灵乳油	稀释10倍,稀释10倍	防除芦苇。	用线手套或抹布浸蘸药液,涂抹芦苇茎叶。	①内吸传导型药剂,涂抹效果好。②不要接触到水稻叶片。
60 g/L 五氟磺草胺·氰氟草酯可分散油悬浮剂	150～200 mL	防除稗草、千金子、狗尾草等禾本科杂草。	杂草3～5叶期,茎叶喷雾。	安全性高,杀草谱广。

(二) 直播田常见杂草解决方案

直播田可节省大量劳动力,对实现水稻种植轻量化、专业化、规模化有着重要的意义,具有广阔的推广前景。但与移栽田相比,直播田存在着苗不全、草难除的两大难题。按照栽培水分管理的不同,水稻直播通常分为水直播和旱直播两种。由于直播田是种子直接下地,对除草剂的安全性有更为严格的要求,稍有不慎就会出现药害,因此,直播田的除草剂的可用数量要比插秧田少,同时使用方法也更加严谨。

1. 水直播常见杂草解决方案

水直播是水整地后采用播种机将经过催芽露白的种子直接播入本田的种植模式。水直播由于是种子下地,一般水稻播种时杂草已经开始萌发,与水稻同步生长,水稻封行慢,对杂草的竞争力弱,极有利于杂草的生长,因而杂草为害较重。水直播除草的关键是把杂草消灭在萌发状态。化学防除一般采用"一封(播前土壤封闭处理)、二杀(水稻生长前期杂草茎叶处理)、三补(水稻生长中期杂草茎叶处理)"的技术体系。

(1) 水直播播种前土壤封闭除草剂

表5-7 水直播播种前土壤封闭除草剂

除草剂	用量/亩	防除杂草种类	施用时期施用方法	备注
120g/L 噁草酮乳油	200~250 mL	主要防治稗草、千金子、牛毛毡、异型莎草、雨久花等,对野慈姑、萤蔺等杂草有抑制作用。	播种前5~7天整地后浑水状态甩施,保水5~7天,排水后播种。	
40%苄嘧磺隆·丙草胺可湿性粉剂	60~80 g	有效防除稗草、千金子、水绵、小茨藻、异型莎草、牛毛毡、丁香蓼、慈姑、泽泻、雨久花等禾本科、阔叶和莎草科杂草。	播种前5~7天整地后甩施,保水5~7天,排水后播种。	

(2) 水直播水稻生长前期茎叶处理

表5-8 水直播水稻生长前期茎叶处理

除草剂	用量/亩	防除杂草种类	施用时期施用方法	备注
55%吡嘧磺隆·丙草胺可湿性粉剂	60 g	防除稗草、千金子、异型莎草、萤蔺、鸭舌草、慈姑等杂草。	水稻2叶1心后,可采用毒土法撒施。	
10%嘧草醚可湿性粉剂	20~30 g	防除稗草和小龄千金子,对稗草特效。	水稻2叶1心后,稗草1~2.5叶期茎叶喷雾。	①嘧草醚对水稻安全。②嘧草醚死草速度较慢,一般为7~10天。
10%醚草醚可湿性粉剂,10%苄嘧磺隆可湿性粉剂	20~30 g, 15~20 g	防除稗草、千金子和水绵、小茨藻、异型莎草、牛毛毡、丁香蓼、慈姑、泽泻、雨久花等禾本科、阔叶和莎草科杂草。	水稻2叶1心后,稗草1~2.5叶期,茎叶喷雾。	施药后3天内保持田间湿润。

续表

除草剂	用量/亩	防除杂草种类	施用时期施用方法	备注
20%双草醚可湿性粉剂	18~24 g	防除萤蔺、鸭舌草、雨久花、慈姑、泽泻、马唐、稗草、异型莎草等阔叶、禾本科、莎草科杂草。	水稻2叶1心后,稗草3~5叶期施药,效果最好。	部分水稻品种用后有叶片发黄现象,4~5天即可恢复,不影响产量。

(3)水直播水稻生长中期杂草茎叶处理

水稻生长中后期杂草茎叶处理参考插秧田。

2. 旱直播常见杂草解决方案

水稻旱直播通常以旱播水管的模式栽培,是一种省工、省本、高产、高效益的水稻栽培技术。旱直播稻田前期水浆管理以旱湿交替为主,因而田间有较多旱田杂草种类,如马唐、牛筋草、狗尾草、马齿苋等。水稻4~5叶期后,田间水层基本稳定,一些水田杂草开始发生。因此旱直播杂草发生种类要比水直播多。

根据旱直播的杂草发生特点,杂草化学防除一般采用"一封、二杀、三补"的技术体系。"一封"是播后苗前土壤封闭处理,这是旱直播最为关键的一步,此时应选择杀草谱广、土壤封闭效果好的除草剂来控制杂草发生的第一个高峰;"二杀"是水稻生长前期杂草茎叶处理,水层稳定后,防除残存的部分杂草,选择既有茎叶处理又有封闭作用的除草剂;"三补"是中后期杂草茎叶处理。

(1)旱直播水稻播后苗前土壤封闭处理

旱直播水稻播种后,需要土壤保持一定湿度,以利于水稻出苗,提高封闭除草效果,如表5-9所示。

第五章 本田植保解决方案

表5-9 旱直播水稻播后苗前土壤封闭处理除草剂

除草剂	用量/亩	防除杂草种类	施用时期施用方法	备注
33%二甲戊灵乳油,10%吡嘧磺隆可湿性粉剂	150 mL,20 g	防除稗草、马唐、狗尾草、牛筋草等禾本科杂草,马齿苋、牛毛毡、三棱草、异型莎草、鸭舌草、雨久花、泽泻、野慈姑、眼子菜、萤蔺、小茨藻等阔叶和莎草科杂草。	播种后田间湿润状态喷施,保持湿润状态至秧苗1叶1心。	保持田间湿润,但不能有明水。
36%噁草酮·丁草胺乳油	130~150 mL	扩大杀草谱,能有效防除稗草、千金子、马唐、狗尾草、牛毛毡、鸭舌草、异型莎草等一年生禾本科杂草和某些双子叶杂草。	播种后田间湿润状态喷施,保持湿润状态至秧苗1叶1心。	保持田间湿润,但不能有明水。
50%异丙隆·丁草胺·苄嘧磺隆可湿性粉剂	100~120 g	能有效防除稗草、千金子、马唐、狗尾草、牛毛毡、雨久花、鸭舌草、异型莎草、三棱草等一年生禾本科杂草和某些双子叶杂草,一些旱田杂草,如苋菜等。	播种后田间湿润状态喷施,保持湿润状态至秧苗1叶1心。	保持田间湿润,但不能有明水。
30%丙草胺乳油,10%苄嘧磺隆可湿性粉剂	100~125 mL,20 g	可有效防除稗草、千金子、异型莎草、牛毛毡、丁香蓼、慈姑、泽泻、雨久花等禾本科、阔叶和莎草科杂草。	播种后田间湿润状态喷施,保持湿润状态至秧苗1叶1心。	保持田间湿润,但不能有明水。

(2)旱直播水稻前期生长期杂草茎叶处理

旱直播水稻前期生长期杂草茎叶处理药剂选择参考水直播。

(3)旱直播水稻中后期杂草茎叶处理

旱直播水稻中后期杂草茎叶处理(图5-40)参考插秧田。

图 5-40 中后期杂草茎叶处理

六、田间除草剂药害表现及解决办法

水田除草剂的广泛使用,节省了大量的劳动力。由于人们对各类除草剂的认识和使用方法不当,在使用过程中出现了不同程度的药害。现就不同除草剂对水稻产生药害的原因、症状及其药害的预防和缓解进行介绍,以供参考。

(一)产生药害的原因

1. 除草剂本身质量不合格,含有隐形成分,或除草剂内的杂质对水稻易产生药害。

2. 用药不适宜,除草剂具有很强的选择性,其防除对象有一定的范围,一旦用错就会产生药害。

3. 使用方法不当,包括随意加大用量,与其他药剂混合使用,重复用药或者两次用药间隔时间太短,撒施不均或使用时期(苗期、移栽前、移栽后)不当,以及施药方法(喷雾、撒施)不对,这些都容易产生药害。

4. 环境因素的影响,除草剂产生药害的原因与温度、土壤等有密切的关系。一般情况下,温度过高或过低时,水稻的抗逆性差,易产生药害。而水溶性的除草剂在沙壤土中易产生药害,这是因为除草剂能渗透到土壤深层,作用于水稻根部而使水稻受害。

第五章　本田植保解决方案

(二)常见除草剂药害

1. 喹啉羧酸类

(1)作用机理

喹啉羧酸类除草剂按照作用机理分类属于合成激素类,主要抑制细胞的分裂和生长。激素类除草剂是人工合成的具有天然植物激素作用的物质,水田常见的喹啉羧酸类除草剂有二氯喹啉酸。药剂能被萌发的种子、根、茎和叶部迅速吸收,并迅速向茎和顶部传导,使植物生长异常,出现扭曲畸形等症状,最终导致植物死亡。

(2)药害症状

主要品种是二氯喹啉酸。药害典型症状为心叶实心葱管苗,叶尖部多能展开,叶色较正常;新生叶片因上部组织愈合而无法抽出,剥开茎秆,可见新叶内卷。受害严重的秧苗心叶卷曲成葱管状直立,所形成的分蘖苗也是畸形的,有的甚至整丛稻株枯死。药害轻的秧苗,茎基部膨大、变硬、变脆,心叶变窄并扭曲成畸形,但移栽到大田后长出的分蘖苗仍正常生长。药害症状一般在施药后10~15天出现。

(3)预防措施

苗床及本田作业喷雾器等器具不能有激素类药剂残留,含激素类成分的药剂不能重复使用。

2. 苯氧羧酸类

(1)作用机理

苯氧羧酸类除草剂按照作用机理分类属于合成激素类,主要抑制细胞的分裂和生长。激素类除草剂是人工合成的具有天然植物激素作用的物质,水田常用的苯氧羧酸类除草剂有二甲四氯及其钠盐。药剂能被萌发的种子、根、茎和叶部迅速吸收,并迅速向茎和顶部传导,使植物生长异常,出现扭曲畸形等症状,最终导致植物死亡。

(2)药害症状

二甲四氯及其钠盐等激素类药剂施用过量或重复施用发生激素类药害。超量使用,或在水稻4叶期之前以及拔节之后施药,易产生药害,导致秧苗叶片失绿发黄、新叶葱管状、主穗无法抽出,严重影响分蘖,穗卷曲难以抽出、穗畸形等症状。

(3)预防措施

苗床及本田作业喷雾器等器具不能有激素类药剂残留,含激素类成分的药剂不能重复使用。

3. 酰胺类

(1)作用机理

酰胺类除草剂按照作用机理分类属于极长链脂肪酸抑制剂类,主要抑制细胞代谢。极长链脂肪酸抑制剂类除草剂可以抑制植物体内极长链脂肪酸的生物合成,在幼苗早期抑制其生长,进而破坏分生组织与胚芽鞘,最终使其本体生长停止而死亡。水田常用的酰胺类除草剂有丁草胺、丙草胺。药剂主要被杂草幼芽和幼小的次生根吸收,使杂草幼苗肿大、畸形、色深绿,最终使其死亡。

(2)药害症状

主要是丁草胺,施用后新(心)叶扭曲畸形,叶片皱缩,老叶从上部开始黄化,有褐色斑点,叶色暗绿、生长缓慢、迟迟不分蘖、分蘖数量少。若遇较长时间低温、寡照等恶劣天气,导致光合作用下降、自身解毒能力下降,使秧苗生长缓慢、不分蘖,根系黄褐色,用手很轻易地就可以把根系拔出来。

(3)预防措施

水田整地要平,丁草胺最好用于插前土壤封闭,插秧后应选用莎稗磷、苯噻酰草胺、丙草胺等对水稻分蘖无抑制作用的药剂,不准使用含有甲草胺、乙草胺、异丙草胺等成分的药剂。

4. 磺酰脲类

(1)作用机理

磺酰脲类除草剂按照作用机理分类属于乙酰乳酸合成酶抑制剂类,主要抑制细胞代谢。乙酰乳酸合成酶抑制剂类除草剂主要通过抑制植物乙酰乳酸合成酶的活性,导致缬氨酸、亮氨酸和异亮氨酸合成受阻,蛋白质合成停止,使植物细胞分裂不能正常运行而死亡。水田常用的磺酰脲类除草剂有苄嘧磺隆、吡嘧磺隆等。药剂能迅速被杂草的幼芽、根及茎叶吸收,并在体内迅速传导,使杂草的芽和根很快停止生长发育,随后整株枯死。

(2)药害症状

苄嘧磺隆和吡嘧磺隆药害症状表现为叶色浓绿,植株矮缩,根老化,侧根与主根短,侧根数量少,从出现症状到死亡比较缓慢。

第五章 本田植保解决方案

（3）预防措施

严格科学选用除草剂，推广使用安全性更好配方的除草剂；严格控制药量，不随意加大剂量，药肥混拌要采取逐步扩大法混拌均匀，不用潮解肥料拌药粉。

施药肥时田间水层不能过深，以淹过泥面 1~2 cm 为度，田间耕耙要平整，高低落差不宜过大；药后遇大雨需及时排水，以免水位加深，长期淹过心叶出现药害；药后如需灌水，应待水层自然落干后，药沉积泥面后再灌水，以免药液冲走富集在一角或低势地方出现药害；撒药肥时应待叶面露水干后进行。

5. 三嗪类

（1）作用机理

三嗪类除草剂按照作用机理分类属于光合电子传递抑制剂，通过系列反应，使植物光合作用不能正常进行，进而得不到生长必需的能量而死亡。水田常用的三嗪类除草剂有扑草净和西草净等。药剂可从根部吸收，也可从茎叶透入体内，运输至绿色叶片，抑制光合作用，导致杂草死亡。

（2）药害症状

地不平、盐碱地、温度高时水稻易产生药害，表现症状为水稻枯萎、黄叶。

（3）预防方法

扑草净和西草净对温度比较敏感，施药时要注意看天气预报，在 30 ℃ 以下施用，温度超过 30 ℃ 易产生药害。整地时要平整，盐碱地慎用。

（三）除草剂药害的补救措施

水稻受到除草剂药害时，可采取以下方式缓解。

1. 洗田排毒

当药害发生时，可首先排清已施药的田水，灌入新鲜的活水，反复灌水洗田，减少土壤中的残留量，促进其淋溶和流走，能有效减轻药害。排水后晾田，增强土壤微生物活动，提高土壤通气性，促进药剂降解，同时有利根系生长。

2. 清水冲洗受害植株

喷除草剂过量或邻近作物的敏感叶片遭受药害时，要立即用干净的喷雾器装入清水喷洗受害植株，可清除或减少作物上除草剂的残留量。对于一些遇碱性物质易分解失效的除草剂可用 2% 的碳酸钠（纯碱）清水稀释液喷洗作物，有较好效果。

3. 追施速效肥料、微肥及功能型叶面肥

依照作物生长季节和对肥料的需要适当增加肥量,如尿素、硫酸铵等速效肥,可以促进根系发育和新叶再生;追施锌、铁、钼等微肥及功能型叶面肥对提高作物抗药害能力有显著效果,可促进植株及其根系生长,对一些除草剂还有分解纯化作用,能使除草剂丧失部分活性,同时促进作物健康生长,恢复受害作物的生理机能,从而减轻除草剂药害对农作物的危害。

4. 使用解毒剂

根据除草剂药害的性质可选用解毒剂来减轻药害。

5. 喷施生长调节剂

植物生长调节剂对农作物的生长发育有很好的刺激作用。喷施一些植物生长调节剂在受害植株的叶片上可收到"起死回生"的效果,内源性植物激素可缓解药害。可以用芸苔素、胺鲜酯(DA-6)、细胞分裂素等调节剂配合功能型叶面肥喷雾1~2次,药害地方要重点喷雾,可降低药害程度。

(四)旱田改水田长残效除草剂药害缓解技术

对下茬敏感作物造成药害的除草剂称为长残效除草剂。由于农户种植规模小、轮作复杂、施药技术水平低等特点,长残效除草剂在土壤中长期残留,对下茬敏感作物造成药害,轻者抑制作物生长、减产;重者造成作物死亡、绝产。近年来,部分长残效除草剂大量投入市场,给作物生长带来了严重的危害。

咪唑乙烟酸、莠去津和氟磺胺草醚等药剂在土壤中残留时间长,水稻旱田改水田,由于上茬作物使用过以上除草剂对水稻易产生药害,因此水稻旱田改水田可采取以下几种技术措施缓解产生的药害(表5-10):

(1)在水稻秧苗1.5叶期,叶面喷施含芸苔素内酯等植物生长调节剂和含有多种营养元素的叶面肥,还可以喷施含有腐殖酸、海藻酸等生物型肥料。

(2)灌水洗田两次,插秧前不进行封闭除草,插秧后10~15天使用安全性高的除草剂灭草等,水稻旱田改水田严禁使用丁草胺等酰胺类除草剂,若要使用需加入安全助剂,同时严格按照说明书操作。

(3)在水稻插秧返青后的4.5~5.5叶期再次喷施内源激素类植物生长调节剂(芸苔素内酯)及叶面喷施0.2%磷酸二氢钾或含有腐殖酸、海藻酸等生物型肥料。

第五章 本田植保解决方案

表 5-10 长残效除草剂施药后水稻种植间隔时间表

除草剂	有效成分(g/hm^2)	间隔时间(月)
咪唑乙烟酸	75	24
莠去津	>2 000	24
烟嘧磺隆	60	12
唑嘧磺草胺	48~60	6
嗪草酮	350~700	8
异噁唑草松	70~170	18
氟磺胺草醚	250~375	12

第六章 田间水分及特殊情况管理

第一节　水分对水稻的影响

一、水分与光合作用

据中科院测定,水稻在落干晒田初期,表层土壤水分为田间最大持水量的80%,光合作用强度减弱不明显;当土壤水分下降到80%以下时,光合作用强度较对照降低26.7%。在开花期间,稻田保持水层(深5 cm)水稻的光合强度比最大持水量的90%高12.1%~35.2%,可见土壤水分不足会影响光合作用。

二、水分与蒸腾作用

蒸腾作用能促进水分、养分在植物体内的循环和根部的吸收作用。土壤水分供应不足,则蒸腾强度降低。据中科院试验结果,在各种供氮水平下,一般水层灌溉的蒸腾强度均高于湿润灌溉处理,尤以低氮水平下差异更为显著。不同生育期蒸腾强度也不一样,在分蘖期低氮水平湿润灌溉的蒸腾强度反而高于水层灌溉,而到开花期有水层的显著高于90%田间持水量条件。有学者认为在分蘖期和成熟期,90%田间持水量的处理比淹水处理的蒸腾强度大,而开花期则相反。由此可见,水稻在不同时期对土壤水分的要求是不同的,较为敏感的是孕穗期和开花期。

三、水分与养分吸收和生长发育

水稻实行水层灌溉,在水层下可造成土壤还原状态,有机物分解慢、积累多;氮素呈铵态存在,有利于土壤保存养分和稻根吸收;难溶性的无机养分(如磷、钾、硅等)在水层下也易释放。水层可调节田间小气候,防止高温、低温、干热风等对水稻生长发育的不良影响。水层可促进水稻生长发育,如分蘖时浅灌可促进分蘖,分蘖末期落干晒田可控制无效分蘖,以及灌浆结实期干干湿湿、养根保叶等。水层灌溉有防治杂草、改良盐碱土壤等作用。

第六章 田间水分及特殊情况管理

第二节 水稻用水规划

一、稻田水量组成

在水稻生长期间,叶面蒸腾、株间蒸发的水量和地下渗漏水量合称稻田需水量,前二者又称稻田腾发量。水稻一生中蒸发与蒸腾的变化是相互消长的,蒸腾强度随着绿叶面积的逐渐增加而增大,随着成熟、叶片逐渐枯黄而递减,蒸腾强度高峰一般出现在孕穗期到抽穗期。稻田蒸发强度的变化过程,受植株荫蔽状况的影响很大,插秧初期植株幼小,蒸发量大于蒸腾量;分蘖末期直到成熟,在植株的荫蔽下,一般蒸发水量维持在每天 2 mm 左右,变化很小。

对于新开发的没有形成保水层(一般为犁底层),又都不连片、水旱交错,或土壤中砂粒较多的稻田,一般渗漏量要占稻田需水总量的 43%~63%,因此需水量也更多。一般在我国秦岭—淮河以北地区的一季稻,整个生育期总需水量 840~2 280 mm,其中蒸腾量 240~500 mm、蒸发量 240~340 mm、渗漏量 360~1 440 mm。

二、稻田灌溉定额

每亩稻田需要人工补给水量,叫作稻田的灌溉定额。

稻田灌溉定额 =(稻田需水量 - 有效降水量)+ 整地泡田用水量

有效降水量:一般按生育期间降水量的 70%~80% 计算。

整地泡田用水量:包括水耕、水耙、盐碱地泡田洗盐,以及插秧前的水层保持等,各地差异很大。

一般非盐碱地泡田用水为 100~150 mm,以后每次补水深度 30~40 mm。如整地后不久便插秧,则需水 160~230 mm。对于降水少的地区,稻田灌溉定额也要明显提高。

第三节 田间水分管理

一、水稻插秧期

插秧:花哒水(田间无连片水面,脚窝有水,泥面状态为指划成沟、慢慢恢复,如图6-1所示)插秧,插秧后田面保持2 cm左右水层为宜,不马上灌深水,可以防止漂苗并有利于扎根。如有低温预报,最低气温低于10 ℃时,适当上深水护苗,以不淹心叶为标准,避免大水漂苗(图6-2)。

图6-1 水稻插秧时水分状态　　图6-2 大水漂苗

二、水稻返青分蘖期

一般插秧后返青期保持2 cm左右水层,减轻植伤影响,利于保持地温,促进根系呼吸,加快返青,提高秧苗成活率。如无低温,水层不宜过深,以免淹死下部叶片,影响发根。

在返青后,采用浅水间歇湿润灌溉,每次灌水保持水层在3~5 cm,如图6-3所示,待田面落干至花哒水状态,保持1天,然后灌水(封闭除草时,闷药7天待水落干后,保持落干状态2天更有利于除草剂发挥药效);因为分蘖的发生和根系的生长,与温度有密切关系。黑龙江水稻分蘖初期,一般温度都不能充分

第六章　田间水分及特殊情况管理

满足分蘖和发根的需要,浅水间歇湿润灌溉有利于提高水温、土温,活化土壤中的养分,也能提高根际氧气含量,提高根系活力,促进分蘖早生快发。

图6-3　灌水3~5 cm

施返青肥、分蘖肥时,尽量在施肥前3天使田面无水层,自然落干到出现小裂隙(火柴棍大小),先施肥,后灌水,促进根系对养分的吸收。自然落干如图6-4所示。

图6-4　自然落干

分蘖末期田间茎数达计划穗数的80%~90%,晒田至地表微裂,控制无效分蘖;幼穗分化始期(11叶品种7.5叶期、12叶品种8.5叶期)恢复灌溉(保持水层在3~5 cm)。此时晒田有以下优点:

(1)提高分蘖成穗率。在分蘖末期至幼穗分化晒田,能使后生分蘖迅速消亡,使养分集中供应有效分蘖,提高分蘖成穗率。

(2)增强抗倒伏能力。在分蘖末期至幼穗分化晒田,适当抑制稻株地上部分的生长，使碳水化合物在茎秆和叶鞘中积累，增加半纤维素含量，可增强抗倒伏能力。

（3）促进根部发育，提高根系活力。经过晒田后，根数增多，黑根减少，白根增多，可增强吸肥能力。

（4）疏通土壤空气，排除土壤中有毒物质，改善土性。

但并不是所有稻田都需要准时晒田，晒田需要符合以下要求：

（1）够苗晒田：晒田的时机很重要，要看发苗情况，实行"够苗晒田"。当全田总茎数达到适宜穗数的80%～90%时，就要开始晒田。

（2）要看稻苗长势：如稻苗生长旺、来势猛、叶色浓，有徒长现象，宜早晒、重晒；如稻苗生长慢，叶色较淡，可适当迟晒、轻晒。

（3）看土晒田：如土质烂、泥脚深的稻田，或者低洼田、冷浸田，常由于通气不良、黄根、黑根多，发苗差，就要早晒、重晒；相反，对一些通气性好的沙土田、新开稻田，则应轻晒或不晒。

三、幼穗分化期至抽穗期

从幼穗分化期至抽穗期，是幼穗营养生长和生殖生长并进的时期，又是决定每穗粒数的关键时期，此期管理的主攻方向应是培育壮秆、大穗。此时若无极端反常的高温或低温天气，应采用间歇湿润灌溉，待田间呈现出花哒水状态时再灌水，灌水后田间应保持3～5cm水层。如灌水过深，茎基部气腔加大，

图6-5 拔节孕穗期自然落干后水分状况

茎秆强度减弱，易倒伏。若长时间晒田、断水，田间出现干裂，会造成小穗败育或增多空秕粒。若遇极端高温或低温天气，应灌8～10cm深水，减少因高温或低温引起的小穗败育，拔节孕穗期自然落干后水分状况，如图6-5所示。

四、抽穗至成熟期

从抽穗到成熟，一般需30～35天。结实期是决定每穗粒数和粒重，最终形

第六章　田间水分及特殊情况管理

成产量的时期,要促使粒大粒饱,防止空秕,确保穗多、穗大、稻粒饱满。抽穗结实期要活水养稻,在此期间田间需保持一定水层,主要是调节水温,以利于开花授粉。到灌浆期要采取干干湿湿、以湿为主的灌水办法,就是在灌一次水后,自然落干后1~2天再灌一次水,这样水气交替,可以达到以气养根、以根保叶的目的,有利于灌浆,防止早衰,如图6-6所示,齐穗后30天停灌,为收获创造良好的田间条件,如图6-7所示。

图6-6　抽穗灌浆期水分状况

图6-7　收获期水分状况

第四节 特殊情况管理

一、极端气候注意事项

(一)低温冷害

低温冷害在黑龙江省的发生具有普遍性、严重性和多发性,对于水稻的品质和产量均会产生不利的影响,进而给黑龙江省的水稻生产带来巨大的损失。

1. 营养生长期低温影响

水稻在营养生长时期,遇到低温将会发生延迟性冷害,主要会使稻株出叶的速度下降,叶龄指数、株高、根长度、总体根数及有效分蘖数降低,叶色变淡,有效分蘖终止期和最高分蘖期会延迟。水稻返青期冷害如图6-8所示。

图6-8 水稻返青期冷害

2. 生殖生长期低温影响

水稻如果在生殖生长时期遇到低温,主要是影响水稻的正常抽穗、开花和成熟,这是障碍性冷害发生的最关键时期,如图6-9所示。

第六章 田间水分及特殊情况管理

图6-9 水稻生殖生长期低温冷害的影响

3. 防治措施

（1）选用适合当地的耐寒品种，防止越区种植。黑龙江省积温偏差在±200 ℃左右，属于积温不稳定型。因此，就要选用在低温早霜年份也能正常成熟的耐低温的早熟高产优质品种，即种植的品种所需积温与当地的无霜期相差10天左右，所需积温比当地积温少100 ℃。选用品种在当地保证成熟率要达到80%以上。大面积生产中要注意选择耐冷性强的品种，这是利于水稻早熟的有效措施，有利于防御低温冷害造成的危害。

（2）适时播种，合理施肥促早熟。采用大棚或营养钵等育秧方式，要保持土壤良好的通风透光环境，以促进水稻的生长发育，减轻低温冷害造成的危害。如果发现水稻生育期明显拖后，预计可能发生延迟性低温冷害的稻田，要停止使用氮肥，有条件的可叶面喷施磷酸二氢钾等叶面肥促进水稻灌浆成熟。

（3）科学灌水。当前防御障碍性冷害最有效的方法是在冷害敏感期进行深水灌溉。水稻孕穗期，如遇低温，用高于地表10 cm左右的深水层灌溉，可有效防御低温冷害。另外，为促进稻株早生快发，应采取设晒水池、加宽延长水路、渠道覆膜、加宽垫高进水口和回水灌溉等综合增温措施。

（二）高温

在一定的适宜温度范围内，水稻能正常生长和发育，如超过适宜温度范围，就会对水稻的生长发育造成一定影响。在水稻生育期内，孕穗至抽穗扬花期对温度最敏感，适宜植株生长的温度为25~30 ℃，在此范围内能促使水稻正常抽穗扬花、促进花器官发育、提高花粉的活力、利于花粉管伸长，是后期产量形成的重要基础。

日均温度高于32 ℃不利于水稻抽穗;持续35 ℃以上高温不利于水稻孕穗,高温会降低花粉的活力,导致后期水稻籽粒"花而不实";高温持续过长,会缩短水稻生育期,抑制植株的营养生长,如图6-10所示。

图6-10 水稻高温热害

防治措施:

(1)适期播种。根据水稻品种的特征特性和区域的气候特点,适期播种,使水稻抽穗扬花期避开高温时段。

(2)及时采取应急措施,降低损失。水稻抽穗扬花期遇高温,可日灌深水,夜排降温,适当降低温度,利于提高结实率。

(3)根外追肥。在高温出现时,为增强水稻对高温的抵抗能力,可根外喷施0.2%磷酸二氢钾溶液或3%过磷酸钙溶液。

(三)干旱

水稻全生育期耗水量大。受旱水稻表现为植株矮小、叶片枯萎、分蘖减少。水稻生育期内有移栽、拔节孕穗2个需水临界期,移栽期受旱秧苗不能成活;水稻孕穗期蒸散量较大,需水量占全生育期的25%~30%,缺乏水分会削弱同化物质在植株体内的运输效率,降低同化物的积累量。在孕穗初期缺水,枝梗与颖花形成出现障碍,每穗粒数减少;孕穗中期受旱,则颖花发育不健全,产生畸形颖花而不能正常开花结实;孕穗后期受旱,花粉充实不良,卵细胞发育受阻,导致颖花不孕;抽穗开花期受旱,对受精结实影响最大,空壳率增多;灌浆期受旱,影响籽粒充实,秕谷增多,千粒重下降。

干旱对水稻的影响是致命性的,因此在种植水稻时,应选择灌溉水(地表水或地下水)充足的地块,以满足水稻整个生长周期对水分的需求。

第六章 田间水分及特殊情况管理

（四）台风、水灾过后的补救措施

1. 尽快排水

有条件的地块，可以利用引渠或水泵排除积水，尽快让水稻的叶尖露出水面。待水排除后要修复被水冲毁的田埂、进水口和排水口。排水要彻底，以保证水稻根系有良好的通透性，促进根系尽快生长。

2. 清水洗掉叶片的泥土

灾后水稻叶片上往往附着一层泥沙，这样会影响叶片的光合作用。对水稻叶片上粘有泥浆的水稻田，可放深水洗苗，然后立即排出水分，对于后期植株偏高的稻田，有条件的可用无人机或水管喷淋清洗叶片上的泥浆，以恢复叶片正常的光合机能，促进植株生长。

3. 喷施叶面肥

水灾后，叶片受损严重，必须及时喷施叶面肥，达到保叶、养叶和延长功能叶寿命的目的。一般以大量元素水溶肥为主，同时配合喷施中微量元素肥料。

4. 增施氮磷钾肥

要根据灾情及时施肥，促进水稻灾后恢复生长，肥料以速效氮肥为主，并配合施用磷钾肥，磷钾肥不仅可以增强水稻抗倒伏能力，还可以增强水稻抗病能力，提高水稻稻米品质。施肥时应注意，淹没时间短，秧苗受害轻的田块，施肥量可少些；淹没时间长，秧苗受害重的田块，要适当多施，而且要采取少量多次的方法，一般不超过田间总施肥量的1/3。

5. 病害的防治

水灾后，很多叶片出现伤口，很容易引起病害，特别是稻瘟病、细菌性条斑病和白叶枯病容易发生，为避免进一步扩大损失，影响产量，可适当喷施杀菌剂，预防病害发生。

二、盐碱地块

（一）盐碱地的特点及危害

盐碱地的含盐量高，一般在0.5%~1%，碱性大（盐碱度具体划分参照第三章），土壤分散性强和吸水性强，团粒结构透性差，干湿变化大，"干时一把刀，湿时一团糟"，物理性质很差，对水稻生产不利，图6-11为盐碱地的水稻种植。

图6-11 盐碱地的水稻种植

(二)盐碱地水稻生产采取的措施

1. 选用耐盐碱的优质高产品种。

2. 育秧田整个苗期浇3~4次pH值为4的酸化水,控制苗床pH<5。

3. 本田规划排灌渠道,盐碱较重地块,灌排渠间距不超过40 m,田间水渠深度60~80 cm,主水渠深度1.2 m左右。

4. 盐碱地土壤透水性差,盐分难以淋洗。为保证稻田正常生长,除了种稻之前泡田洗盐之外,还要在水稻生长期间洗盐压盐,防止盐碱为害。插秧前大排大灌2~3次洗盐碱;插秧至分蘖阶段,田间水层维持在3 cm左右;拔节、孕穗、抽穗期间浅灌,但和正常稻田相比要加深水层并及时换水排水;水稻灌浆成熟期是叶片同化产物向籽实转运积累的关键时期,如果断水过早容易影响灌浆,还可能因为缺水返盐造成减产,因此提倡晚排水、晚断水,一般出穗后35~40天为宜。

三、水稻倒伏及应对措施

(一)水稻倒伏的类型

在水稻倒伏的类型上普遍认为有两种:一种是基部倒伏(根倒),二是折秆倒伏(茎倒)。

倒伏的类型根据其状态可分为挫折型、弯曲型和扭转型。

1. 挫折型

挫折型倒伏是指地上部茎秆折断引起的倒伏,当作用于茎秆上的负荷大于茎秆抗折断强度时即会发生。

第六章 田间水分及特殊情况管理

2. 弯曲型

弯曲型倒伏是指茎秆呈弯曲状态的倒伏,作用于茎秆上的负荷尚未达到使茎秆折断的程度,在穗重及风雨的作用下弯曲并保持这种状态。

3. 扭转型

扭转型倒伏是指根从土壤中拔出后在茎秆基部形成的倒伏,多发生在直播稻中。

(二)水稻倒伏的原因

1. 品种抗倒伏能力差

水稻品种本身的抗倒性差是诱发倒伏的首要因素。研究表明:植株徒长、节间过长、叶片弯曲、耐肥性差的品种较易出现倒伏现象;植株节间短、茎秆粗壮、叶片直立、剑叶短以及根系发达的品种不易倒伏。

2. 施肥不当

水稻生长期侧重施氮肥,使植株营养生长过旺、节间过长、封行过早、叶面积指数过大、田间郁闭,易造成倒伏。特别是穗肥施用过早过重,造成基部第一、第二节间拉长,群体过大,茎秆变细,茎鞘储藏物质少,支撑力差,从而造成倒伏。

3. 灌溉不合理

灌水过深或深水保持时间过长的田块,因为水稻长期处于淹水状态下,造成茎秆基部节间徒长,茎秆生长柔软,下部叶片早死,根系发育不良,所以抗倒伏能力下降。另外,长期淹水状态下,土壤通气不良,养分释放缓慢,各种有害气体和有毒物质含量增加,不利于根系发育,根系的支撑能力减弱,增加了水稻倒伏的风险。

4. 密度不合理

插秧密度过大时,会严重影响水稻的通风透光性,造成根系生长不良,植株生长细弱,基部节间增长,容易造成倒伏。

5. 病虫害

病虫害是水稻倒伏的重要原因。病虫害常常破坏水稻的茎秆组织,若防治不及时,茎秆组织被破坏,易造成倒伏。

6. 耕层浅、插秧浅

水稻田耕层过浅,不利于水稻根系下扎,水稻扎根不深,根系不发达,对植株地上部分的支持力弱,易造成大面积倒伏;插秧过浅也会造成水稻扎根不深,从而引起倒伏。

7. 水整地过细

水耙地时间过长,会使土壤颗粒过小,孔隙度降低,造成土壤团粒结构蓄氧、蓄水、保肥能力下降,使水稻根系长期处于缺氧状态,发育不良,当进入生殖生长后期(抽穗后),营养生长减弱,生根能力降低,使水稻根系过早衰败,从而造成植株供养不良而早衰倒伏。

8. 自然因素

水稻生育后期,尤其是成熟期若遇到恶劣天气,如大风、大雨等,极易导致水稻大面积倒伏。

(三)预防措施

1. 选择抗倒伏品种,调整水稻品种结构

生产上为防止倒伏应尽可能选择半矮秆、茎粗、株形紧凑、根系发达、叶片直立、耐肥的品种。

2. 培育壮秧,科学整地,适度稀植

培育壮苗是水稻抗倒伏的重要措施,壮苗维管束粗壮,数目多,使水稻茎秆强壮,抗逆性强,抗倒伏性强。利用大型机械进行深耕整地,耕层以 15～20 cm 为宜,为水稻根系发育创造良好的土壤条件。深耕可使土层加厚,蓄水保肥能力增强,不易引起疯长,可以减少倒伏。在确保高产所需穗数的前提下,尽量减少插秧穴数,科学安排每穴基本苗数,提倡宽行窄株,使水稻植株充分利用光能,发挥个体优势。

3. 合理施肥

氮、磷、钾应合理搭配施用,并补充微肥;重视施用硅肥,施用硅肥能使水稻植株挺拔,茎秆坚硬,茎基部粗壮,具有明显的壮秆、抗病虫和抗倒伏作用;钾能促进水稻茎秆细胞壁内纤维素累积,增施速效钾肥有利于提高水稻茎秆抗折强度。

4. 严格水层管理

要做到浅水勤灌,实行浅湿间歇灌溉的方法。在分蘖末期到幼穗分化前,应及时晒田改善土壤通气状况,消除还原物质,促进肥料分解,达到促下控上,抑制无效分蘖,促进水稻根系向深处生长,增强吸水能力,叶片和节间变短,改善群体透光性,提高防病抗倒能力。

5. 综合防治病虫害

病虫害是引起倒伏的重要原因,要重视并及时抓好病虫害的测报及防治工作,选用有针对性的农药适时防治,防止因茎秆受害而倒伏。

6. 及时排水,适时早收

水稻倒伏大多数发生在水稻灌浆之后,由于穗部生物量快速增加导致"头重脚轻",出现倒伏,水稻倒伏之后应尽快排干田间水分,避免稻穗沾水发芽,同时根据实际情况适时抢收、早收,把损失降到最低。

第七章 收 获

　　收获是整个农业生产过程中取得高产丰收的最后一个重要环节，对水稻产量和品质都有很大的影响，其作业特点是季节性强、时间紧、任务重，易遭受风、雨、雪等恶劣天气的侵袭而造成损失。因此适时、高效的收获对水稻高产、稳产至关重要。

第一节 水稻收获

一、水稻成熟的标志

水稻适时收获是确保稻谷产量、稻米品质、提高整精米率的重要措施。收获太早,籽粒不饱满,千粒重降低,青米率增多,产量降低,品质变差。收割过晚,掉粒断穗增多,撒落损失过重,稻谷水分含量下降,加工整精米率偏低,稻谷的外观品质下降,商品性降低,丰产不丰收。

水稻成熟的标志为全田95%以上的籽粒颖壳变黄,三分之二以上穗轴变黄,95%的小穗轴和副护颖变黄,即黄化完熟率达95%为收割适期,如图7-1所示。黑龙江省大面积种植一般在下枯霜后开始收获。

图7-1 水稻完熟期

二、水稻收获方式

水稻收获可分为人工收获和机械收获两种。

(一)人工割捆收获

人工割捆收获是人工用镰刀割拾绑成捆的收获方式,如图7-2所示。一般在9月20日,即秋分过后开始进行人工收割,采用此种收获方式好处是收获损失小、收获率高,但是用工量大,劳动强度大,现阶段黑龙江省只有五常地区还有大面积人工收获,其他地区只有小面积种植农户或者低洼地、倒伏等特殊情况或机械无法收割的情况才会用人工收获。收获后成捆在田间晾晒、脱水,稻谷水分降到14%~15%时,为脱谷适期,开始用脱粒机脱粒。

第七章 收 获

图7-2 水稻人工割捆

（二）机械收获

按照谷物喂入方式不同可分为半喂入式联合收割机、全喂入式联合收割机、分段式收获三种方式。

1. 半喂入式联合收割机

半喂入式联合收割机（图7-3）是将秸秆从根部掐断通过传输系统送到顶部的脱粒系统中，仅穗头进入脱粒滚筒进行脱粒，秸秆不进入脱谷仓可以完整保留的收割机。

收获时间与人工收割同步，此方式对水稻秸秆水分要求不严格，可进行活秆收获。稻谷可早上市，抢占市场，价格好。该收获方式的机型脱粒性能好，无破碎，损失小，

图7-3 半喂入式联合收割机

最适于种子田收获，收获后有利于清理田间，能及时进行秋整地。半喂入式联合收割机对水稻的株高要求严格，水稻下部的次生穗无法收获，池梗边收获效果也较差，所以半喂入式联合收割机的收割损失要大一些。枯霜后不宜用此法收获，因为枯霜后稻穗勾头，植株缩短，秸秆、枝梗干脆，造成脱谷部分杂余大，清选分离不好，跑粮。半喂入式收割机收获的稻谷水分较大，必须晾晒降水。

半喂入式联合收割机割茬低，更有利于秸秆的综合利用。使用半喂入式联合收割机收割后的田块，其割茬一般在3~10 cm，便于下茬作物的作业，田块易

— 229 —

于耕整,作业时无秸秆缠绕,作业质量易于保证。使用半喂入式联合收割机,其秸秆既可以粉碎还田,其切碎长度可在 3~10 cm 调整,也可整齐铺放,待晒干后回收利用,秸秆综合利用价值高。

2. 全喂入式联合收割机

全喂入式联合收割机(图 7-4)是指割台切割下来的谷物全部进入滚筒脱粒的联合收割机。全喂入机型,秸秆和穗部全部喂入脱粒装置,经滚筒打击后,秸秆被打断搅碎成杂乱状排放到田间。

图 7-4　全喂入式联合收割机

全喂入式联合收割机收获期是在下枯霜后,最适时期是在下枯霜 3~5 天后开始,一星期内收获效果最佳。如果延长收获期,将会出现自然落粒、落穗等现象,木翻轮在拨禾时掉粒、掉穗,枯霜后秸秆完全脱水造成杂余多,不易分离裹粮;品质差,由于过熟,糙米率高,经雨水骤冷骤热,整精米率低;稻谷上市比分段式收获、半喂入式晚,由于立秆收获,茬高,田间水分蒸发慢,秸秆潮湿,清理田间困难,不利于秋整地工作。

3. 分段式收获

分段式收获也叫两段收获法,主要用机械式割晒机和带有捡拾器的联合收割机完成捡拾、脱粒等作业。

割晒机是一种将水稻割倒,将其摊铺在留茬上,穗头外倾一定偏角的禾条铺放在留茬上以便于晾晒的谷物收获机械,如图 7-5 所示。割晒机提前一段时间割倒水稻,为了使水稻失掉一部分水分,过一段时间更容易收获收藏。同时提前割倒一部分水稻也能有效缓解水稻的收获压力,降低水分含量,提高粮食的品质。

第七章 收获

割晒机时间与人工割、半喂入式收割机同步进行,枯霜前结束,要求割晒机的机械放铺性能良好,有一定的角度,避免塌铺,割幅不大于拾禾机械收获的幅宽,最好是前悬挂式,割晒要求割茬高 12～15 cm,铺宽 6～8 cm,铺向与插秧方向呈 45°角,避免穗头重塌铺。割后晾晒 3～5 天,待水分降到 16%～18% 时,进行机械拾禾(图 7-6),根据水稻产量,脱谷清选情况选择机车作业速度。此方式收获期短,损失小,自然落粒少,由于晾晒时期天气好,秋高气爽,利于降水,充分利用秸秆熟度,稻谷整精米率高,品质好,收获提前,稻谷上市早,经晒铺后,秸秆干,地表水分低,利于清理田间,进行秋整地。

图 7-5 水稻割晒

图 7-6 水稻拾禾

三、收获注意事项

(一)遇湿等干

早晨露水大,水稻潮湿,一般要等到上午 8～9 时的时候,露水干了,再用收割机收割。如遇到雨后,要等水稻上的雨水干了,再用收割机收割。这样,可提高作业效率,避免收割机工作部件的堵塞和减少稻谷的浪费。

(二)先动后走

其是指收割机作业时,先结合工作离合器,让割台、切割器、输送装置、脱粒、清选等工作部件先运转起来,达到额定工作转速,再驾驶收割机行走,进行收割。这样可防止切割器被稻秆咬住,无法切断的工作现象。

(三)快慢得当

收割作业时,遇到水稻产量低,如每亩 350 kg 以下时,收割机的行走速度快些；遇到水稻产量高，如每亩 400 kg 以上时，收割机的行走速度就慢些。

（四）一停就查

收割机停止作业后，驾驶员要仔细地对收割机进行检查、维护保养等，使收割机保持良好的技术状态，但驾驶员要注意，在清扫、检查、维护保养时，收割机的发动机必须在熄火的情况下进行，以防止发生事故。

四、储存

水稻收获后，农民并不是马上就将稻谷售出，有的时候也会看市场调控的粮食价格决定售出的时间，所以在收获后会对稻谷进行储存。是否科学的存储是关系到后期销售时能不能卖上价的关键因素。

（一）水稻储存的特性

1. 稻谷易生芽

稻谷后熟期短，在收获时生理已成熟，具有发芽能力。稻谷萌芽所需的吸水量低，达到 25% 即可发芽。因此，稻谷在收获时，如连遇阴雨，未能及时收割、脱粒、整晒，那么稻谷在田间、场地就会发芽。保管中的稻谷，如果结露、返潮或漏雨时，也容易生芽。

2. 稻谷易沤黄

在收获时，连遇阴雨，稻谷脱粒、整晒不及时或连草堆垛，容易沤黄。沤黄的稻谷加工的大米就是黄粒米，品质和保管稳定性都大为降低。稻谷黄变无论仓内、仓外均可发生，稻谷含水量越高，发热次数越多，黄粒米的含量越高，黄变也越严重。而黄粒米易产生黄曲霉毒素，人食用后会中毒，甚至致命。

3. 稻谷不耐高温

稻谷不耐高温，且随着储存时间的延长而明显陈化，如黏性降低、发芽率下降、脂肪酸值升高。烈日下暴晒的稻谷，或暴晒后骤然遇冷的稻谷，容易出现"爆腰"现象，即大米表面出现裂纹，影响大米的外观和口感。

4. 稻谷易结露

新稻收获不久，遇气温下降，在粮堆的表面出现一层露水，使表层粮食水分增高，形成粮堆表面结露。不及时消除结露会造成局部水分升高，稻谷籽粒发软，有轻微霉味，接着谷壳潮润挂灰、泛白，仔细观察未熟粒有时可以发现白色

或绿色霉点,容易产生黄曲霉毒素。

5. 稻谷易受虫害感染

稻谷储存时要注意害虫的危害,主要害虫有玉米象、米象、谷蠹、麦蛾等。

(二)储存稻谷原则

保管稻谷的原则是"干燥、低温、密闭"。

1. 控制稻谷水分

严格控制入库稻谷的水分,水稻含水量只要低于 14.5%,即可长期储存。稻谷的安全水分标准,随粮食种类、季节和气候条件的变化而变化。如果发现水稻含水量超过了 14.5%,就极有可能发生霉变。

2. 稻谷通风降温

稻谷入库后及时通风降温,防止结露。收获入库后利用夜间冷凉的空气,间歇性地进行机械通风,可以使粮温降低到 10 ℃以下。

3. 防治稻谷害虫

稻谷入库前可用熏蒸剂消灭害虫。稻谷入库后及时查看稻谷有无虫害发生。

第二节 秸秆还田

农作物秸秆是指各类农作物在收获了主要农产品后剩余的地上部分的所有茎叶或藤蔓,主要是禾本科和豆科类作物秸秆。

一、秸秆还田机理

(一)秸秆还田方式

秸秆还田方式可分为秸秆机械化直接还田和秸秆间接还田两大类。秸秆机械化直接还田主要有秸秆粉碎还田、整秆还田技术和秸秆根茬还田三种。秸秆间接还田主要有堆沤还田、生化催腐还田、过腹还田、沼肥、养殖还田和生物反应堆等多种形式。

1. 秸秆机械化直接还田

秸秆机械化直接还田主要包括机械粉碎、破茬、深耕和耙压等机械化作业工序。秸秆机械化直接还田是一项能够增加土壤有机质、提高作物产量、减少环境污染、争抢农时的综合配套技术。

2. 秸秆间接还田

间接还田技术包括堆沤还田、烧灰还田、过腹还田、沼渣还田等,其中秸秆堆沤还田也称高温堆肥,是解决我国当前有机肥源短缺的主要途径。

(二)秸秆还田优缺点

1. 秸秆还田优点

(1)改善土壤物理性质

秸秆还田能够使土壤孔隙度提高4%左右,进而提高总孔隙度和非毛管孔隙度,降低土壤容重和坚实度。能够增强土壤抗旱保墒性能,综合改良土壤水、肥、气、热条件,大大提高土壤抗旱抗涝的能力。因此秸秆还田能够显著改良土壤的理化性质,提高土壤的可耕性。

（2）提高土壤肥力

秸秆还田是提高土壤有机质最为有效的方法。农作物秸秆中的纤维素、半纤维素和一定数量的木质素、蛋白质等经过发酵、腐解、分解转化成土壤有机质。有机质既是植物营养元素的重要来源，也决定着土壤耕性、土壤结构性、土壤缓冲性和土壤代换性，同时还能够防止土壤侵蚀、增加透水性和提高水分利用率。有机质含量是衡量土壤肥力的重要指标，有机质含量越高，土壤越肥沃，耕性和丰产性能越高。

（3）提高农作物产量，降低成本

长时间的秸秆还田有助于农作物产量和品质的提高。持续常年推行秸秆还田，不仅能大大提高培肥阶段的产量，而且后效显著，具有持续的增产效果。

（4）改善农田生态环境

农田生态环境的优劣直接影响农作物的生长发育。农田生态环境由农田小气候、植物养分循环、土壤水热状况、植物病虫害、杂草生长等部分组成。秸秆覆盖和翻压还田可以不同程度地改良农田生态环境。

（5）调控田间温湿度，提高土壤保墒能力

农作物秸秆覆盖于地面，干旱季削弱土壤中的水分蒸发，维持适宜的耕田蓄水量；雨季能够减缓雨水对土壤的侵蚀并减少地面径流，使耕层蓄水量增加。此外，秸秆覆盖可以避免阳光直接照射土壤，调节土体和地表温热交换。

2. 秸秆还田缺点

秸秆还田也有一些不利的影响，例如易发生土壤微生物与作物幼苗争夺养分的矛盾，甚至出现黄苗、死苗、减产等现象；秸秆翻压还田后，使土壤变得过松，孔隙大小比例不均、大孔隙过多，整地困难，插秧后根系下不扎，造成漂苗现象。

秸秆中的虫卵、带菌体等一些病虫，在秸秆直接粉碎过程中无法杀死，还田后留在土壤里，病虫害直接发生或者越冬来年发生。随着年份的增加，害虫也就越来越多。病虫害数量过多，不仅增加了防治难度和农药的投入量，还会影响作物的质量和产量。

二、水稻秸秆还田作业方法

(一)水稻秸秆抛撒旋耕搅浆作业方法

秋季机械收获后地表秸秆均匀分布无堆积,根茬高度10~15 cm的地块,可选择该技术方法。

1. 选用机具

选用55~90马力以上四轮驱动拖拉机或履带式拖拉机,1.8 m以上旋耕机,2.4~3.6 m的搅浆平地机。

2. 技术要求

旋耕作业可在秋季也可在春季进行,作业时间允许以秋季为宜,旋耕深度要达到15~18 cm,不重不漏、到边到头;泡田水深以没过土壤表层1~2 cm为宜;搅浆深度12~15 cm,作业水深控制在1~3 cm的花哒水状态,搅浆作业1~2遍,将秸秆压入泥中无漂浮;根据水层适当补水,水层保持在2~3 cm,沉淀5~7天,达到待插状态。

(二)水稻秸秆抛撒直接搅浆作业方法

秋季机械收获同时将秸秆粉碎并均匀抛撒于地表或少量秸秆离田,地表秸秆无堆积,根茬高度10~15 cm的地块,春季可选择该技术方法。

1. 选用机具

选用55~90马力四轮驱动拖拉机或履带拖拉机;2.4~3.6 m的高留茬搅浆平地机或埋茬压草整地机或双轴搅浆平地机。

2. 作业要求

直接放水泡田,泡田5~7天;搅浆深度12~15 cm,搅浆作业1~2遍,作业水深在1~3 cm的花哒水状态;将秸秆旋压入泥中无漂浮;根据水层适当补水,水层保持在2~3 cm,沉淀5~7天,达到待插状态。

(三)水稻秸秆翻埋搅浆作业方法

秋季收获后,用水田犁或水田翻转犁进行秋季翻耕作业地块选择此方法。

1. 选用机具

选用55马力以上四轮驱动拖拉机或履带式拖拉机;配套4~5铧翻地犁或3~5铧平铧犁、2.4 m以上的搅浆平地机。

第七章 收 获

2. 技术要求

翻耕深度达到 18~20 cm,保证无立垡、无回垡,残株杂草覆盖严密;春季直接放水泡田,泡田 5~7 天,水深以没过垡块三分之二为宜;搅浆深度 15~18 cm,作业水深控制在 1~3 cm 的花哒水状态,作业 1~2 遍;根据水层适当补水,水层保持在 2~3 cm,沉淀 5~7 天,达到待插状态。

(四)水稻秸秆高留茬直接搅浆作业方法

秋季全喂入式收割机作业后,留茬高度在 25~30 cm 地块选择此方法。

1. 机具选择

选用 70 马力以上四轮驱动拖拉机或履带式拖拉机;2.8 m 以上的高留茬搅浆机或双轴灭茬搅浆机或无动力耙茬搅浆机。

2. 技术要求

秸秆粉碎均匀抛撒于田间,春季土壤解冻 10 cm 以上直接放水泡田,泡田 5~7 天;搅浆深度 15~18 cm,作业时水深控制在 1~3 cm 的花哒水状态,作业 1~2 遍,根茬和秸秆旋压入泥中,无漂浮;根据水层适当补水,水层保持在 2~3 cm,沉淀 5~7 天,达到待插状态。

第八章　寒地水稻高产高效栽培技术规程

第一节 寒地水稻旱育稀植高产高效栽培技术规程

一、种子准备与处理

(一)备选优质种子

选用当地能安全成熟、耐肥、抗病、优质高产的优良水稻品种(GB 4404.1—2008)。种子发芽率不低于85%,纯度不低于99.0%,净度不低于98.0%,水分一般不高于14.5%。备种量要高于理论用量的10%,备种量要高于理论用量的10%,根据不同品种计算种子理论用量。

(二)种子质量检验

1. 发芽试验

随机取有代表性的种子样品300粒,浸足水分后,每组100粒,分3组进行试验。每组分别放在有吸水纸或湿布的小盘内或培养皿中,置于温暖的环境或恒温箱里,保温25~30 ℃,湿度要适宜,5~6天待种子发芽出齐后测定其发芽率,3组平均即可。4天内发芽粒数的百分率为发芽势。

2. 净度试验

随机取有代表性的种子样品3 kg。用20%的盐水(4 kg水加1 kg盐),比重为1.13(放入新鲜鸡蛋横浮出水面,露出水面部分直径约2.4 cm)。充分搅拌均匀(搅拌时不可用力过猛),捞出上浮的杂物和秕粒,如果上浮的杂物和秕粒占样品总重的2%以上,则该品种必须进行选种操作。

(三)晒种

在选种前3~5天选晴天自上午9时至下午4时在背风向阳处晒种2~3天,种子厚度6~8 cm,每天翻动3~4次。晒种时要摊薄、勤翻、晒透,使种子受光、受热均匀,翻动时要防止搓伤种皮。

第八章　寒地水稻高产高效栽培技术规程

(四)选种

1. 盐水选种

将种子与20%的盐水(4 kg 水加盐 1 kg)充分搅拌均匀,捞出上浮的杂物和秕粒后,将沉底的饱满种子捞出用清水冲洗两遍,以洗净种子表面附着的盐分,要做到清选3~4次种子更换一次清水,以防止种子表面残留盐分过多,每选一次,都需测试调整盐水比重,以保证选种质量。

2. 比重清选机选种

使用比重清选机选种,在清选后可用盐水选种来检验清选效果,如果盐水选种上浮的杂物和秕粒占2%以上,则重复使用比重清选机选种或直接进行盐水选种。

(五)包衣与浸种

1. 种子包衣

当每一粒种子表面都包裹着一层警戒色药膜后,倒出包衣后的种子装入浸种袋中阴干2~3天,待药膜完全固化后方可集中浸种。种衣剂使用方法如表8-1所示。

表8-1　种衣剂使用方法

药剂	使用剂量(mL,每100 kg 种子)
2.5%咯菌腈·3.75%精甲霜灵	300~400
12%嘧菌酯·甲基硫菌灵·甲霜灵	500~1 000
6%精甲·咯·嘧菌酯	334

2. 浸种

浸种时水层应高于种子20 cm,液温保持10~15 ℃。最好用尼龙纱网袋,装成宽松种子袋。浸种要求为种子提供80~100 ℃积温(积温算法为每24小时为一周期,每保持一周期的恒温条件即计为有效积温,例如水温恒温达10 ℃时需要8~10天,水温恒温达到15 ℃时需要6~7天)。浸种过程中,每天应将种子袋捞出,沥出水分,使种子与空气充分接触,时间为1小时,为种子提供氧气,控制厌氧呼吸。重新放回时,调换上下种子袋位置,以保证种子吸水速度一致。

完成浸种的标准:种子颖壳表面颜色变深,种子呈半透明状态,透过颖壳可以看到腹白和种胚,剥去颖壳米粒易掐断,手捻成粉末,没有生芯。

未包衣的种子浸种时应进行种子消毒处理,每80~100 kg 种子可用25%氰烯菌酯 25~33 mL 加入浸种液中。建议采用以种子包衣为主、浸种消毒为辅的防病措施，也可两项操作同时进行，以确保防病效果。

（六）催芽、晾芽

催芽要做到"快、齐、匀、壮"，芽长不超过 2 mm，呈"双山形"，均匀整齐一致，以 90% 种子破胸露白为宜；催芽时保证种子内外、上下温度均匀一致，破胸温度为 32 ℃，催芽温度为 25~28 ℃。

催好芽的种子要在大棚或室内常温条件下晾芽，可以抑制芽长，提高芽种的抗寒性，散去芽种表面多余水分，保证播种均匀一致。注意晾芽时不能在阳光直射条件下进行，温度不能过高，严防种芽过长，不能晾芽过度，严防芽干。

二、秧田建设

（一）秧田规划及大棚建设

旱育秧田选定后，根据育秧大棚建设的规模进行规划。应坚持科学、合理、节约用地的原则，充分考虑选址的实际条件做好规划设计，确定水源（引水渠系或打井位置）、晒水池、运送秧苗道路，划定苗床地、栋间距和排间距，堆放床土用地，设计排水系统。按设计规划，做好旱育秧田基本建设，形成常年固定，具有井（水源）、池（晒水池）、床、路、沟（引水、排水）、场（堆床土场）的规范秧田，为旱育壮苗提供基础保证。

以面积 360 m² 标准大棚为例，按照每公顷大田配备 90 m² 苗床面积。棚高 2.3~2.5 m，长 45 m，宽 8~8.5 m；门高 1.8 m，门宽 1.8~2 m。置床宽为 8.5~9 m，置床高度 10~30 cm，棚内步道宽度为 25~30 cm；大棚两侧置床预留宽各 0.3~0.5 m。肩部通风，通风口下沿离地高度 50~60 cm，宽度 40~50 cm。

（二）整地作床

秧田在秋季收完所种作物，清理田间后，浅翻 15 cm 左右，及时粗耙整平，在结冻前根据大棚尺寸确定好秧床的长、宽，拉线修成高 10~30 cm 的苗床，粗平床面，利于土壤风化，挖好床间排水沟、疏通秧田各级排水，便于及时排除冬春降水、保持土壤呈旱田状态。

春季置床要求床面达到平、直、实：

平——每 10 m² 内高低差不超过 0.5 cm；

直——置床边缘整齐一致，每 10 延长米误差不超过 0.5 cm；

第八章 寒地水稻高产高效栽培技术规程

实——置床上实下松、松实适度一致。

(三)大棚清雪及扣膜

1. 大棚清雪

清雪时要把棚周围的雪清到棚间沟内。棚头沟、棚区四周排水沟及育秧土周边积雪要清理到位,防止积雪大量融化倒灌棚区和浸湿育秧土。要提前做好沟渠挖掘和疏通工作,防止融化雪水淹没或浸泡苗床,影响作床和摆盘工作。

2. 大棚扣膜

塑料薄膜覆盖。大棚扣膜应尽量在无风时操作,棚膜可从一侧向另一侧铺盖。棚膜须绷紧,沿每拱架中间用绳压紧大棚膜,并固定在地锚上或绑在沙袋上。两侧大棚膜用土压好,同时要考虑通风时便于操作。

(四)置床准备

1. 调酸

当置床 pH 值高于 5.5 时,要进行调酸,每 100 m^2 用 77.2% 固体硫酸 1~2 kg,拌过筛细土后均匀撒施在置床表面,耙入土中 0~5 cm,使置床 pH 值在 4.5~5.5 之间;如果 pH 值未降到 4.5~5.5 之间,则需继续调酸。可在 0~5 cm 土层中取出一定质量的土(如取出 10 cm×10 cm×5 cm 体积的土,称重,并取出部分土样进行称重并测定 pH 值,逐渐向测定溶液中加入 77.2% 固体硫酸,使 pH 值达到 4.5~5.5,之后反推出整个置床需应用 77.2% 固体硫酸的量,床土调酸也可参照次方法)。pH 值测定方法:纯净水(中性)浸提法(土水体积比例为 1:2.5),充分搅拌混匀后,用 pH 试纸测定溶液 pH 值。

2. 施肥

可在调酸同时每 100 m^2 施尿素 2 kg、磷酸二铵 5 kg、硫酸钾 2.5 kg,均匀施在置床上,并耙入土中 0~5 cm。

3. 防病

在进行调酸施肥后,每 100 m^2 床土再用 3% 甲霜·噁霉灵 1.5~2.0 L,兑水 5~10 kg 喷施于置床上进行消毒。

4. 防治地下害虫

为防治蝼蛄等地下害虫对水稻根系的损害以及降低秧盘悬空现象,在摆盘前每 100 m^2 置床用 2.5% 敌杀死 8~10 mL,或每 100 m^2 置床使用 50 g/L 氟虫腈 10~15 mL,兑水 10~15 kg 进行喷雾。

(五)床土配置

1. 床土准备

床土一般取用无农药残留(咪唑乙烟酸、莠去津和氟磺胺草醚等)的旱田表土和草炭土,按体积比 3∶2 的比例准备,不能使用生土或黄泥土(黏土),床土最好在头年秋收后(11月份左右)取土。每 100 m^2 苗床按 3 m^3 准备。

2. 床土晒干

秋季取回来的土要摊开晒干,达到能进行正常粉碎的要求,冬季下雪前用塑料布将床土盖好,如有未盖好的地方春季应及时清雪,及早进行晾晒,以达到粉碎要求。

3. 床土粉碎

摆盘前,晒干后的土用粉土机进行粉碎,床土的颗粒直径在 3~5 mm,盖种土颗粒直径应为 2~3 mm,床土粉碎后需过筛,根据床土颗粒直径选择不同目数的筛子[筛子目数 = 15 ÷ 筛孔直径(mm)],一般选择 2.5 目以上的筛子。

4. 苗床土配制

将过筛的床土 3 份与草炭土 2 份混拌均匀。在摆盘前 1 天,用壮秧剂与床土充分混拌均匀,严格按照使用说明书操作。混拌均匀后测定床土 pH 值,测定方法:纯净水浸提法(土水体积比例为 1∶2.5,充分搅拌混匀后,用 pH 试纸测定溶液 pH 值),如 pH 值未达到 4.5~5.5,可再用 77.2% 固体硫酸调至规定标准。

(六)摆盘

1. 机插秧软盘摆盘

在播种前 3~5 天进行摆盘,顺摆秧盘必须夹在中间,摆盘时将四周折好的子盘用模具整齐摆好,要求秧盘摆放横平竖直,子盘折起的四周与子盘底部垂直,盘与盘间衔接紧密,边盘用细土挤紧;边摆盘边装土边用木拍子压实;钵形毯式盘和高性能机插盘,盘与盘之间要衔接紧密,横平竖直;普通秧盘内装土厚度 2 cm,高性能机插盘和钵形毯式秧盘内装土厚度 2.5 cm,盘土厚薄一致,误差不超过 1 mm。

2. 抛秧盘和钵育秧盘摆盘

抛秧盘摆盘与钵育秧盘操作方法相近,在做好置床上浇足底水,趁湿摆盘,将多张钵盘摆在一起,用木板将钵盘钵体的 2/3 压入泥土中,再将多余钵盘取出,依次摆盘压平,钵盘内装入已混拌好的床土,床土深度为钵体高度的 3/4;种

第八章 寒地水稻高产高效栽培技术规程

土混播时,亦可先播种,再将播种的钵盘整齐压摆在置床泥土中,将钵体 2/3 压入泥土中;也可以在置床上先铺一层 2 cm 厚的经过调酸、消毒、施肥处理后的细土,再将钵体压入土中后装土播种。

(七)浇底水

旱育秧在播前必须浇透底水,达到 8~10 cm 内土层无干土的程度,如底水不足,易出苗不齐。浇底水可在摆盘之前浇水,也可通过微喷在摆盘之后浇水,摆盘之后浇水又可分为先装底土、播种、覆土后浇水和装完底土进行浇水再进行播种、覆土操作。

摆盘后采用微喷浇水或常规浇水时要在秧盘上铺一层编织袋或草袋,严防浇水冲击导致盘内床土厚度不一致,水分渗干后,床土软硬适度时等待播种。要一次浇透底水,标准是掀开秧盘,置床表层向下 8~10 cm 土层内土壤水分饱和。

三、秧田播种

(一)播种期

黑龙江省的秧田播种期要根据气温来确定。一般当平均气温稳定通过 5 ℃,棚内日平均气温超过 12 ℃时可以播种。并根据品种生育期和插秧时间来确定开始浸种催芽的时间和适宜的播种时间,以插秧期前 30~35 天进行播种为宜。

(二)播种量

一般盘育机插播种量为每盘芽种 100~125 g。可在播种后检查播种量,检查方法:用 8 号铁线做成 10 cm×10 cm 的正方形框架,平按在播种后的秧盘上,查看框架内的种子数量,以 220~250 粒为宜。

(三)播种方法

播种时要求匀速播种、播种量准确、分布均匀、从头到边、无漏播重播。建议使用自动精播播种器播种。播种后,床面没有积水时用塑料薄膜加以覆盖,用压种机将种子压入土中(使种子三面着土),然后揭去塑料薄膜,用过筛无草籽的疏松沃土盖严种子,覆土厚度 0.5~0.7 cm,厚薄一致。

(四)覆膜

覆土完成后,为了保证苗床温度和湿度,保证出苗整齐一致,将苗床覆盖透气性好的农膜进行控温育秧。

四、秧田管理

(一) 苗床温度及水分管理

表8-2 苗床温度及水分管理

生育时期	形态特征	时间（天）	温度管理	水分管理
种子根发育期	从播种后到第一片完全叶露尖	7～9	25～28℃为宜，最高温度不超过32℃，最低温度不低于10℃。保温为主，堵好缝隙，防止透气降温；当秧苗出苗达到80%左右时及时撤出地膜，避免高温灼伤叶片。	底水浇透的情况下，一般不浇水；如床表发白要及时浇水；如果湿度过大，要清沟排水或结膜晾床。
第一片完全叶伸长期	从第一片完全叶露尖到叶枕抽出	5～7	22～25℃为宜，夜间最低温度应保持在10℃以上，最高不超过28℃，注意肩部、背风侧通风。	一般保持旱田状态，床土过干时适当喷浇补水。
离乳期	第2叶露尖到第3叶展开	12～15	2叶期为22～25℃，3叶期为20～22℃，温度最好不超过25℃，避免出现早穗现象；通风炼苗，肩部通风。	一般在水稻根系生长正常的情况下，要三看浇水：一看早、晚叶尖有无水珠；二看午间高温时新展开叶片是否卷曲；三看床土表面是否发白。宜浇水时间以早晨为好，补水采用喷浇的方法实施，不可以沟灌润床，更不可大水漫床，并要一次浇透，不要少浇勤浇，防止床表板结。
移栽前准备期	第3叶露尖到移栽前	3～4	外界平均气温稳定在12℃以上，预报近期无寒潮侵袭时，可以彻底除去棚膜，通风炼苗。	

第八章　寒地水稻高产高效栽培技术规程

(二)苗床除草

1. 播种时封闭除草

覆土后,可选择对水稻秧苗安全的除草剂进行封闭,避免出现封闭药害,每 100 m² 可喷施 60% 丁草胺(加安全剂)乳油 15~20 mL,或 50% 杀草丹乳油 45~60 mL,兑水进行土壤喷雾,喷液量 2.2 L。

2. 苗期茎叶处理

在水稻 1.5~2.5 叶期每 100 m² 喷施 10% 氰氟草酯乳油 12~15 mL,防治禾本科杂草,兑水茎叶喷雾,喷液量 2.2 L。如果秧田有阔叶杂草,每 100 m² 可以使用 48% 灭草松 22.5~30 mL 喷雾防除,在水稻 2.5 叶期之后防除,要和氰氟草酯喷施有间隔期。

注:氰氟草酯乳油与灭草松混用会降低氰氟草酯药效,当苗床禾本科杂草及阔叶杂草同时发生时,应先使用氰氟草酯防除禾本科杂草,一周后再使用灭草松防除阔叶杂草。

(三)苗床防病

在防病方面,也应采取综合措施。需要在建立规范化的旱育秧田的基础上,进行认真的床土调酸、消毒和合理的温度、水分管理。在此基础上,于秧苗 1.5 和 2.5 叶期,结合补水,浇施 pH 值为 4.5 左右的酸水各一次,每平方米用水 3 L,预防病害发生;在秧苗 1.5 和 2.5 叶期,各喷施杀菌剂(如甲霜·噁霉灵等)一次,可有效地防止立枯病的发生,在浇施酸水、喷施杀菌剂后结合浇水进行洗苗。

当病害普遍发生时采取"苗床治病 3 步曲":第 1 步测试营养土酸度,如果 pH 值偏高(pH>6),应进行调酸(要求 pH 值为 4.5~5.5),调酸后应立即用清水洗苗;第 2 步进行土壤消毒,可选用 72.2% 霜霉威盐酸盐进行土壤消毒,严格按照使用说明进行操作,同时可根据说明书用量使用生根剂(如吲哚乙酸等),兑水喷淋,喷液量以育苗土全层湿润为宜,喷药后也需要用清水洗苗;第 3 步进行治病救苗,每 75~100 m² 用戊唑醇 3 mL + 丙森锌 25 g + 芸苔素内酯 15 mL 或赤·吲乙·芸苔 1.5 g 兑水进行叶面喷雾。第 3 步与第 2 步间隔 10~24 小时进行。其中第 1 步和第 2 步在应用过程中可合并一起完成,所以该 3 步可并作 2 步走。正确使用"苗床治病 3 步曲",可达到治病救苗、防治结合、蹲苗促

壮、去腐生根、健苗下田的功效,水稻苗床病害化学防治方法如表8-3所示。

表8-3 水稻苗床病害化学防治方法

病害种类	化学防治方法
恶苗病	采用25%氰烯菌酯悬浮剂25~33 mL/100 kg种子,或250 g/L咪鲜胺乳油25~37 mL/100 kg种子浸种,种子和药液比为1:1.25,采用12%嘧菌酯·甲基硫菌灵·甲霜灵500~1000 mL/100 kg种子或25 g/L咯菌腈·37.5 g/L精甲霜灵悬浮剂300~400 mL/100 kg种子包衣。
青枯病及立枯病	每100 m² 用30%噁霉灵水剂300~400 mL,或32%精甲霜·噁霉灵150~200 g,兑水进行茎叶喷雾。
绵腐病	播种前可使用65%敌克松可湿性粉剂700倍液进行苗床消毒;在水稻1叶1心期,使用25%甲霜灵可湿性粉剂800~1 000倍液喷施苗床,然后进行洗苗。

(四)苗床追肥

秧苗临近2叶期前后,胚乳养分已消耗70%~80%。在施底肥的基础上,根据秧苗长势情况在1叶1心期和2叶1心期适当追肥(据情况决定次数),可用壮秧剂进行苗床追肥,但应严格掌握用量,并在施用后立即进行清水洗苗,以防灼伤叶片,也可以选用叶面肥补充营养。

秧苗在移栽前3~4天要"三带",一带肥,每100 m² 追施磷酸二铵10~12 kg,少量喷水使肥粘在苗床上,以提高秧苗的发根力,尽快返青;二带药,为预防移栽后潜叶蝇危害,每100 m² 苗床用70%吡虫啉6~8 g或用25%噻虫嗪6~8 g,兑水喷洒;三带生物肥或天然芸苔素,按说明用量进行,以壮苗促蘖。也可应用成分相近的"送嫁肥"进行"三带"。

(五)起秧

插秧当天起秧,随起随栽,不插隔日秧,如有隔离层,可直接从隔离层处起秧,盘育苗可连同秧盘一起卷起,多层平铺,便于运输。

五、本田整地与插秧规范

(一)本田整地

插秧前的整地工作是保证水稻正常、健康生长的关键,整地质量直接影响水稻的生长发育及产量的形成。稻田整地总体上可分为旱整地和水整地两个阶段。

1. 旱整地

以翻地为主,旋耕为辅。地势低洼、排水条件差的沼泽土、草甸土,可采取深翻 2 年、旋耕 2 年的轮耕制度;地势高燥、排水条件好的,采取深翻 1 年、旋耕 2 年的轮耕制度。

质量标准:翻地深度 18~22 cm,旋耕深度 12~16 cm,耙地 20~25 cm;翻地要求做到扣垡严密、深浅一致、不重不露、不留生格。秋翻地时尽量做到池埂不受破坏,对于收获、翻地破坏的池埂要及时修复,实现秋筑埂和池埂修复面积 100%,确保雨水、融雪能够留在格田里不流失。

2. 水整地

(1) 泡田整地

插秧前 15~20 天放水泡田,泡田水深以垡片 2/3 高为宜;放水泡田 3~5 天即可进行水整地,花哒水(岗处无水、凹处有水)泡田,花哒水整地。

水整地要达到早、平、透、净、齐、匀。

①早:适时抢早,保证有足够的沉淀时间。

②平:格田内高低差不超过 3 cm,做到水位均匀,无露苗、淹苗现象,做到灌水棵棵到,放水处处干。

③透:格田整地后达到耕作层一致,确保后期水稻苗的根系发育。

④净:捞净格田植株残渣,集中销毁。

⑤齐:格田四周平整一致。

⑥匀:全田整地均匀一致,尤其是格田四周四角。

(2) 沉降

整地结束后,沉淀 5~7 天,保持水层 3~4 cm,即可开始插秧。

沉淀标准:手指划成沟慢慢恢复,这是最佳插秧状态;若手指划不成沟,则沉淀时间不够,若手指划成沟后不恢复则沉淀过度。

水耙地后的水分管理对沉降的影响很大。一般耙后马上施除草剂,封闭除草需要保持 5~7 cm 的水层 3~5 天。

水层管理经验标准:在田面上行走,脚印前面泥浆有细小裂纹时,必须马上覆水;否则,田面出现板结层,插后秧穴不回泥或回泥过少而导致漂秧。

(二)插秧

1. 插秧时间

黑龙江插秧一般在5月10日至25日进行。当地气温稳定通过13 ℃,泥温稳定通过15 ℃即可插秧。具体插秧时间根据天气预报,尽量保证插秧后3天之内没有低温冷害。

2. 插植方式

一般分为人工插秧和机械插秧两种方式。

根据不同品种特点,适当调整插秧密度,一般机械插秧规格为30 cm×10 cm(每平方米33穴),或30 cm×13.3 cm(每平方米25穴),5~7株/穴,基本苗数每平方米125~200株。盐碱土和北部气温较低地区,要适当缩小行、穴距,增加基本苗数。

3. 插秧深度

机械插秧的深度是否合适对秧苗的返青、分蘖以及保全苗影响极大。一般机械插秧,水稻机械插秧深度控制在2 cm左右,人工插秧深度1.5 cm左右。

4. 插秧标准

花哒水插秧要做到早、密、浅、正、直、匀、满、齐、护、同。

本田整地与插秧规范详见第三章第二节和第三节。

六、合理施肥

(一)施肥时间及方法

1. 底肥

采用人工或机械全田施入,用量为氮肥纯养分量的40%、磷肥纯养分量的100%、钾肥纯养分量的50%。春季旋耕作业地块,在旋地前施入,将肥料与土壤混匀;秋整地块,将肥料随搅浆整地耙入土中8~10 cm。注意磷肥不能表施,以免引起表层磷肥富集诱发水绵发生。

2. 返青分蘖肥

水稻返青分蘖肥中的氮一般占总氮量的35%,尿素和硫酸铵配合有利于发挥两者的优点,见效快,又能维持较长的肥效,缺锌土壤施用含锌返青肥效果更佳。可根据具体情况分两种方式施用:

(1) 在插秧后 5~7 天施返青肥,即在水稻发出新根时一次性施用。

(2) 在插秧前一天到插秧后 3 天施入 40% 返青分蘖肥,插秧后 10~13 天施入 60% 返青分蘖肥(可结合封闭除草带药施用)。

3. 穗肥

在水稻倒 2.5 叶期,剥开主茎基部,可看到基部节间,并能看到 0.5~1 cm 白色的幼穗已形成,施纯钾总量的 50%。

如水稻叶片黄绿色、挺立,则施用纯氮总量的 30% 左右;如叶片颜色以深绿为主,叶片挺立,则施纯氮总量的 10%~20%;如叶片披垂则不施氮肥。

(二) 肥料选择与用量

1. 老三样

推荐用量如表 8-4 所示。

表 8-4 老三样肥料施用量

目标产量（千克/亩）	底肥（千克/公顷）			返青分蘖肥（千克/公顷）		穗肥（千克/公顷）	
	尿素（46%）	二铵（18-46-0）	氯化钾（60%）	硫铵（20.5%）	尿素（46%）	尿素（46%）	氯化钾（60%）
500	50~70	85~100	40~50	60~80	40~50	30~40	40~50
600	60~80	90~125	50~75	75~100	50~75	40~55	50~75
650	80~100	100~140	70~80	85~110	50~75	55~80	50~75

2. 复合肥料和掺混肥料

具体推荐用量如表 8-5、8-6 所示。

表 8-5 复合肥料和掺混肥料底肥配比及施用量

肥料配比（$N-P_2O_5-K_2O$）	目标产量（千克/亩）	底肥（千克/公顷）
20-15-18	500	150~200
	600	200~300
	650	300~400
18-12-16	500	150~200
	600	200~330
	650	300~430

续表

肥料配比($N-P_2O_5-K_2O$)	目标产量(千克/亩)	底肥(千克/公顷)
19-16-17	500	150~190
	600	190~300
	650	300~400
17-14-16	500	150~200
	600	200~375
	650	375~450

表8-6 复合肥料和掺混肥料返青分蘖及穗肥配比及施用量

目标产量(千克/亩)	返青分蘖肥		穗肥	
	配比	用量(千克/公顷)	配比	用量(千克/公顷)
500	30-0-5	80~100	20-0-17	100~120
600		100~150		120~150
650		140~165		140~170

针对水稻种植过程中人工贵、雇工难、肥料利用率低、浪费多等问题,一些只用底肥和返青分蘖肥,不用施穗肥的新型长效肥料(表8-7)也相继出现,且使用效果较好。

表8-7 新型长效肥料用量

肥料配比($N-P_2O_5-K_2O$)	目标产量(千克/亩)	底肥(千克/公顷)	返青分蘖肥(千克/公顷)(配比30-0-5)
22-14-16 (含控释氮肥)	500	150~200	80~100
	600	200~350	100~150
	650	350~450	140~165

(三)叶面施肥

一般水稻全生育期结合防病进行叶面追肥2次,喷施叶面肥时要进行二次稀释,然后加入药箱,确保药剂混拌均匀,调整配药设备,保障喷药质量。选择晴天、无风或者微风天喷施,上午11点之前、下午3点之后施药,避开中午高温

第八章 寒地水稻高产高效栽培技术规程

时段。

（1）水稻破口期

每公顷用平衡型(19-19-19+TE)大量元素水溶肥 1 kg + 氨基酸(或腐殖酸)叶面肥 500～1 000 mL + 20.5% 速溶硼肥 400 g + 75% 肟菌·戊唑醇 225～300 g(或 9% 吡唑醚菌酯 750 mL)，按照要求进行稀释，均匀叶面喷雾。

（2）水稻齐穗期

每公顷用高钾型(12-5-40+TE)大量元素水溶肥 1 kg + 氨基酸(或腐殖酸)叶面肥 500～1 000 mL + 75% 肟菌·戊唑醇 225～300 g(或 9% 吡唑醚菌酯 750 mL)，按照要求进行稀释，叶面均匀喷雾。

七、本田植保方案

（一）本田病害解决方案

表 8-8 水稻常见病害化学防治技术

病害种类	统防统治	针对防治
稻瘟病	采用 70% 甲基硫菌灵可湿性粉剂 500～600 倍液，或 80% 多菌灵可湿性粉剂 600～700 倍液，或 50% 福美双可湿性粉剂喷雾预防。	采用 2% 春雷霉素水剂每亩 80～100 mL，或 75% 肟菌酯·戊唑醇水分散粒剂每亩 15～20 g，或 75% 戊唑醇·嘧菌酯水分散粒剂每亩 15～25 g，或 30% 稻瘟酰胺·戊唑醇悬浮剂每亩 80～100 mL，或 40% 三环唑悬浮剂每亩 40～50 mL，或 9% 吡唑醚菌酯微囊悬浮剂每亩 50 g。
纹枯病		水稻孕穗期、齐穗期喷洒 30% 苯醚甲环唑·丙环唑乳油每亩 15～20 mL，或 75% 肟菌酯·戊唑醇水分散粒剂每亩 15～20 mL，或 20% 烯肟菌胺·戊唑醇悬浮剂每亩 40～50 mL，或 24% 噻呋酰胺悬浮剂每亩 15～20 mL。
胡麻斑病		在水稻孕穗末期和齐穗期，采用 20% 三唑酮可湿性粉剂每亩 100 g，或 50% 异菌脲悬浮剂每亩 70～100 mL，或 50% 多菌灵可湿性粉剂每亩 100 g，30% 稻瘟酰胺·戊唑醇悬浮剂每亩 50～60 mL。

续表

病害种类	统防统治	针对防治
稻曲病		水稻孕穗后期至破口前 7~10 天和始穗期施药,用 13% 井冈霉素 A 水剂每亩 35~50 g,或 20% 三唑酮可湿性粉剂每亩 100 g,用 25% 丙环唑乳油每亩 40 g,兑水 15 L 进行喷雾或航化防治;齐穗期针对上一年发病较重的田块施药,用 30% 苯醚甲环唑·丙环唑乳油每亩 20 mL。
穗腐病（褐变穗）		采用 1.5% 多抗霉素可湿性粉剂每亩 150 mL,或 50% 异菌脲悬浮剂每亩 70~100 mL,或 1.5% 多抗霉素每亩 130 mL+50% 异菌脲悬浮剂每亩 75 mL 混配。
恶苗病	采用 70% 甲基硫菌灵可湿性粉剂 500~600 倍液,或 80% 多菌灵可湿性粉剂 600~700 倍液,或 50% 福美双可湿性粉剂喷雾预防。	采用 62.5 g/L 咯菌腈·精甲霜灵悬浮种衣剂,或 12% 甲基硫菌灵·嘧菌酯·甲霜灵悬浮种衣剂等按药种比 1:50 进行均匀拌种,或使用 25% 氰烯菌酯悬浮剂 3 000~4 000 倍液浸种。
细菌性褐斑病		采用 2% 春雷霉素水剂每亩 80~100 mL,或 14% 胶氨铜水剂每亩 125~170 mL,或 25% 叶枯宁可湿性粉剂每亩 100 g,或 20% 噻唑锌悬浮剂每亩 80~100 g。
叶鞘腐败病		采用 43% 戊唑醇悬浮剂每亩 20 mL,或 25% 咪鲜胺乳油每亩 100 mL,或 50% 多菌灵可湿性粉剂每亩 100 g。
菌核秆腐病		采用 25% 咪鲜胺乳油每亩 100 mL,或 50% 多菌灵可湿性粉剂每亩 100 g,或用 5% 井冈霉素水剂每亩 100 mL。
赤枯病		发病地块均匀喷施叶面肥,促进秧苗快速发育。施用磷钾肥,磷酸二氢钾每亩 50 g,兑水 15 L(背负喷雾器)或 1.5~2 L(无人机飞防)喷雾防治。

（二）本田虫害解决方案

表 8-9　水稻常见虫害化学防治技术

虫害种类	药剂防治
潜叶蝇	水稻移栽前,每 100 m² 苗床喷施 70% 吡虫啉水分散粒剂 6 g,或 25% 噻虫嗪水分散粒剂 6 g,兑水喷雾,喷液量为每 100 m² 2.5 L。移栽本田后幼虫初发期,用 40% 氧化乐果乳油每亩 100 mL,或 70% 吡虫啉水分散粒剂每亩 6~8 g,或 25% 噻虫嗪水分散粒剂每亩 6~8 g,或 5% 甲氨基阿维菌素苯甲酸盐水分散粒剂每亩 3 g。

第八章 寒地水稻高产高效栽培技术规程

续表

虫害种类	药剂防治
负泥虫	发生初期,采用2.5%溴氰菊酯乳油每亩15~30 mL,或30%甲氰·氧乐果乳油每亩10 mL,或70%吡虫啉水分散粒剂每亩6~8 g。
稻螟蛉	采用40%毒死蜱乳油每亩75~100 mL,或50%杀螟丹可溶性粉剂每亩75~100 g,或2.5%溴氰菊酯乳油每亩15~30 mL,或30%甲氰·氧乐果乳油每亩10 mL。
二化螟	在幼虫孵化后、钻蛀危害之前及时打药,采用5%氟虫腈胶悬剂每亩30 mL,或25%噻虫嗪水分散粒剂每亩6~8 g;或20%三唑磷水乳剂每亩100 mL。
稻纵卷叶螟	采用5%阿维菌素乳油每亩200 mL,或15%阿维·毒死蜱乳油每亩200 mL,或20%氯虫苯甲酰胺悬浮剂每亩15 mL。
稻飞虱	采用以10%阿维菌素悬浮剂每亩40~50 mL,或70%吡虫啉水分散粒剂每亩3~6 g,或25%噻嗪酮可湿性粉剂每亩25~35 g。
稻摇蚊	幼虫大量发生时,可用15%毒死蜱颗粒剂每亩70~100 g,均匀抛洒。

(三)本田草害解决方案

1. 移栽田插秧前土壤封闭除草

表8-10 移栽田插秧前土壤封闭除草合剂

除草剂	用量/亩	防除杂草种类	施用方法	备注
60%噁草酮·丁草胺乳油	80~120 mL	扩大杀草谱,能有效防除稗草、千金子、马唐、狗尾草、牛毛毡、鸭舌草、异型莎草等一年生禾本科、莎草科杂草和某些阔叶杂草。	插秧前5~7天整地后浑水状态甩施,保持水层。	①常见的水田封闭除草剂合剂配方。②持效期长,在30天以上。
350 g/L丙炔噁草酮·丁草胺水乳剂	100 mL	有效防除稗草、千金子、水绵、小茨藻、异型莎草、牛毛毡、丁香蓼、野慈姑、泽泻、雨久花等一年生杂草,以及少数多年生阔叶杂草和莎草。	插秧前5~7天使用,保持水层。	①加强对稗草、千金子等禾本科杂草的防效,并有利于杂草抗性管理。②高剂量,水田不平、缺水或施用不均易产生药害,基部受药稻苗叶片轻者出现失绿的褐黄斑,伴有植株矮化,重者干枯。

2. 移栽田插秧后土壤封闭除草

表 8-11　移栽田插秧后除草合剂

除草剂	用量/亩	防除杂草种类	施用方法	备注
10%吡嘧磺隆可湿性粉剂，600 g/L丁草胺乳油	10 g，80~100 mL	杀草谱广，防除大部分禾本科、阔叶和莎草科杂草。	水稻移栽后15~20天，返青后5~7天，毒土或毒肥法撒施。水层3~5 cm，保水5~7天。	常用的二遍封闭除草剂。
10%吡嘧磺隆可湿性粉剂，50%丙草胺乳油	10 g，50~60 mL	杀草谱广，防除大部分禾本科、阔叶和莎草科杂草。	水稻移栽后15~20天，返青后5~7天，毒土或毒肥法撒施。水层3~5 cm，保水5~7天。	丙草胺安全性要比丁草胺更高。
68%吡嘧磺隆·苯噻酰草胺可湿性粉剂	40~60 g	杀草谱广，对稗草、稻稗、雨久花、野慈姑、泽泻、萤蔺、异型莎草、牛毛毡、眼子菜、三棱草等禾本科、阔叶杂草及种子繁殖的莎草科杂草具有很好的防除效果。	水稻移栽后15~20天，返青后5~7天，毒土或毒肥法撒施。水层3~5 cm，保水5~7天。	水稻直播田不宜使用。

3. 移栽田中后期杂草茎叶处理

表 8-12　移栽田中后期杂草茎叶处理合剂

除草剂	用量/亩	防除杂草种类	施用方法	备注
9%嘧啶肟草醚·氰氟草酯微乳剂	100~120 mL	有效防除稗草、千金子、野慈姑、鸭舌草、扁秆藨草等杂草，对稻李氏禾、牛毛毡、泽泻、异型莎草等杂草有较强抑制作用，对萤蔺几乎无效。	杂草4~6叶期，茎叶喷雾。	高温时水稻易产生接触性药害。

第八章 寒地水稻高产高效栽培技术规程

续表

除草剂	用量/亩	防除杂草种类	施用方法	备注
10%噁唑酰草胺·氰氟草酯乳油	120~150 mL	防除抗性稗草、马唐、千金子等禾本科杂草。	杂草4~6叶期,茎叶喷雾处理。	
460 g/L 二甲四氯·灭草松水剂	133~167 mL	防除泽泻、野慈姑、雨久花、鸭舌草、牛毛毡、异型莎草、萤蔺、三棱草、水葱等阔叶和莎草科杂草。	水稻分蘖末期到拔节前茎叶喷施。	①高温情况下2天见效。②莎草科杂草密度大时也不要重复喷洒。

八、田间水分管理

水稻间歇湿润灌溉是指间歇灌溉与水层灌溉相结合,采取浅水灌田,每次灌水深3~5 cm,待水分自然消耗后,田面呈一定湿润状态(地表无水,脚窝尚有浅水)再灌下一次水,形成几水几落(几天有水层,几天无水层)。两次灌水的间隔时间根据稻田的保水性能、土壤肥力水平、稻苗的生育状况及降雨量而定,以稻田表层土壤含水量为田间持水量的80%作为间隔期下限,但在分蘖末期这个下限可适当降低,以发挥晒田的作用,具体灌溉方式及时期如表8-13所示。

表8-13 田间水分管理

生育期	水层管理
插秧期	花哒水插秧,田面保持2 cm左右的水层,插秧后不马上灌水,以防止漂苗并有利于扎根。如有低温预报,最低气温低于10 ℃时,适当上足护苗水,以不淹心叶为标准。
返青分蘖期	插秧后返青期保持2 cm左右水层,如无低温,水层不宜过深。在返青后,采用浅水间歇湿润灌溉,每次灌水保持水层在3~5 cm,待田面落干至花哒水状态,保持1天,然后灌水。分蘖末期田间茎数达计划穗数的80%~90%,晒田至地表微裂,控制无效分蘖;幼穗分化始期(11叶品种7.5叶期、12叶品种8.5叶期)恢复灌溉(保持水层在3~5 cm)。
幼穗分化期至抽穗期	采用间歇湿润灌溉,待田间呈现出花哒水状态时再灌水,灌水后田间应保持3~5 cm水层。若遇极端高温或低温天气,应灌8~10 cm深水。

续表

生育期	水层管理
抽穗至成熟期	采取干干湿湿、以湿为主的灌水办法,就是在灌一次水后,自然落干后 1~2 天再灌一次水,齐穗后 30 天停灌,为收获创造良好的田间条件。

九、收获

(一) 水稻收获的条件

收获时期:水稻完熟期。

收获特征:95%以上的籽粒颖壳变黄,三分之二以上穗轴变黄,95%的小穗轴和副护颖变黄,即黄化完熟率达 95%为收割适期。

(二) 收获方式及标准

水稻收获可分为人工收获和机械收获两种。

1. 人工割捆收获

人工用镰刀割拾绑成捆的收获方式,一般在 9 月 20 日,即秋分过后开始进行人工收割,收获后成捆在田间晾晒、脱水,稻谷水分降到 14%~15%时,为脱谷适期,开始用脱粒机脱粒。

2. 机械收获

按照谷物喂入方式不同可分为半喂入式联合收割机、全喂入式联合收割机、分段式收获三种方式。

(1) 半喂入式联合收割机

半喂入式联合收割机割茬低,更有利于秸秆的综合利用。收获时间与人工收割同步,此方式对水稻秸秆水分要求不严格,可进行活秆收获。使用半喂入式联合收割机收割后的田块,其割茬一般在 3~10 cm,便于下茬作物的作业,田块易于耕整,作业时无秸秆缠绕,作业质量易于保证。使用半喂入式联合收割机,其秸秆既可以粉碎还田,其切碎长度可在 3~10 cm 调整,也可整齐铺放,待晒干后回收利用,秸秆综合利用价值高。

(2) 全喂入式联合收割机

全喂入式联合收割机收获期是在下枯霜后,最适时期是在下枯霜 3~5 天后开始,一星期内收获效果最佳。如果延长收获期,将会出现自然落粒、落穗等现象,木翻轮在拨禾时掉粒、掉穗,枯霜后秸秆完全脱水造成杂余多,不易分离裹粮;品质差,由于过熟,糙米率高,经雨水骤冷骤热,整精米率低;稻谷上市比分段式收获、半喂入式晚,由于立秆收获,茬高,田间水分蒸发慢,秸秆潮湿,清理田间困难,不利于秋整地工作。

(3)分段式收获

分段式收获也叫两段收获法,主要用到的机械式割晒机和带有捡拾器的联合收割机完成捡拾、脱粒等作业。

割晒机时间与人工割、半喂入式收割机同步进行,枯霜前结束,要求割晒机的机械放铺性能良好,有一定的角度,避免塌铺,割幅不大于拾禾机械收获的幅宽,最好是前悬挂式,割晒要求割茬高 12~15 cm,铺宽 6~8 cm,铺向与插秧方向呈45°角,避免穗头重塌铺。割后晾晒 3~5 天,待水分降到16%~18%时,进行机械拾禾。

(三)收获注意事项

详见第七章第一节。

(四)秸秆还田

详见第七章第二节。

第二节　寒地水稻直播高产高效栽培技术规程

一、种子准备与处理

（一）种子选择

可以选择比当地主栽品种早熟 10~15 天品种，品种所需积温值要低于当地历年平均值的 200~300 ℃。旱直播品种应具备低温发芽能力强、发芽势强、顶土能力强、早生快发、适宜密植、扎根深、穗型大和抗倒伏等特点。种子质量应符合 GB 4404.1—2008 的规定。

（二）发芽试验

参照插秧栽培模式。

（三）晒种

参照插秧栽培模式。

（四）选种

参照插秧栽培模式。

（五）种子包衣与浸种

参照插秧栽培模式。

（六）催芽、晾芽

水直播一般要求催芽，催芽要做到"快、齐、匀、壮"，以 90% 种子破胸露白为宜。催芽时保证种子内外、上下温度均匀一致，破胸温度为 30 ℃，破胸后即可晾芽播种。为保证种子适应播种后的环境，催好芽的种子要在 10~15 ℃ 的环境下晾芽，晾芽不能在阳光直射条件下进行，温度不能过高，严防种芽过长，不能晾芽过度，晾芽 3~6 小时，严防干芽。

旱直播一般只浸种不催芽，或只进行种子处理不浸种，以防遇旱回芽，但对

第八章 寒地水稻高产高效栽培技术规程

土壤墒情较好的地块,可以使种子达到破胸或露白后播种。

二、整地

水直播与旱直播,均要求整地后田面要平,全田高低相差不超过 3 cm。水直播整地后土壤要求上虚下实,土软而不糊,过细过糊不利于出苗。旱直播整地后土壤表面要细,这不仅有利于出苗,土细还容易使化学除草剂在土壤表面形成药膜,提高化学除草的效果。

(一)水直播

水直播在栽培中多采用旱整水平的方法,先旱整、灌水后再水平。

以翻地为主,旋耕为辅。在前茬收获后,土壤含水量降到适耕水分时及时翻耕或旋耕,对于高度差过大的田块,采用激光平地机或平田机具平整土地,使同一田块的高度差在 3 cm 以内;水稻播种前进行水耙地,耙地结束后,沉降 5~7 天,然后进行播种。

质量标准:翻地深度 18~22 cm,旋耕深度 12~16 cm,水耙地标准与插秧田整地标准一致。

(二)旱直播

旱直播一般采用秋整地与春整地相结合的方式。

秋翻(旋)灭茬:在前茬收获后,土壤含水量达到田间持水量的 40%~50% 时及时整地,地势高的地块,采用秋旋,旋深 12~16 cm;低洼地块采用秋翻地,翻地深度 18~22 cm。

平地:田面高度差过大时,宜在秋季采用激光平地机或者平田机具平整土地,使同一田面高度差在 3 cm 以内。

春耙(旋)碎土:在春播前,地势高的田块秋旋地后,可直接进行耙地,整平堑沟,达到地平土碎;低洼易涝地块采用深翻的地块,土壤含水量达到田间持水量的 40%~50% 时采用春旋地,旋深 12~16 cm,旋地后耙地。耙地结束后土壤要细碎,土块直径小于 1 cm 为宜。

三、播种

(一)播种时间

水直播一般在 5 月上中旬,平均气温稳定通过 12 ℃ 以后开始播种。

旱直播一般在4月下旬至5月上旬,平均气温稳定通过10 ℃以后开始播种。如遇低温可适当延后,最晚不超过5月20日。

(二)播种量的确定

应根据整地质量、地力水平、种子质量、品种分蘖能力、株行距等因素确定适宜播种量。

一般在适宜的条件下,寒地稻区水直播的播种量为90~112.5 kg/hm^2,旱直播栽培的播种量为150~187.5 kg/hm^2。

(三)播种方式及行距

水直播播种方式主要有条播、穴播和漫撒三种。条播和穴播的行距一般为20~30 cm,穴播株距一般为10~15 cm。

(四)播种深度的确定

水直播播深一般为1~2 cm,旱直播栽培镇压后的播种深度在1.5~2 cm为宜。墒情较好的田块可以适当浅播,但一般不宜小于1.5 cm。

(五)播种后镇压

镇压是水稻旱直播的重要环节,播前镇压可以使土块破碎、田面平整,播深一致。播后镇压能使种子与土壤紧密接触,促进稻种吸收发芽,并有利于除草剂散布均匀,提高药效。

四、合理施肥

(一)底肥

水直播:秋翻地块底肥在灌水泡田之前施入,应先施肥,然后旋地,把肥料和土壤混匀,再灌水。春翻地块底肥要在翻地之前施入,将肥料翻入土壤,保证地表没有裸露的肥料。

旱直播:秋翻地之后,春天利用激光平地机整平土地,利用人工或机械全田施入底肥,然后旋地,使肥料和土壤混匀,镇压后待播。

肥料的种类和用量同插秧栽培模式。

(二)返青分蘖肥

于水稻3叶期施用返青分蘖肥,施肥量和方法参照插秧栽培模式,可结合

苗后封闭除草剂施用。

(三)穗肥及叶面肥

肥料的用量和方法同插秧栽培模式。

五、本田植保解决方案

(一)本田病害解决方案

参照插秧栽培模式。

(二)本田虫害解决方案

参照插秧栽培模式。

(三)本田草害解决方案

1. 水直播

表 8-14 水直播除草剂的选择与施用方法

水稻生长阶段	药剂及用量/亩	防除杂草种类	施用时期及方法	注意事项
播种前土壤封闭处理	120 g/L 噁草酮乳油 200~250 mL	主要防治稗草、千金子、牛毛毡、异型莎草、雨久花等,对野慈姑、萤蔺等杂草有抑制作用。	播种前 5~7 天整地后浑水状态甩施,保水 5~7 天,排水后播种。	
前期茎叶处理	10% 嘧草醚可湿性粉剂 20~30 g	防除稗草和小龄千金子,对稗草特效。	水稻 2 叶 1 心后,稗草 1~2.5 叶期茎叶喷雾。	①嘧草醚对水稻安全。②嘧草醚死草速度较慢,一般为 7~10 天。
	20% 双草醚可湿性粉剂 18~24 g	防除萤蔺、鸭舌草、雨久花、慈姑、泽泻、马唐、稗草、异型莎草等阔叶、禾本科、莎草科杂草。	水稻 2 叶 1 心后,稗草 3~5 叶期施药,效果最好。	部分水稻品种用后有叶片发黄现象,4~5 天即可恢复,不影响产量。

水稻生长中后期杂草茎叶处理参照插秧栽培模式。

2. 旱直播

表 8-15　旱直播除草剂的选择与施用方法

水稻生长阶段	药剂及用量/亩	防除杂草种类	施用时期及方法	注意事项
苗前土壤封闭处理	36%噁草酮·丁草胺乳油 130~150 mL	扩大杀草谱,能有效防除稗草、千金子、马唐、狗尾草、牛毛毡、鸭舌草、异型莎草等一年生禾本科杂草和某些双子叶杂草。	播种后田间湿润状态喷施,保持湿润状态至秧苗1叶1心。	保持田间湿润,但不能有明水。
	50%异丙隆·丁草胺·苄嘧磺隆可湿性粉 100~120 g	能有效防除稗草、千金子、马唐、狗尾草、牛毛毡、雨久花、鸭舌草、异型莎草、三棱草等一年生禾本科杂草和某些双子叶杂草和一些旱田杂草,如苋菜等。	播种后田间湿润状态喷施,保持湿润状态至秧苗1叶1心。	保持田间湿润,但不能有明水。

旱直播水稻前期生长期杂草茎叶处理参考水直播,中后期杂草茎叶处理参考插秧栽培模式。

六、田间水层管理

水直播播干种时,播后必须用水层覆盖种子,以保证种子获取必要水分,并保温、防鸟和防止太阳暴晒等。播芽种后或干稻种发芽后适时排水晒田,促进扎根立苗,待田面出现小裂缝,再灌跑马水,保持田面湿润,2叶1心至3叶1心开始保浅水。但在寒地稻区,排水晒田时间不宜过长,以防止芽苗受寒。

旱直播覆土相对较薄浅,稻田土壤墒情好时可借助底墒水来满足出苗和幼苗期生长对水分的需求,土壤含水量不足时可进行湿润灌溉,但不宜淹灌,以免供养不足,烂种烂芽。

3叶之后秧田水层管理参照插秧栽培模式水层管理。

七、收获

参照插秧栽培模式。

第九章 稻米品质

我国是世界上水稻生产大国,目前稻米总产量位居世界第一,同时水稻在我国粮食消费中处于主导地位,是半数以上人口的主食,是国家粮食安全的基石。随着我国经济水平的提高,稻米消费者既要吃饱,又要吃好,水稻的生产要求由高产向优质高产转变,稻米品质对水稻的价值影响越发突出,提升稻米品质将被放在水稻产业发展的核心位置。

第一节 稻米品质概况

稻米品质是稻米在商品流通过程中必须具有的基本特征。食用稻的优质标准是一个综合性状,一般分为碾磨品质、外观品质、蒸煮与食味品质及营养品质等。丁得亮等认为碾磨品质表示稻米的加工适应性;外观品质表示稻米吸引消费者的能力;食味与蒸煮品质、营养品质则反映了稻米的食用特性。

一、碾磨品质

稻米碾磨品质又称加工品质,是指稻谷碾磨后的状态,衡量指标有糙米率、精米率和整精米率。

(一)糙米率及影响因素

糙米率也叫出糙率,是指糙米(稻谷脱去外保护皮层稻壳后的颖果)占试样稻谷质量的百分率,是稻谷定等作价的基础项目。一般籼稻谷的出糙率为71.7%~83.8%,粳稻谷的出糙率为74.5%~86.8%。由于糙米是内保护皮层(果皮、种皮、珠心层)完好的稻米籽粒,内保护皮层的粗纤维、糠蜡等较多,所以口感较粗,质地紧密,煮起来也比较费时,但其与普通精致白米相比,糙米的维生素、矿物质与膳食纤维的含量更丰富,被视为是一种健康食品。

水稻的糙米率与品种类型、栽培环境和加工技术措施等有关。谷粒短宽,谷壳薄,灌浆期间光照、温度条件好,均有利于糙米率的提高。

1. 收割方式对稻谷糙米率的影响

选择正确的收割方式能够有效地减少损失,若使用联合收割机进行收割,其损失程度较高,若采用人工收割或简易机械收割等方式,不仅能减少损失,而且由于割稻带秆,还能推进种子的后熟作用。

2. 脱粒速度对稻谷糙米率的影响

稻谷机械脱粒时,控制脱粒滚筒速度为500 r/min,可以减少机械损伤和破粒的现象发生。

第九章 稻米品质

3. 晒种方法对稻谷糙米率的影响(商品粮)

一般来说,水稻晒种都采用自然干燥法,但不能将稻谷置于马路上直接晾晒,也不能直接将稻谷置于水泥场晾晒,要加芦席等。同时,对于在水泥场晾晒的稻谷,不能用木锨、木板等翻动。

水稻晒种也可以采用机械干燥法。此法需要严格掌握热空气温度和稻谷含水量。当含水量超过 17.0% 时,需要采用二次间隙干燥法,不宜一次高温干燥,以免种子因受热过高和失水过快而导致籽粒破裂。

(二)精米率及影响因素

精米率是精米(糙米去掉糠皮与胚成为精米)占试样质量的百分率。糠皮与胚占稻谷质量的 8%~10%,因而一般稻谷的精米率仅为 70%。稻谷物理检验中,精米率与整精米率呈正相关,是稻谷国家标准中最重要的两项指标。精米率也可认为是稻谷的成品率。提高精米率是精米加工企业降低成本,提高经济效益的重要途径。

1. 原料品质对精米率的影响

选择粒型整齐、抗压强度好、未熟粒少、脱胚容易的优质水稻品种有利于提高精米率。东北晚粳稻品种碎米率小于 5% 的高档米,一般精米率为 55%~58%;在同样情况下,一些优质水稻品种的精米率为 62%~82%,主要原因是碾米后的碎米率有差异。此外,应根据原料品种、水分含量、加工特性、粒型等差异对稻谷分仓贮藏和加工,有利于提高精米率。

2. 工艺参数对精米率的影响

在稻谷精碾加工过程中保持流量平衡,可降低碎米率。从稻谷原料至成品的整个过程进行温、湿度管理,控制温差,防止产生爆腰。在米粒上有横向裂纹,称为爆腰,爆腰米粒占试样的百分率,称为爆腰率。夏季加工精米工段尽量不要开窗,避免精米表面产生裂纹。

(三)整精米率及影响因素

整精米率是整精米占净稻谷试样质量的百分数。整精米是净稻谷经实验砻谷机脱壳成糙米,糙米经实验碾米机碾磨成加工精度为国家标准三级(大米 GB 1354—2009)大米时,长度达到完整米粒平均长度四分之三及以上的米粒。

整精米率是最重要的碾磨品质性状,早籼稻、晚籼稻、籼糯稻稻谷的整精米

水稻种植全程解决方案

率等级最低指标为38%,粳稻谷、粳糯稻谷为49%。粳稻的碾米品质优于籼稻,主要表现为整精米率高,变异系数小。

糙米率和精米率主要受水稻品种遗传因子控制,并且不同稻米品种间的变异较小,变异最大的是整精米率。粳稻空白粒率和垩白度较高会成为影响整精米率的主要因素,可达20%~70%。优质稻米品种要求在胚乳磨损最少的情况下碾去糠层,即要求碾磨品质的"三率"要高,特别是整精米率要高。整精米率对指导水稻种植、调整优化品种结构、稻谷的收购经营具有十分重要的意义。

稻谷从田地到仓库一般要经过施肥、灌溉、收割、脱粒、除杂、干燥、输送、贮藏等环节,整精米率检验要经过扦样、分样、杂质检验、砻谷、碾白等工序。

1. 施肥和灌溉对整精米率的影响

水稻种植的基本苗过多会导致糙米率、整精米率和精米率下降,垩白率增加,稻米透明度差,直链淀粉含量升高,胶稠度变硬,蛋白质含量下降。在施用同种氮肥情况下,在一定范围内施氮量越大,整精米率与蛋白质含量越高,垩白粒率、垩白面积及直链淀粉含量越小。增施钾肥能提高整精米率和蛋白质含量,降低垩白粒率和垩白面积,尤其当钾肥和氮肥配合施用时,改善稻米品质的效果更佳。

在水稻生育后期,灌溉主要影响稻米的加工品质、直链淀粉含量和蛋白质含量。如在水稻结实期土壤水分降低,精米率显著提高。如果缺水时间过长,可使加工品质明显变劣,所以水稻种植灌溉要适当。

孕穗期水分胁迫导致干物质量降低、糙米率、米粒长宽比降低,食味下降;灌浆结实期缺水,干物质积累和群体生长速率降低,且饱满粒率、千粒重和整精米率均有所下降。

稻谷含水量高低,对稻谷的加工品质影响很大。水分过高,会使稻壳的韧性增加,造成脱壳困难,还会使籽粒强度降低,导致碎米增多,降低精米率,整精米率也相应降低;但水分过低,使稻谷籽粒变脆,也容易产生碎米,降低整精米率。据试验表明,稻谷含水量13%~15%有利于最大限度地保持米粒完整性。

2. 收获方式对整精米率的影响

收获方式对稻米加工品质有明显影响,采用机械收割的方式会使稻谷加工品质明显变劣。要保证田间稻谷爆腰率不超过10%,收割期稻谷平均含水量必须大于20%,可有效降低稻谷爆腰率。

第九章 稻米品质

3. 脱粒方式对整精米率的影响

一般机械收割脱粒要比晒场碾压脱粒、公路打场脱粒对稻谷造成的损伤小,故整精米率也较高。

4. 晒种方式对整精米率的影响

人工晒场晾晒和机械烘干也会影响稻谷爆腰率,从而影响稻谷的整精米率。

人工晾晒稻谷,白天暴晒、夜间露晒,昼夜温差过大会增加米粒裂纹率;烘干不当,稻谷爆腰率会增加,当烘干温度过高或干燥时间过长,可使稻谷的淀粉糊化,冷却后很难恢复到原来的状态,导致碎米率增加。

5. 贮藏对整精米率的影响

低温、恒温的仓房,对保持稻谷品质有好处,往往比非低温、非恒温条件贮藏的稻谷商品品质要高得多。随着贮藏年限的增加,稻谷品质劣变,胞壁强度降低,变得易碎,整精米率也随之降低。

6. 砻谷对整精米率的影响

砻谷是指对稻谷施加一定外力,而使颖壳脱离的过程。一般情况下,砻谷机功率大、转速高形成的糙米破碎粒越多,整精米率就越低;胶辊间隙小,对谷粒产生的压力大,整精米率即偏低;胶辊间隙大,谷粒容易通过,糙米破损比例小,整精米率即偏高。

7. 出糙时间对整精米率的影响

不同出糙时间对稻谷整精米率也有一定影响。出糙时间长,整精米率越高;出糙时间越短,整精米率越低。在其他条件相同的情况下,出糙机进料速度不同,对低水分稻谷的整精米率影响不大,对高水分稻谷的整精米率影响比较大。

二、稻米外观

稻米外观品质包括透明度、垩白率与垩白大小(垩白度)、粒型等指标。稻米粒型主要受基因型控制,而稻米垩白率和透明度受环境的影响大,特别是易受灌浆期间温度条件的影响。

籼稻的垩白度平均值为12.2%,垩白米率平均值为53.0%。粳稻的垩白度平均值为2.0%,垩白米率平均值为18.1%。籼稻的平均透明度为2.0级,粳稻的平均透明度为1.3级。但是,北方粳稻的透明度级值比南方粳稻大。目前稻米外观品质的特点是:籼稻以长粒型为主,粳稻以椭圆粒型为主。因此,粳稻的垩白米率、垩白度和透明度等外观品质性状均普遍优于籼稻。

(一) 透明度

一般透明度好的稻米品种光泽也好。稻米透明度的影响因素有很多,垩白粒率越高,垩白面积越大,透明度就越低。同一水稻品种,粒厚在1.9 mm以上的籽粒透明度相差很小,但是小于1.9 mm的籽粒透明度明显低。

精米的透明度比糙米高,并且二者具有较高的正相关。但是,要求供试的糙米米皮厚度必须均匀一致,而且没有其他显著颜色。在用肉眼鉴定米粒透明度时,应选择米皮厚度或色泽等特性相近的米粒。外观品质相似的稻米品种透明度仍然可能有微小差异,在真假优质米鉴定上具有广泛用途。

(二) 垩白率和垩白度

稻米垩白性状指垩白的有无、垩白大小和垩白粒的多少,垩白是指稻米胚乳中组织疏松而形成的白色不透明的部分,是影响碾米品质外观品质的重要性状,包括腹白、心白和背白3种。同一稻米品种,有垩白和无垩白的精米相比较,垩白米的直链淀粉含量、最终黏度、回复值明显增加,胶稠度米胶长、最高黏度、崩解值明显下降,但垩白粒的RVA谱特征参数没有明显变化。

(三) 粒型

在保障稻米产量的同时,人们对稻米品质的要求也越来越高,不仅要求有良好的适口性,还要求有美观的粒型。粒型是水稻品种的重要特性,通常用精米长度、宽度和长宽比表示,对稻米外观品质有重要影响。粒型也是商品稻米的重要指标,是商品稻米分类及定价的主要依据。糙米的粒长和形状受环境影响变异较小,而粒宽的糙米垩白等外观品质容易受成熟期气候条件的影响。一般粒型较细长稻米品种的垩白米率低。为此,选育北方粳稻品种种子的标准为粒长5.0 mm以内、粒宽2.9 mm以内、粒厚2.0 mm为宜。

中国幅员辽阔,稻种资源丰富,各种粒型的稻米都有旺销市场。为了明确区分不同粒型的稻米品种,也为了与国际稻米市场接轨,新制定颁布的中华人民共和国国家标准《优质稻谷》已根据粒长将籼稻谷分成长粒、中粒、短粒3种类型。目前我国的籼米主要为长粒和中粒两种类型,二者合计近95%;短粒的

品种很少,约占 5%。粳米中,短粒品种占有绝对优势,高达 90% 以上;其他粒长的粳稻品种合计不足 10%。籼稻主要是中粒型的品种,占 60% 以上;其次是细粒型的品种,约占 40%;粗粒型的品种不足 1%。粳稻中的绝大部分品种属于粗粒型,占 90% 以上,另有不足 10% 的中粒型和细粒型品种。无论是粳稻,还是籼稻,中国目前生产上尚未应用圆粒型的品种。

籼米的粒长对各项主要品质指标均有极大影响,其中粒长与胶稠度米胶长呈极显著正相关,即粒长越长,胶稠度米胶长也越长。籼米粒长与整精米率、垩白度、透明度、直链淀粉含量和蛋白质含量 5 项指标呈极显著负相关。籼米粒型除了与蛋白质含量呈正相关不显著外,对其他米质性状指标的影响及其程度与粒长基本相同。

粳米的粒长对主要米质指标的影响与籼米不尽相同。粳米粒长对垩白度、透明度和蛋白质含量等指标影响不大,但与整精米率、胶稠度呈极显著负相关,与直链淀粉含量呈极显著正相关。

三、食味品质及营养品质

食味品质是通过视觉、嗅觉和味觉而感知米饭的特征或者性质的一种科学方法。影响稻米食味品质的因素包括稻米本身的内在因素和稻米食味品质形成过程中的外在因素两个方面。内在因素是指稻米本身的内在品质,即品种的理化品质特性。外在因素是指稻米食味品质形成过程中的环境条件,包括产地环境、栽培条件、产后管理和煮饭质量等因素。

营养品质是指稻米中的营养成分,包括淀粉、脂肪、蛋白质、氨基酸、维生素类及矿物质元素,此外还包括其他药用价值成分等。这些成分对稻米的食味品质影响程度会因其质和量而产生较大差异,其中,对食味品质起着决定性作用的关键成分是淀粉和蛋白质,挥发性物质主要决定米饭的气味。

卫生安全品质是指稻米在生产过程中由于受到环境和农药污染,农药、重金属等有毒有害物质在稻米中的含量。优质稻米必须符合国家制定的《粮食卫生标准》(GB 2715—2005)中稻米卫生安全的 20 项指标。

(一)淀粉

稻米中含有 70% 左右的淀粉,包括直链淀粉和支链淀粉两类,蛋白质占 10% 左右,水分、油脂和矿物质等物质占 14% 左右,所以稻米中淀粉的含量及结构对食味品质影响较大。尤其是直链淀粉含量,其主要受遗传力控制,而环境因素影响相对较小。直链淀粉含量高,米饭粗糙蓬松,黏性差,质地硬,食味较差,所以直链淀粉含量中等偏低的品种较受消费者的青睐,含量较低在10%~17%时,食味品质较好。因而在优质稻米品种选育中,可培育低直链淀粉含量的品种。但一般来说,水稻淀粉的短链越少、长链越多,米饭质地越硬。因此,优质水稻品种的选育需要综合考虑支链淀粉的含量及淀粉结构。

(二)蛋白质

稻米营养品质衡量指标主要是蛋白质含量及其氨基酸组成。一般认为,提高蛋白质含量(PC)能提高稻米的营养品质,但 PC>9% 时,稻米的蒸煮食味品质反而下降,因为蛋白质与淀粉能形成淀粉-蛋白复合体,阻止淀粉粒表面或间隙直链淀粉和支链淀粉长分支链在热水中溶出,导致糊化温度(GT)升高,使米饭的适口性降低。所以稻米蛋白质含量高,饭粒结构紧密,GT高,则淀粉吸水少,淀粉未能充分糊化,黏度降低,米饭硬而松散,有较粗糙的咀嚼性。营养价值要求稻米的 PC>7%,而食味品质要求稻米的 PC<9%。在一定范围内提高稻米的蛋白质含量,能改善稻米的营养品质和食味品质。

稻米中蛋白质的含量对稻米食味品质影响高于淀粉,不仅决定稻米的营养价值,而且会影响蒸煮后的米饭硬度和黏性。稻米中的蛋白质多以贮藏性蛋白的形式存在,主要包括谷蛋白和醇溶蛋白。蛋白质含量受遗传力控制较弱,受环境因素影响较大。蛋白质含量较高时米粒结构致密,淀粉粒间孔隙小,吸水速度慢,淀粉不能充分糊化,米饭质地较硬。同时,蛋白质组分对稻米食味品质也有显著影响。对于低蛋白品种,较高的醇溶蛋白和谷蛋白含量可改善米饭完整性,增加米饭的弹性和硬度,降低米饭黏性,从而提升米饭的综合口感。因此,在优质品种选育和调优栽培中,将蛋白质含量降低至适宜范围,有助于提升米饭的综合口感。

稻米蛋白质含量品种间存在明显差异。根据全国主要栽培品种稻米品质的普查结果,籼米蛋白质含量的平均值为9.3%,变幅为7.6%~10.8%;早籼米的蛋白质含量平均值略低,但变幅较大。粳米蛋白质含量的平均值为8.8%,变幅为7.9%~9.8%;北方粳米的蛋白质含量略低于南方粳米。籼米的蛋白质含量平均值高于粳米,且高蛋白质含量的品种均为籼稻。

（三）水分

稻米含水量对米饭的黏度、硬度、食味特性有很大影响。稻米吸水主要是通过淀粉细胞间隙，由于米粒腹部和背部的细胞间隙不同，腹部细胞间隙较大，是米粒吸水的主要途径。周显青等研究结果表明，当米粒本身含水量低于 14% 时，浸渍使米粒的腹部急速吸水，与背部产生水分差，瞬间会引起龟裂。蒸煮时米粒淀粉从龟裂处涌出，使米饭失去弹性，成为发黏的劣质米饭。

（四）脂类

脂类成分易使稻谷变质，导致食用品质下降。在贮藏过程中，稻谷脂肪受到空气中的氧气、高温和高湿等环境因素的影响发生变化，稻谷易加速劣变。稻米的脂肪含量并不高，粳米脂肪含量为 2%~3%，籼米脂肪含量为 1% 左右，其中 70% 以上分布在米胚中。精米的脂肪含量（FC）虽然较低，但多为不饱和脂肪酸和直链淀粉-脂肪复合体，对稻米的光泽、滋味和适口性都有很大的影响。脂肪的分解反应比糖类和蛋白质要快得多，不饱和脂肪酸容易被氧化，贮存时间长的稻米煮成的米饭泛黄，无光泽，适口性差。

脂肪含量也在一定程度上影响食味品质，脂肪含量越高、糊化温度越低，食味品质越好。稻米脂肪一般被分为淀粉脂肪（位于淀粉颗粒内部）和非淀粉脂肪（主要集中在麸皮中）。虽然脂肪含量很低，但多为优质的不饱和脂肪酸或淀粉脂肪的复合物，具有较高淀粉脂肪和亚油酸含量的稻米品种的感官品质较好。

稻米的脂肪酸主要是亚油酸、油酸、软脂酸，还有少量的硬脂酸和亚麻酸，不饱和脂肪酸所占的比例较大。粗脂肪含量与稻米食味有密切关系。稻米脂肪含量高是一些名优水稻品种的特异性状，提高稻米脂肪含量能改善食味品质。

（五）香气物质

大米香气成分物质共 101 种，其中，烃类 18 种、醛类 14 种、酮类 16 种、醇类 10 种、酸类 7 种、酯类 8 种、苯类 12 种、酚类 5 种、杂环类 11 种；共检出糯米香气成分物质 76 种，其中，烃类 15 种、醛类 9 种、酮类 12 种、醇类 9 种、酸类 7 种、酯类 3 种、苯类 6 种、酚类 7 种、杂环类 8 种。

（六）胶稠度

胶稠度是指米粒凝胶在平板上的流淌长度，一般分 3 级：米胶长度 40 mm

以下为硬,40~60 mm 为中,60 mm 以上为软。胶稠度与米饭硬度有很大关系,胶稠度高则米饭硬。

  影响胶稠度的因素较多。首先,不同的品种其特性有差异,胶稠度不同。一般粳稻品种的胶稠度好于籼稻品种,籼稻品种中尤其是早籼稻的胶稠度小,如米质较优的湘早籼 45 号的胶稠度 60 mm、直链淀粉含量小(14.5%),因此口感较好。其次,有的品种胶稠度最大所对应的结实期间温度一般为 22~25 ℃,高于或低于这一温度范围胶稠度下降,部分晚稻品种温度越高,胶稠度越高。再次,过量施用氮肥会降低稻米的品质,提高蛋白质的含量,蒸煮食味品质下降,口感偏硬。有研究表明,增施氮肥会使胶稠度缩短,不同的品种表现有差异。磷、钾肥及硅、锌等元素对稻米的品质也有影响,多为积极,适当增施能提高米质。最后,稻米加工精度不仅会影响稻谷的出米率,也会影响营养价值,应提倡适度加工,但加工精度高,胶稠度有偏高的趋势,蒸煮品质和米饭口感较好。

(七)米饭质构特性

  米饭的质构特性在食味评价中占有较大比重,主要利用质构仪或通用实验仪等模仿人口腔咀嚼时的机械运动,测出米饭质地的各项物理特性,如硬度、黏性、弹性(松弛性)、凝聚性和黏附性等,由这些特性值可对米饭食味做出间接比较和正确评价。一般来说,米饭硬度小,黏度大,硬度/黏度比值小,则食味较佳;硬度和凝聚性与籼米、粳米的适口性呈极显著负相关,而松弛性、黏附性和黏度与适口性呈极显著正相关。

第九章 稻米品质

第二节 稻米食味品质评价与检测

食味是来自人感官各种感觉的综合评价,食感的影响最大。影响稻米食味品质的因素,包括水稻品种、产地、种植措施、干燥方式和方法、贮藏条件、加工条件和蒸煮过程等。通常,具有优质食味的大米在蒸煮后饭粒会散发出淡淡的清香味,外观上油光发亮、圆润整齐、膨胀不破,咀嚼时微甜、光滑润口、成团不散有黏性、硬度适中有弹性。稻米的食味品质是决定稻米市场价值和消费者购买欲望的主要因素,因而也是当前中国稻米品质改良的主要目标。

稻米食味品质检测评价技术的研究,可指导流通过程中稻米品质优劣的评定,且能对优质稻米的育种和推广起重要作用。关于稻米食味品质检测评价,主要有感官评价法、食味理化指标检测和无损检测法。

一、感官评价法

感官评价法是指稻米在规定条件下蒸煮后,品评人员通过眼观、鼻闻、口尝等方法,评价米饭的色泽、气味、滋味、黏性及软硬适口程度等。

(一)感官评价指标

感官评价法主要品评米饭的色、香、味、外观、黏度和硬度等,以气味、外观、适口性和冷饭质地为主。

1. 气味

气味是指米饭是否具有正常的清香味,若有特殊气味的需说明。

2. 外观

米饭外观是指色泽(白而有光泽)和外观结构(饭粒完整性、黏结性与松散性等)。

3. 适口性

适口性包括米饭的口味、黏度、硬度等。口味指米饭的味道,米饭咽下去时,感觉是否顺畅滑下,在咀嚼米饭时味道如何等。黏度是在咀嚼米饭时,上下牙齿感觉米饭的黏度。一般粳米饭比籼米饭黏度强,但黏度并非越强越好,应具有一定的松散性。

4. 冷饭质地

冷饭质地指米饭冷却 1 小时后,籼米饭是否柔软、不结团,粳米饭和糯米饭是否柔软。

(二) 感官评价方法

将符合 GB/T 1354—2018 中规定的标准三等精度的新鲜大米,在规定条件下蒸煮成米饭,品评人员通过眼观、鼻闻、口尝等方法鉴定米饭的气味、外观、味道、口感、回生度等,评价结果以品评人员的综合评分平均值表示。

1. 感官评价过程

(1) 品评前的准备

评价员在每次品评前用温开水漱口,一次品完某一待品样品所有指标,随即用温水漱口,然后再品尝下一个待品样品。

(2) 观察米饭外观

观察米饭的光泽、白度、饱满程度、留胚多少,米饭有无黑斑、弯曲变形和胀裂等情况。

(3) 辨别米饭气味

用筷子取少量米饭放在鼻子上闻,判断米饭固有的香气情况。

(4) 辨别米饭的味道和口感

用筷子取米饭少许入口中,细嚼 3~5 秒,边嚼边用牙齿、舌头等各感觉器官仔细品尝米饭是否有甜味感、软硬感和通过喉咙时感觉到的滑润感等。

(5) 回生度

米饭在室温放置 1 小时后,重新变"硬"的程度。

(6) 评分

分别将试验样品米饭的外观、气味、味道、口感、回生度、综合评分与参照样品一一比较评定。根据好坏程度,分为"相当差、差、略差、相同、略好、好、相当好"的 7 个等级进行评分。

整理评分记录表:读取表中画"√"的数值,如有漏画的则做"与参照相同"处理。

统计综合评分:根据每个评价员的综合评分结果计算平均值,个别评价员

第九章 稻米品质

品评误差大者（综合评分与平均值出现正负不一致或相差 2 个等级以上时）可舍弃，舍弃后重新计算平均值。

计算稻米食味值：样品的稻米食味品质感官评定分值 = 统计的综合评分平均值 ×10 + 70 分（参照样品的标准值）。

2. 感官评价要求

（1）品尝地点：保证洁净卫生、宽敞明亮、空气流通、无异味的环境，做饭、盛饭与品尝隔离。

（2）品评人员：必须经过一定的鉴定筛选，挑选感官灵敏度高的人员作为评价员。

（3）每组品评份数：每组试验品评试样需包含一份标准样品和不超过 4 份测试样品。

（4）品评试验编号：将每组试样按照顺序编号，防止弄混。

3. 品评结果

根据各个品评人员的综合评分结果计算平均值，品评误差大者（与平均值相差 10 分以上）可舍弃，再重新计算平均值，最后以综合评分的平均值作为该稻米食味的评定结果。

评定结果在 60 分以下者即为大多数消费者所不能接受的品种；60~65 分者，说明该品种食味品质一般；66~75 分者，说明该品种食味品质略好；76~85 分者说明该品种食味品质较好；85 分以上者说明该品种食味品质优良。

二、食味理化指标检测法

运用各种仪器设备对稻米的物理特性和化学性质进行测定，根据指标与食味的相关性分析得出稻米的食味品质。稻米食味品质与直链淀粉含量、蛋白质含量、糊化温度、胶稠度等因素有关。

（一）直链淀粉含量检测

直链淀粉含量是评价稻米蒸煮食味品质的一个重要指标，所以检测稻米的直链淀粉含量是水稻品质育种的基本工作。直链淀粉是 D - 葡萄糖基以 $\alpha-1,4$ 糖苷键连接的多糖链，分子中有 200 个葡萄糖基，聚合度 990，空间构象卷曲成螺旋形，每一回转为 6 个葡萄糖基。基本不分支，或分支很少。直链淀粉分子存在于淀粉的结晶区和无定形区。淀粉遇碘呈颜色反应，直链淀粉为蓝色，支链淀粉为紫红色。

1. 碘比色法

据了解,该测定方法在实验室测定样品数目相对较少的情况下还是可行的,但因为技术性强、操作复杂、耗费时间,无法实施有效、快捷的准确检测,对大批量样品检测相当困难。

2. 近红外光谱分析法

该测定方法虽然能够满足大批量样本的测定,具有快速、微量、无损性检测等特点,但是在进行实验时需要耗费较大的人力、物力,且不能用于直链淀粉含量的精确测定和特殊材料(直链淀粉含量很低或很高的材料)的评价,不适合作为样品和所测项目经常变化的分散性样品检测的手段。

3. 国家标准法

直链淀粉含量检测在被列入国家标准中的方法主要有 3 项,具体有 GB 7648—87 法、NY/T 83—1988 法、GB/T 15683—2008 法,据试验证明,这几种测定方法在不同程度上都存在一定的缺陷。

GB/T 15683—2008 法原理:将大米粉碎至细粉以破坏胚乳的淀粉结构,使其易于完全分散及糊化,并对粉碎试样脱脂,脱脂后的试样分散在氢氧化钠溶液中,向一定量的试样分散液中加入碘试剂,然后使用分光光度计于 720 nm 处测定显色复合物的吸光度。

考虑到支链淀粉对试样中碘-直链淀粉复合物的影响,利用马铃薯直链淀粉和支链淀粉的混合标样制作校正曲线,从校正曲线中读出样品的直链淀粉含量。

(二)支链淀粉含量检测

支链淀粉又称胶淀粉,分子量相对较大。支链淀粉则以 α-D-葡萄糖为单位组成的高度分支葡聚糖,支链淀粉分支内以 α-1,4 糖苷键连接,分支间则以 α-1,6 糖苷键相连,一般由几千个葡萄糖残基组成,聚合度较高,分子量较大。

支链淀粉难溶于水,分子中有许多个非还原性末端,但却只有一个还原性末端,故不显现还原性,支链淀粉遇碘产生棕色反应。在食物淀粉中,支链淀粉含量较高,一般为 65%~81%。支链淀粉中葡萄糖分子之间除以 α-1,4 糖苷键相连外,还有以 α-1,6 糖苷键相连的。约 20 个葡萄糖单位就有一个分支,分支间的距离为 11~12 个葡萄糖残基,各分支也卷曲成螺旋结构。只有外围的支链能被淀粉酶水解为麦芽糖;在冷水中不溶,与热水作用呈糊状;遇碘呈紫色或红紫色。

双波长法根据双波长比色原理,如果溶液中某溶质在两个波长下均有吸收,则两个波长的吸收差值与溶质浓度成正比。

直链淀粉与碘作用产生纯蓝色,支链淀粉与碘作用生成紫红色。如果用淀粉标准溶液与碘反应,然后在同一个坐标系里进行扫描(400~960 mm)或做吸收曲线,对含有支链淀粉的未知样品,与碘显色后,只要在选定的波长 λ_1、λ_2、λ_3、λ_4 处做 4 次比色,利用支链淀粉标准曲线即可求出样品中支链淀粉的含量。

(三)蛋白质含量检测

蛋白质含量的检测方法有很多,如凯氏定氮法、考马斯亮蓝法等,各有特点,优缺点分明。

1. 凯氏定氮法

食品中的蛋白质在催化加热条件下被分解,产生的氨与硫酸结合生成硫酸铵。碱化蒸馏使氨游离,用硼酸吸收后以硫酸或盐酸标准滴定溶液滴定,根据酸的消耗量计算氮含量,再乘以换算系数,即为蛋白质的含量。

2. 考马斯亮蓝法

考马斯亮蓝法是根据蛋白质与染料相结合的原理设计的。这种蛋白质测定法具有超过其他几种方法的突出优点,因而正在得到广泛的应用。考马斯亮蓝 G-250 染料,在酸性溶液中与蛋白质结合,使染料的最大吸收峰的位置,由 465 nm 变为 595 nm,溶液的颜色也由棕黑色变为蓝色。染料主要是与蛋白质中的碱性氨基酸(特别是精氨酸)和芳香族氨基酸残基相结合。在 595 nm 下测定的吸光度值 A595,与蛋白质浓度成正比。

3. 双缩脲法

双缩脲是两个分子脲在 180 ℃ 左右加热,放出一个分子氨后得到的产物。在强碱性溶液中,双缩脲与硫酸铜形成紫色络合物,称为双缩脲反应。凡具有两个酰胺基或两个直接连接的肽键,或能通过一个中间碳原子相连的肽键,这类化合物都有双缩脲反应。

紫色络合物颜色的深浅与蛋白质浓度成正比,而与蛋白质分子量及氨基酸成分无关,故可用来测定蛋白质含量,测定范围为 1~10 mg。

此法的优点是较快速,不同的蛋白质产生颜色的深浅相近,以及干扰物质少;主要的缺点是灵敏度差。因此双缩脲法常用于需要快速,但并不需要十分精确的蛋白质测定。

4. 酚试剂法

这种蛋白质测定法是最灵敏的方法之一。此法的显色原理与双缩脲方法是相同的,只是加入了第二种试剂,即Folin——酚试剂,以增加显色量,从而提高了检测蛋白质的灵敏度。

这两种显色反应产生深蓝色(钼兰和钨兰的混合物)的原因是在碱性条件下,蛋白质中的肽键与铜结合生成复合物。福林酚试剂中的磷钼酸盐－磷钨酸盐被蛋白质中的酪氨酸和苯丙氨酸残基还原,产生深蓝色。在一定的条件下,蓝色深度与蛋白质含量成正比。优点是灵敏度高,比双缩脲法灵敏得多,缺点是费时较长,要精确控制操作时间,标准曲线也不是严格的直线形式,且专一性较差,干扰物质较多。此法也适用于酪氨酸和色氨酸的定量测定。此法可检测的最低蛋白质含量为5 mg,通常测定范围是20~250 mg。

(四)糊化温度检测

淀粉的糊化是将淀粉与水混合并加热,达到一定温度后,淀粉粒发生溶胀、崩溃,形成糊状液体。淀粉发生糊化时所需的温度,称为糊化温度,是指淀粉在热水中开始大量吸收水分,发生不可逆转的膨胀和显著增加黏度时的温度,也是双折射(偏光十字)消失时的温度。

糊化温度不是一个点,而是一个温度范围。淀粉粒开始溶胀时的温度,称为糊化开始温度。形成淀粉糊时的温度,称为糊化终了温度。淀粉糊化温度必须达到一定程度,不同淀粉的糊化温度不一样。同一种淀粉,颗粒大小不一样,糊化温度不一样,颗粒大的淀粉先发生糊化,颗粒小的后发生糊化。

糊化温度是衡量稻米蒸煮食味品质的重要指标之一。它决定米饭蒸煮时需要的水量和蒸煮时间,一般可分为3个等级,即高糊化温度(>74℃)、中糊化温度(70~74℃)、低糊化温度(<70℃)。高糊化温度稻米较低糊化温度稻米需要更多的水量和更长的蒸煮时间,一般食味较好的稻米品种糊化温度居中。

(五)胶稠度检测

大米淀粉经稀碱糊化、回生形成米胶,利用米胶流动性的差异来反映大米的胶稠度。

胶稠度是淀粉品质评价标准的一项重要指标。胶稠度通常以 4.4% 米胶经煮沸冷却后,在水平试管中的延伸长度来衡量,与米饭的柔软性、黏稠性相关,是一种简单、快捷、准确测定胶凝值的方法。

1. 试样制备

按 GB/T 1354—2018 的规定将分取的样品制备成精度为国家标准三级的精米,分取约 10 g 样品磨碎为米粉,样品米粉至少 95% 以上通过孔径为 0.15 mm(100 目)筛,取筛下物充分混合均匀后,装于广口瓶中备用。

2. 制备样品水分的测定

制备好的样品按 GB/T 5497 测定水分。

3. 溶解样品

精确称取备用的米粉样品(100 ± 1)mg(按含水量 12% 计,如含水量不是 12%,则进行折算,相应增加或减少试样的称样量)于试管中,加入 0.025% 麝香草酚蓝乙醇溶液 0.2 mL,并轻轻摇动试管或用旋涡混合器加以振荡,使米粉充分分散;再加 0.200 mol/L 氢氧化钾溶液 2.0 mL,并摇动试管,使米粉充分混合均匀。

4. 制胶

立即将试管放入沸水中,用玻璃弹子球盖好试管口,在沸水中加热 8 min (从试管放入沸水开始计时)。控制样品加热程度,使试管内米胶溶液液面在加热过程中保持在试管高度的二分之一至三分之二。取出试管,拿去玻璃弹子球,静置冷却 5 min 后,再将试管放在 0 ℃ 左右的冰水中冷却 20 min。

5. 测量米胶长度

将试管从冰水中取出,立即水平放置在标有刻度并事先调好的水平操作台或米胶长度测定箱或培养箱的样品架上,使试管底部与标记的起始线对齐,在 (25 ± 2)℃ 条件下静置 1 小时后,立即测量米胶在试管内流动的长度。

6. 结果表述

胶稠度的测定结果以米胶在试管内流动的长度表示,单位为毫米(mm)。两个平行样品测定结果的绝对差值不应超过 7 mm,以平均值作为测定结果,保留整数位。

(六) 挥发性成分检测

稻米独有的香气更直接影响人们的食欲。稻米香味组成复杂,含量又低,且各种化学成分互相影响,因此至今还有未鉴定出的化合物,且稻米气味是许多挥发成分混合而成,很难通过一种或几种挥发物质来鉴定。

电子鼻是一种近年来发展较为迅速的食品风味检测技术,其在食品、烟草、白酒、医药等众多领域有着广泛应用。电子鼻在稻米品种、方便米饭口味鉴别中有潜在应用价值。稻米中挥发性气味物质通常采用固相微萃取(SPME)进行富集,利用 GC-MS 法来检测和分析。SPME 与 GC-MS 联用集采样、萃取、浓缩、解析、进样和检测于一体,具有简单方便、灵敏度高、无须溶剂和适用范围广等优点。

1. 电子鼻测定方法

(1) 样品制备

将不同品种稻米粉碎,过 80 目筛。每种样品称取 2 g 分别加入 10 mL 样品瓶中,加盖密封,放入电子鼻自动进样器样品盘中,用于顶空分析。

(2) 顶空样品的制备

自动进样器加热箱温度 70 ℃,搅拌速度 500 r/min,每个样品瓶加热 600 s。

(3) 分析条件

载气为合成干燥空气,流速 150 mL/min;注射针总容积 2 500 μL,注射温度 80 ℃。数据采集时间为 120 s,延滞时间为 600 s。为保证结果的准确性和重复性,每种样品重复 4 次。

(4) 测定方法

将蒸煮加工好的米饭在室温下放置冷却 1 h,每种米饭样品称取 2 g 分别加入 10 mL 样品瓶中。加盖密封,室温下放置 30 min,待样品的风味成分挥发至平衡状态后,放入电子鼻自动进样器样品盘中,进行顶空分析。每个样品平行测定 4 次。

2. GC-MS 测定方法

(1) 样品制备

样品用粉碎机粉碎,过 80 目筛,称取 5 g 样品于 20 mL 顶空瓶中,加盖密封备用。

(2)萃取富集

固相微萃取结合气质联用仪的使用方法经常用于稻米挥发性成分的分析测定。选择具有极性的且萃取沸点域更广的 30/50 μm 碳分子筛/二乙烯苯/聚二甲基硅烷(DVB/CAR/PDMS)的萃取纤维头,对样品进行萃取和富集。将装有样品的顶空瓶放于 80 ℃水中平衡 10 min,插入萃取头顶空吸附 30 min 后,在温度为 250 ℃的 GC – MS 进样口中解吸 5 min,进行 GC – MS 分析。

(3)GC – MS 分析条件

采用 Rtx – Wax 石英毛细柱(30 m × 0.25 mm, 0.25 μm),载气为氦气(99.999%),流量为 1 mL/min,分流比设为 10∶1,升温程序:40 ℃保持 3 min,以 5 ℃/min 升至 250 ℃,保持 3 min。质谱条件:中子轰击离子源,离子源温度为 250 ℃,质荷比 m/z 为 30~300。GC – MS 数据处理由岛津软件系统完成,未知化合物经计算机检索同时与 NIST14 和 NIST14s 谱库相匹配,匹配度大于 80% 的成分作为鉴定结果,化合物含量按峰面积归一法由谱库自动检索分析并计算。

三、无损检测法

稻米中直链淀粉含量、蛋白质含量、水分含量等与食味品质有很大的相关性,运用理化方法进行检测存在较大的误差,感官评价法存在一定的主观因素。无损检测即非破坏性检测,在不破坏待测物原来的物理状态、化学性质等前提下,运用各种物理学方法(光、电、声、图像视觉技术等)从外部给待测物一个能量。待测物受能量作用时,从输入和输出的关系可获得待测物的物理化学特性。近年来,很多学者都将无损检测法运用于稻米的食味品质检测。

(一)电子舌、电子鼻

电子鼻是利用气体传感器阵列的响应图案来识别气味的电子系统,它可以在几小时、几天甚至数月的时间内连续地、实时地监测特定位置的气味状况,主要由气味取样操作器、气体传感器阵列和信号处理系统三种功能器件组成。电子鼻识别气味的主要机理是在阵列中的每个传感器对被测气体都有不同的灵敏度,例如,一号气体可在某个传感器上产生高响应,而对其他传感器则是低响应,同样,二号气体产生高响应的传感器对一号气体则不敏感,归根结底,整个传感器阵列对不同气体的响应图案是不同的,正是这种区别,才使系统能根据传感器的响应图案来识别气味。电子鼻的应用场合包括环境监测、产品质量检测(如食品、烟草、发酵产品、香精香料等)、医学诊断、爆炸物检测等。

电子舌是以人类味觉感受机理为基础,用仿生物材料做成的一种新型现代化分析检测仪器。通过传感器阵列代替生物味觉味蕾细胞感测检测对象,经系统的模式识别得到结果。电子舌中的味觉传感器阵列能够感受被测溶液中的不同成分。信号采集器就像是神经感觉系统,采集被激发的信号传输到电脑。电脑对数据进行处理分析,得出不同物质的感官信息。电子舌是一种利用低选择性、非特异性、交互敏感的多传感阵列为基础,感测未知液体样品的整体特征响应信号,应用化学计量学方法,对样品进行模式识别和定性定量分析的检测技术。电子舌主要由味觉传感器阵列、信号采集系统和模式识别系统3部分组成:味觉传感器阵列模拟生物系统中的舌头,对不同"味道"的被测溶液进行感应;信号采集系统模拟神经感觉系统采集信号,被激发的信号传递到电脑模式识别系统中;模式识别系统即发挥生物系统中大脑的作用对信号进行特征提取,建立模式识别模型,并对不同被测溶液进行区分辨识。因此,电子舌也称为智能味觉仿生系统,是一类新型的分析检测仪器。

(二)近红外光谱分析技术

近红外光谱分析技术(Near Infrared Spectroscopy,简称 NIRS),是20世纪80年代后期迅速发展起来的,原理是通过收集具有代表性的样品(组成及其变化接近于分析样品)建立定标模型。在分析未知样品时,先对待测样品进行扫描,根据光谱值利用建立的定标模型,就可以计算出待测样品的成分含量。这种技术具有速度快、操作方便、精度高及非破坏性的特点,应用前景十分广阔。大多数粮食国家标准检测方法较为复杂,检测时间较长,不能及时满足实际工作的需要。近红外谷物分析仪能够很好地解决这个矛盾,只需十多秒,产品的粗蛋白、水分等参数数据就检测出来,重复性好,使用方便快捷。

近红外光谱分析技术是现代电子技术、光谱分析技术、计算机技术和化学计量技术的集合体,主要包括以下步骤:收集代表性样品,进行样品的光学数据采集;用标准化学方法对样品进行化学性质测定;运用数学方法将光谱数据与检测数据相关联,将光谱数据转换,与化学测定值进行回归计算,得到定标方程,建立数学模型;对未知样品进行检测时,先对待测样品扫描,再根据扫描光谱结合建立的数学模型计算出成分含量。

第九章 稻米品质

国内外学者利用近红外光谱分析技术,对稻谷、糙米和精米的直链淀粉含量、氨基酸含量、蛋白质含量、透明度和碾磨精度等品质指标进行了相应研究。直链淀粉含量是评价稻米蒸煮食味品质的一个重要指标,直链淀粉含量与稻米硬度、黏度、色泽等食味品质密切相关。前人利用近红外分析法,对测定稻米直链淀粉做了大量研究。

近红外谷物分析与常规理化分析技术相比,具有以下的优点:检测速度快、效率高,适合于多种状态的分析对象,能够实现在线分析,结果准确、重现性好,能够实现样品的无损检测与分析,检测分析成本低。为适应粮库智能化、信息化建设,建议尽快开发研制在线谷物水分、体积、质量等检测仪器设备,以满足目前推广使用的粮食"一卡通"智能出入库系统要求,实现入库粮食质量在线智能化检测,提高工作效率,降低劳动强度,减少人为因素对检测结果的干扰,确保粮食质量检测结果的真实性。

在美国,近红外光谱技术已经广泛应用于谷物直链淀粉含量和蛋白质含量等指标的检测。日本在大米食味理化性质研究方面一直处于世界领先地位。日本根据红外原理设计发明了食味计,食味计能够测得蛋白质、脂肪、水分和直链淀粉含量,最后得到稻米的食味分数。近红外谷物分析仪多为进口仪器,价格偏高,普及较为困难,应尽快开发研制国产产品,实现与粮库智能化系统平台联网的对接。

(三)食味仪

食味仪是一种针对大米食味品质的评价仪器,最早由日本研制。该仪器主要是以近红外技术为基本原理,以大米中主要理化指标(蛋白质和直链淀粉,糙米还包括脂肪酸)与食味品质的相关关系为评价基础,从而对大米的食味品质做出预测。利用食味仪预测大米的食味品质,不受操作人员的主观影响,操作简便快速,且无须破坏大米的组织结构,实现了原料的无损检测。在此基础上,若能保证其对大米食味预测结果的准确性和可靠性,则不失为一种开发应用前景良好的应用仪器。食味仪目前已广泛应用于日本大米的食味预测工作中,且在澳大利亚等国家的大米品质研究中也得到应用。而食味仪在我国大米食味评价工作中的适用情况少有研究提及。随着食味仪逐渐进入我国市场,其对于我国大米食味评价工作的适用性值得探讨。

利用食味仪测定米饭的方法具有样品用量少,样品无须处理和无损耗、多成分同步分析、无试验污染、操作简单、检测效率高等特点，而且采用数学模型量化处理的结果重现性好，与常规感官评价结果的一致性和相关性好。因此，利用食味仪评价大米的食味，方法简便可靠。但是，食味仪受碎米率、温度、湿度等条件制约，也影响结果的精确度，难以对米饭和大米的气味（如异味）做出判定，而且食味仪价格较昂贵，适用范围受到限制。

第三节 稻米食味品质的影响因素

稻米食味品质是指从稻谷生产到加工成直接消费品的整个过程中,作为粮食或商品的各种特性,包括碾磨品质、外观品质、营养品质和蒸煮品质。

一、品种遗传因素

优质品种的选择是收获优质稻米的先决条件。品种自身遗传基因控制会使不同水稻品种间稻米品质存在显著差异,这是影响稻米品质的主要因素。

不同积温带所选择的品种就存在差异。处于第三积温带以上的地区,如第二积温带,可以种植第二、三积温带适合的优质水稻品种;处于第一积温带的地区,第一、二、三积温带的水稻品种都可以种植,可以选择高产、优质、抗病的品种。

稻米的整米率、粒长、垩白率、垩白度、直链淀粉含量及胶稠度6项指标是影响稻米品质的主要因素。稻米品种不同,品质亦不同。研究表明,稻米中直链淀粉含量是受遗传力控制的,受生态环境因素影响较小,蛋白质含量受品种本身遗传力控制较弱,而受生态环境因素影响较强。不同成熟期的稻米品种,蛋白质含量变幅较大,通常在6%~14%。早熟和中熟水稻品种蛋白质含量比较高,中晚熟和晚熟品种蛋白质含量较低。

二、生态环境因素

生态环境因素主要是指水稻种植所在地的地理自然环境,包含土质、温度、光照、水分、CO_2等,影响水稻的生长发育过程,从而进一步影响水稻的食味品质。

(一)土质

水稻所在地的土质条件至关重要,作为水稻的栽培基质,其条件的差异对水稻的产量、稻米中蛋白质的含量和食味品质的影响较大。

水稻种植全程解决方案

优质稻米主要产自土壤肥沃、土质良好、通透性好、质地疏松、排水良好、微生物活动强的地块,而土壤贫瘠、土质较差、通透性不好、排水不良的田地所生产的水稻品质较差。稻米的蛋白质含量主要受到土壤类型的影响,不同类型土壤产出的稻米,直链淀粉和蛋白质含量差异较大。

土壤中有机质对稻米的食味品质影响程度较高。土壤中有机质的含量是表征土壤肥力的重要指标,能够增强土壤的供肥保肥能力、通气性、微生物活性等。一般来说,土壤耕作层厚,富含有机质、磷、镁、硅、锌的土壤,生产出的稻米食味品质较好;而火山灰土壤及泥炭土壤上生产的稻米食味品质较差。

(二)温度

各种生态环境影响因素中,温度对稻米食味品质影响最为显著。水稻生长发育受温度影响的关键时期在于分蘖期、孕穗期、抽穗期和灌浆结实期,不同阶段所需的环境温度也不同。

水稻在孕穗期遇低温冷害会造成障碍性冷害,从而导致花粉活性下降甚至死亡,降低结实率,导致稻米品质下降。

而水稻在抽穗期至成熟阶段对温度最敏感,其中灌浆结实期中期温度对品质的影响最大。这期间如果温度过高,会加快灌浆速率,导致淀粉颗粒灌浆不紧密,影响籽粒的饱满度;垩白面积增大、垩白粒率提高,透明度降低;同时影响光合产物的积累及代谢酶的活性;高温也会导致糊化温度升高,低温则使其降低;碱消值、胶稠度和直链淀粉含量降低,蛋白质含量有升高的趋势;成熟稻米整精米率下降,碎米增多,影响碾磨品质。

如果温度过低,会导致水稻抽穗不整齐、青米率增加、垩白面积增大、蛋白质含量降低,从而降低稻米食味品质。通常情况下,水稻出穗后40天内平均温度在20℃左右为宜,超过30℃以上的高温(昼夜温差又小)会影响后期淀粉积累,乳白米增多,品质下降;灌浆结实期气温以21~26℃为宜。结实期温度在20℃以下低温时,灌浆速度减慢,成熟度不好,品质变差。

(三)光照

光照是仅次于温度之后对稻米食味品质有较大影响的环境因子,其对稻米食味品质的影响是多方面的。

稻米生长发育后期若光照不足、光合作用减弱,尤其是营养生长过旺,会导致田间透光不良,易造成灌浆不良,垩白米粒、青米增多,还会使整精米率下降。若光照太强则会形成高温逼熟,间接使稻米垩白面积增大、垩白粒率增加。

稻米中蛋白质、氨基酸和淀粉含量受温度的影响较大。蛋白质主要受温度和日温差影响,而人体必需氨基酸主要受最低温度和日照时数的影响。一般稻米的糊化温度、胶稠度与日照时间呈正相关,与直链淀粉含量呈负相关。

灌浆结实期若光照不足,水稻碳水化合物积累会减少,蛋白质和直链淀粉含量增加,造成稻米加工品质变劣,引起食味下降。

(四) 水分

1. 土壤水分

土壤水分处于饱和持水量时,有利于提高碾磨品质;而低于饱和持水量则使整米率下降、直链淀粉含量降低。

在不同的生育阶段土壤水分胁迫对稻米品质具有不同程度的影响。全生育期进行间歇性控水处理,会增加优势粒和中势粒的垩白率和垩白度,降低劣势粒的垩白率和垩白度,降低直链淀粉含量,提高蛋白质含量。孕穗期水分胁迫导致干物质量降低,导致糙米率、米粒长宽比降低,食味下降;灌浆结实期缺水,干物质积累和群体生长速率降低,且饱满粒率、千粒重和整精米率均有所下降,垩白率、垩白度明显增加,胶稠度和蛋白质含量降低。灌浆结实期的土壤水分胁迫较重时,垩白米率、垩白度增加,蛋白质含量、脂肪含量和食味值升高,整精米率和直链淀粉含量降低。此期间适当降低土壤水分有利于提高产量和改善稻米品质。水稻抽穗后 35~40 天为最佳断水期,此时断水可使得水稻成熟度好,米饭适口性较强。

土壤水分对稻米蛋白质含量有明显影响,旱地陆稻比水田陆稻的蛋白质含量高39%;旱地水稻比水田水稻的蛋白质含量高25%。随着土壤水分的减少,糙米中蛋白质含量增加,但灰分含量如磷、钾、镁、锰等均有减少。

2. 降雨

水稻成熟期的阴雨连绵会导致稻米多次经过干湿交替,增加水稻裂纹,从而使加工时碎米增加,影响食味品质。

(五) 湿度

空气中相对湿度的增加会使糊化温度、胶稠度和垩白面积不同程度增加,直链淀粉含量下降。环境中的降雨量不同程度地影响着米粒延伸性、直链淀粉含量及糙米蛋白质含量,且雨量的影响在环境与品种间存在显著相互作用。

三、人为因素

稻米食味品质与水稻生长种植过程中的栽培管理有较强的相关性,主要体现在施肥管理方面。氮、磷、钾是水稻生长发育过程中所需的重要元素,三者对改善稻米的外观特性、加工特性和食用品质有一定的影响。

(一)氮肥施用量对稻米质构特性和食味品质的影响

一般来说,稻米的硬度越小、黏度越大,那么它的食味品质就越佳,且稻米中直链淀粉和蛋白质的含量和对米饭的硬度和黏度影响较大。随着氮肥施用量的增加,蛋白质和直链淀粉的含量显著升高,稻米的硬度增加、黏度降低、硬度弹力比数值越大,米饭食味性和适口性越差,综合评价越低。氮肥施用量对米饭的外观、气味和口感的影响并不显著,但是对其硬度和食味综合品质的影响较为显著。氮肥施用量越高,米饭的食味综合评价就越低。

(二)其他肥料施用量对稻米食味品质的影响

氮肥施用量减少的同时,可以适当补充镁、铁、锌肥等,对稻米中的淀粉和蛋白质等产生影响,从而提高稻米的食味品质。

磷肥施用量的增加能够提高稻米中卵磷脂、还原糖的含量,对稻米的食味品质益处较大。

钾肥的施用虽然对水稻抗病性和抗倒性的提高有显著的效果,但钾肥施用量水平的提升对稻米食味品质有不良的影响,因钾含量越高,稻米的适口性越差。

镁肥对提高稻米食味品质有独特作用,有研究表明,稻米中镁元素的含量较高时,其食味品质较好。

四、收获及加工因素

(一)收获时间

水稻收获时期过早或过晚都会降低稻米加工品质,适时收获能提高稻米品质。从腊熟期开始,整精米率、蛋白质含量随着收获时间的延长而提高,到了黄熟期蛋白质含量和整精米率达到最高值,之后又会下降。随着收获时间的延长,稻米直链淀粉含量亦会增加,反而米粒长度随着收获时间延长而降低。收割过早,稻谷尚未成熟,青谷秕谷多、出米率降低,过迟收割易消耗谷粒中的养分。

一般以黄熟期谷粒含水量在20%以上收割为宜,不可在高温条件下晾晒。由于在高温下稻谷脱水太快,导致裂纹米率增多,整精米率降低。黄艳玲研究发现,随着收获期的推迟,早、中、晚稻的糙米率、精米率、整精米率和粗蛋白含量先升高后降低(早稻在始穗后35天,中、晚稻在始穗后40天),垩白粒率降低、垩白度减小、碱消值增大、糊化温度降低、胶稠度变长,直链淀粉含量升高。淀粉RVA先升后降(早稻始穗后35天,中、晚稻始穗后40天),而冷胶黏度、碱消值和回复值则先降后升。选择适宜的收获期(早稻在抽穗后30~35天,中、晚稻在抽穗后35~40天),可保持良好的稻米品质性状。

(二)碾磨次数对稻米食味品质的影响

稻米加工的关键在于碾磨次数,碾磨次数越多,加工精度越高。不同加工精度的大米在理化特性、营养特性和食味品质等方面存在较大差异。大米在碾磨过程中会去除大部分纤维和脂肪,从而改善其感官特性。

随着碾磨次数的增加,大米的直链淀粉含量越高,脂肪酸值逐渐降低;米饭黏度和弹性总体呈现增加趋势;色泽也随碾减率的增加而逐渐改善,但当碾减率增加至一定程度时(10.9%~12.8%),感官评分不再有明显增加。此外,较低的碾减率能够保留更多的营养组分。

随着碾磨次数的增加,米饭的食味值也越来越大,碾磨次数越多,米饭食味值越趋于稳定。这是由于低碾磨次数的大米碾磨精度较低,蛋白质和脂肪等理化指标较高,影响了米饭的食味值。

五、贮藏及运输因素

大米保鲜的目的是防止在仓储、流通环节生虫、长霉,延缓品质劣变。目前,大米的贮藏技术包括常温贮藏、低温贮藏(自然和机械制冷)、气调(自然缺氧、充二氧化碳、充氮气、真空)贮藏、化学贮藏、涂膜保鲜技术等。在实际的保鲜应用中,通常采用两种以上的保鲜方法,遵守干燥、低温、密闭的原则,可较长时间保持稻米品质和新鲜度。

(一)贮藏和干燥方式

李小婉等研究发现不同贮藏方式对稻米食味值的影响顺序为:大库真空米>大库稻谷>大库精米>冷库精米>冷库真空米>冷库稻谷,即低温贮藏对稻米食味值的影响较小,并且以稻谷方式贮藏的大米食味值波动较小。徐泽敏等研究发现,干燥温度、初始含水率和真空度对稻米真空干燥食味品质的影响顺序为:干燥温度>初始含水率>真空度,且干燥温度和初始含水率与稻米食味值呈负相关,真空度与稻米食味值呈正相关。郑先哲等研究发现,高温干燥后稻米脂肪酸和直链淀粉含量升高,蛋白质含量变化不显著,内部结构由有序排列变得杂乱无序。稻谷初始含水率越高,临界干燥温度越低。为保证稻米干燥后的品质,宜采用先低温、后高温的变温干燥工艺。近年来,大米贮藏保鲜逐渐向管理系统化、消费群体操作简单化、放心化方向发展。

(二)包装材料及方式

大米作为最难保存的粮食之一,选用包装材料和包装方式尤为重要。张红建等通过模拟秋冬季大米从北方地区运输至海南岛期间的温度变化情况,研究了不同包装方式对大米质量的影响。结果表明,高阻隔袋真空包装的大米质量保持最好,普通塑料包装较差,编织袋包装最差。王立峰等对不同包装方式大米贮藏过程的食用品质(质构品质、糊化特性)和挥发性成分变化进行了研究,结果显示,3种包装方式对大米贮藏保鲜效果的优劣为:抽真空>自然密闭缺氧>编织袋,抽真空包装有益于大米贮藏,可有效延缓大米劣变。王颖等通过测定大米在贮藏阶段的霉菌数量,分析包装袋内挥发性气体成分和浓度、大米光透差等指标,在包装中加入竹炭,可以有效调节包装袋内环境相对湿度和氧气含量等,确保贮藏期间大米的品质。

六、蒸煮技术因素

(一)蒸煮方式的差异

蒸煮是利用各种能量或热源对大米进行加热熟化的过程。目前米饭的蒸煮方法主要包括三种,分别为:常压蒸煮、高压蒸煮和微波蒸煮。不同蒸煮的加热方式、升温速度及蒸煮时间均有差异,虽对大米的粗蛋白含量影响不大,但对其蛋白质消化特性、水溶性蛋白含量、游离氨基酸含量、脂质含量以及感官特性

第九章 稻米品质

有显著影响,从而影响到稻米的食味品质。

常压蒸煮,即传统电饭煲蒸煮方式。使用常压电饭煲进行蒸煮,工作压力 0 kPa,采用这种方式制成的米饭,米粒表面产生较明显的裂纹,且米饭的光泽度、颜色较差。

高压蒸煮使用压力锅进行蒸煮,工作压力范围在 60~80 kPa,该工艺制成的米饭柔韧性较强,硬度较低,但黏度过大;经高压烹煮的米饭,醛、醇、酮等主要的米饭风味物质含量和种类均高于其他烹煮方式,且因品种不同大米的香气有所差异。同时,高压蒸煮会降低蛋白质的消化率,且米饭硬度小,弹性和黏性较大,糊化程度最高,感官品质评价最优。

微波蒸煮,其制作的米饭与压力蒸煮相比,米粒的形态、滋味、香味以及口感上的品质均优于常压蒸煮。米粒颜色不存在显著差异,且香气浓郁,但微波蒸煮加水量较大,耗时较长;大米的含水量、膨胀率较低,且硬度较大。此外,微波对大米中的淀粉、蛋白质和脂类等组分的分子结构具有一定的影响。

(二)淘米

淘米,即蒸煮前对大米的清洗和除杂的过程,其目的是为了防止大米表面的杂质堵塞米粒表面的孔隙,从而影响大米蒸煮过程中的吸水特性。淘米的次数不能大于 3 次,否则会引起大米中营养成分的流失。若长时间用力搅拌搓洗,则维生素和矿物质的损失程度更大。

(三)加水量

大米加水量(米水比例)是影响米饭质构特性和食味品质的重要因素之一。根据 GB/T 15682—2008,一般粳米加蒸馏水量为样品量的 1.3 倍,籼米加蒸馏水量为样品量的 1.6 倍。米饭中水分的含量、分布和存在状态的差异会使米饭的物化特性有显著差异,如加水量过少,那么米粒吸水不足,会使大米内层和外层淀粉糊化不均匀,米饭硬度大,口感较差,甚至会出现"夹生现象";如加水过量,米粒腹部与背部水分吸收存在水分差而引起龟裂,蒸煮时内部淀粉粒从裂纹处涌出使米饭失去原有弹性,甚至米饭出现"开花现象"。

米饭蒸煮前,控制和改变加水量能够有效改善米饭的质构特性,从而提高米饭食味品质。

米粒的细胞壁结构可以反映米粒的弹性,糊化淀粉则表征米粒的黏性。加水量能够使蒸煮过程中米粒的细胞壁破损程度及糊化淀粉所占比例不同。因此,通过控制和改变大米加水量可以改变米饭弹性和黏性,从而制出松软性和适口性各异的米饭。

(四)浸泡

大米加水后,需要浸泡一段时间以使米粒吸水膨胀。此时,胚乳中的淀粉内外将出现细小裂纹,利于米粒内部淀粉吸收水分及受热时的均匀糊化,且浸泡能够促进加热过程中热量在米粒内部组分之间的传递,从而降低米粒强度、酶抑制物和植酸的含量,减少米饭中营养物质的流失,提高米饭的消化特性。

浸泡的水温越高,米粒吸水速度越快,充分浸泡时间在 0.5~2 小时之间。若浸泡时间不够,水分将无法浸入米粒的中心部分,结果则是米粒表面吸水,加热时只是米粒表面糊化,而中心部分存在"夹生现象"。浸泡会使米粒预先吸水至含水量达 25%,在加热升温过程中还会吸水,如此,米粒中心就可以达到完全糊化的程度。

浸泡也受到浸泡温度和大米品种两个因素的影响。常温下大米浸泡 30 分钟就可以达到软化整个米粒的效果,60 分钟则可以使水分子完全渗透到米粒淀粉中。在一定范围内,大米的浸泡温度越低,浸泡的时间就需要适当延长。

(五)加热

加热过程是米粒蒸煮糊化的前期基础,若加热时间过短,存在于米粒中的内源酶就会失去活性;加热时间过长,电饭锅内上下层的温度不均匀,位于下层的米饭由于热量供给较多,大米淀粉过度糊化,易产生"烂饭现象"。

(六)焖制

焖制是指大米蒸煮结束后,锅里余温让米饭间残余的水分达到均一、平衡的状态,并使米饭逐渐松软的过程。此阶段中,米粒间残余的水分被吸收,米粒由外向内进行膨化及糊化,达到提高米饭食味品质的效果。

若焖饭时间不足或不经焖饭后直接进行食用,米粒间会存有多余的水分且米粒中心较硬,米饭整体弹性较差,淀粉糊化不均匀,适口性较差;若焖制时间过长,米饭外品质降低,食味品质也随之降低。有研究表明,随着焖饭时间的增加,米饭的硬度和咀嚼度会呈现先降低后升高的趋势,弹性呈现先增大后减小的趋势,硬度与黏性的比值呈现先减小后增加的趋势。另外,焖饭阶段是米饭

蒸煮过程中挥发性风味物质的形成及释放时期,恰当的焖饭可以增加米饭的香味。

(七)冷却

冷却是米饭蒸煮后的关键步骤,其中冷却方法至关重要,快速冷却可以减少微生物污染,冷却速率越低,米饭的硬度和黏聚性变化幅度也就越大。其变化会使米饭自身的含水量存在差异,最终导致米饭硬度和黏聚性等适口性的差异。

冷却对米饭质构特性也具有显著影响。米饭蒸煮熟后焖制 15～20 分钟时米饭的硬度和黏性协调平衡最佳,此时米饭口感较好。过低的冷却温度会导致米饭硬度迅速升高、口感降低。过长的冷却时间会导致水分丧失,宏观上主要表现为米饭黏性、弹性和柔软性等下降;在微观上主要表现为米饭的老化作用增强。

附录1　寒地水稻各生育期图解

水稻的一生,是从种子的萌发开始的。当稻种吸水膨胀,胚根突破谷壳漏出白点时,称为"露白"或"破胸";当胚芽长度达种子长度1/2,种子根长度与种子长度相等时,便称为"发芽",如附图1-1所示。种子在苗床上发芽后2~3天,第一叶就突破胚芽鞘长出了。

该时期从第一叶长出一直持续到第一个分蘖出现前。幼苗早期叶片以每3~4天出一片的速度生长,如附图1-2所示。次生根迅速形成纤维性根部体系,从而取代了临时的胚根和种子根。

附图1-1　时期0　发芽期

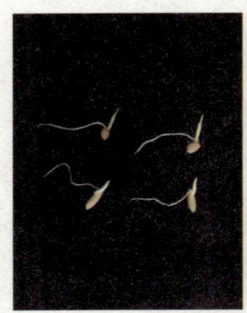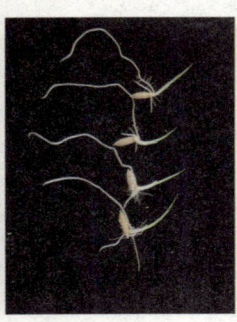

附图1-2　时期1　幼苗期

地上部看,稻种萌发、鞘叶伸出地面,叶内没有叶绿素,随后从鞘叶中抽出不完全叶,开始有叶绿素,伸长达1 cm左右,田间呈现一片绿色,称为出苗或"现青"。出苗2~3天,从不完全叶内抽出具有叶鞘和叶片的第一片完全叶,一般按照完全叶的数目计算叶龄。第一片完全叶尚未展开时,稻苗呈针状为"立

附录 1 寒地水稻各生育期图解

针期",经 2~3 天,出第二片完全叶,到第三片完全叶展开时,称为 3 叶期。此时胚乳养分将要耗尽,稻苗进入独立生活,所以又称为"离乳期"。

从地下部生长看,稻种萌发后由胚根向下伸长成种子根,扎入土中吸收水分和养分。其后在鞘叶节上开始发根,一般为 5 条。先从种子根两旁长出 2 条较粗根,经 1~2 天,在对称位置长出 2 条较细的根,随后在种子根同一方向再长出 1 条细根。这 5 条根扎入土中,是稻苗初期生长的主要根系,鞘叶节上的 5 条根系,在稻苗立针期开始长出,到 1 叶 1 心期基本出完,所以要抓住这一时期,使秧田表面无水,促进扎根立苗。从 3 叶期开始,随叶片伸出,依次从不完全叶节、第一片完全叶节长出根系,统称为节根或不定根。

当水稻个体出现分蘖时,即进入分蘖期(附图 1-3),至茎尖生长锥开始穗分化终止。形成分蘖和根系是分蘖期的主要生育特点,而分蘖的实质是叶片的形成与伸长。群体中当 50% 的稻苗出现分蘖时即进入分蘖期,然后经历分蘖大量发生的分蘖盛期,至分蘖末期分蘖发生速度越来越慢,之后消亡大于发生。分蘖数达到与有效穗数相等的日期,为有效分蘖终止期,此前为有效分蘖期,以后为无效分蘖期。分蘖数最多的时期叫作最高分蘖期,对于管理良好的稻田,此期即为分蘖末期,也是拔节长穗的开始。

附图 1-3 时期 2 分蘖期

水稻是具有分蘖特性的作物。分蘖早晚、多少,是衡量水稻群体中个体发育程度的重要标志之一。促进水稻分蘖早生快发,提高分蘖成穗率,确保足够穗数,是高产栽培的重要环节。

水稻主茎一般有十几个节。每节各长 1 片叶,叶腋内均有 1 个腋芽,腋芽在适当条件下生长而成分蘖。但是鞘叶节、不完全叶节、各伸长节,一般不发生分蘖,只有靠近地面的密集节上的腋芽可形成分蘖,所以称为分蘖节,着生分蘖的叶位称为蘖位。分蘖节位数一般等于主茎总叶数减去伸长节间数。各分蘖的名称是用这一分蘖在母茎上所处的叶位表示,称为蘖位。

水稻主茎上的分蘖为一次分蘖、一次分蘖上出现的分蘖均为二次分蘖,以此类推。当主茎 N 叶抽出时,N 叶下第三个叶节的分蘖同时伸出,即第四片叶抽出时,其下第三片叶即 1 叶叶腋的分蘖同时伸出,形成 N 叶与 $N-3$ 的叶蘖同伸规律。其同伸的原因,根据稻体输导组织的解剖观察,N 叶的大维管束和 $N-2$ 叶、$N-3$ 叶的分蘖直接通连,N 叶伸出所需营养主要靠 $N-2$ 叶供给(功能盛期),同时 $N-2$ 叶合成的养分供给 $N-3$ 叶分蘖,以致形成同伸关系。3 叶以前一般无分蘖出生(秧田中亦有从不完全叶节生出分蘖的),4 叶伸出,1 叶的分蘖开始长出。分蘖茎上的分蘖,也是 $N-3$ 的关系。有时分蘖鞘叶腋长出的分蘖为 $N-2$。

有效分蘖与无效分蘖的生育差异是主茎拔节对分蘖的养分供给迅速减少,使分蘖向有效和无效两个方向分化。有效分蘖的生理是主茎拔节时分蘖具有较多的自生根系和独立生活能力。分蘖茎有 3 片叶后才有自生根系。因此拔节时有 4 片叶的分蘖(3 叶 1 心)能成穗,有 3 片叶的分蘖(2 叶 1 心)处于动摇之中,有 1~2 片叶的分蘖基本无效。根据叶蘖同伸关系,为使分蘖成穗,分蘖必须在拔节前 15 天左右抽出,才能在主茎拔节前长出 3 片叶,长出自己的独立根系,成为有效分蘖。所以在生产上促进分蘖早发,争取低位分蘖,是提高分蘖成穗的关键。

按照叶蘖同伸和叶节间同伸的关系,在主茎总叶数(N) - 伸长节间数(n)的叶龄期以前出生的分蘖到拔节时(基部第一节间伸长时)可具有 4 片叶以上,因此可将 $N-n$ 叶龄期称为有效分蘖的临界叶龄期。以 12 片叶的品种为例,其伸长节间数为4,有数分蘖临界叶龄期为 12 - 4 = 8,即 8 叶抽出期为有效分蘖临界叶龄期,9 叶抽出期为动摇分蘖争取叶龄期。亦即 8 叶的同伸分蘖到拔节(第一节间伸长期为 $n-2$,即 4 - 2 = 2,倒 2 叶伸长期为第一节伸长期),即倒 2 叶伸出(主茎 11 片叶)时,已具有 4 片叶,有成穗条件,9 叶的同伸分蘖只具有 3 片叶,在茎数不足时可以争取。

幼穗分化开始也标志着营养生长和生殖生长并进期的开始。幼穗长度不断增加,在叶鞘内向上伸长,导致叶鞘膨胀。孕穗大多首先出现在主茎上。幼穗开始分化后,大概 1.5 个叶龄左右,水稻茎的节间向上迅速伸长,当全田 50% 以上植株的第一节露出地面 1.5~2.5 cm 时,水稻进入拔节期(附图 1-4)。在抽穗之前,幼穗不断伸长,直至抽出,如附表1-1所示。

附图1-4 时期3 拔节孕穗期

附表1-1 水稻幼穗分化过程

阶段		江苏农学院(1972)划分法		凌启鸿划分法	丁颖划分法
穗分化	幼穗形成期			幼穗分化期(3.5~3.1)	第一苞分化期
		1. 枝梗分化期	枝梗分化期	a. 一次枝梗分化期(3.0~2.6)	一次枝梗原基分化期
				b. 二次枝梗分化期(2.5~2.1)	二次枝梗原基分化期及小穗原基分化期
		2. 小穗分化期	颖花分化期	a. 颖花原基分化期(2.0~1.6)	
				b. 雌雄蕊分化期(1.5~0.9或0.8)	雌雄蕊形成期
	孕穗期	3. 减数分裂期	减数分裂期	a. 花粉母细胞形成期(0.8或0.7~0.5或0.4)	花粉母细胞形成期
				b. 花粉母细胞减数分裂期(0.4或0.3~0)	花粉母细胞减数分裂期

水稻种植全程解决方案

续表

穗分化	阶段	江苏农学院（1972）划分法	凌启鸿划分法	丁颖划分法
	孕穗期	4. 花粉粒形成期	花粉粒充实完成期（0到出穗前）	花粉内容充实期
				花粉完成期

注："凌启鸿划分法"中每个穗分化时期括号中的数字表示叶龄余数

水稻的茎由节和节间组成，节间分伸长节间和未伸长节间，前者位于地上部，呈圆筒形，中空直立，约占全部节间数的1/3，后者位于地面下，各节间集缩成约2 cm的地下茎，是分蘖发生的部位，称分蘖节。当基部节间进行居间生长开始伸长时，出现所谓拔节，到抽穗时，节间迅速伸长。

出叶与节间伸长有同伸关系。以倒数叶龄，明确基部第一伸长节间的伸长时期，可用"伸长节间数减2"来表示，即具有6个、5个、4个、3个伸长节间的品种，其基部第一伸长节间的伸长，分别处于倒4叶、倒3叶、倒2叶、倒1叶的抽出期，基部第二节间伸长期处于倒3叶、倒2叶、倒1叶及孕穗期。

据江苏农学院（1972）调查，普通型水稻的伸长节间数约等于主茎总叶数的1/3。寒地水稻品种主茎叶数多为9~13片叶，12片叶的品种伸长节间数为4个，13片叶的品种有时部分植株出现5个，9~10片叶的品种有3个伸长节间。

在稻穗发育完成，即花粉粒充实完成期后2~3天，穗茎节下方的节间迅速伸长，使稻穗从剑叶叶鞘抽出，这一过程称为抽穗。全田有10%的有效茎出穗为始穗期，达50%时为抽穗期，达80%时为齐穗期。

正常天气，稻穗从剑叶鞘露出到全穗抽出需4~5天。以第三天伸长最快。不同类型品种间，抽穗快慢有所不同，早熟的快，晚熟的慢，分蘖少的快，分蘖多的慢。抽穗的快慢取决于穗颈节间的伸长速度，气温高则抽穗快，抽穗最适温度是25~35 ℃，过低或过高均不利于抽穗。以日平均气温稳定在20 ℃以上，不出现3天平均气温低于19 ℃的天气，即可安全齐穗（附图1-5）。

抽穗当天或翌日即开始开花。稻花所以能开，是鳞片（也称浆片）吸水膨胀，将外颖向外推开，颖花开始开放，花丝迅速伸长，把花药送出花外，花药裂开散出花粉。正常花粉粒为圆球形，内有丰富的淀粉粒。颖花自始开至全开，需13分钟左右。开花授粉后，鳞片失水，颖壳逐渐闭合。每个颖花自始开至闭合

约需 1 小时。一穗的开花顺序,一般是上部枝梗顶端颖花先开,然后上部枝梗基部颖花和中部枝梗顶端的颖花开放,中部枝梗基部颖花和下部枝梗顶端颖花继续开放,最后下部枝梗基部颖花开放。从一个枝梗的各花来说,顶端的颖花先开,其次由基部向上依次开放,顶端的第二个颖花最后开放。开花的顺序与颖花发育的顺序一致,先发育的先开。一日开花时间,9:00~10:00 开花,11:00~12:00 最盛,14:00~15:00 停止。一个穗从始花到终花,需 5~8 天。

附图 1-5　时期 4　抽穗扬花期

颖花受精后,茎叶蓄积和制造的养分向籽粒输送,称为灌浆(附图 1-6)。稻米由子房发育而成,子房在受精后即开始伸长,开花后 6~7 天米粒可达最长,胚的各部器官分化完成,开始具有发芽能力。9~12 天米粒达到最宽,12~15 天达到最厚。米粒鲜重以开花后 10 天左右增加最快,25~28 天达到最大值。干重增加的高峰期在开花后 15~20 天出现,到 25~45 天干重达到最大值。

附图1-6 时期5 灌浆结实期

稻谷的成熟过程,一般分为乳熟、蜡熟、完熟等时期。各时期籽粒和植株的形态呈现不同的特点。由于品种及气候条件不同,成熟过程的长短也不一样,如附表1-2所示。

附表1-2 稻谷各成熟期及其特点

成熟期	开花日数（天）	米粒形态	谷色	米色	硬感	相对干重（%）	水分（%）	穗型	茎叶色
乳熟始	5	定长	绿	绿	软清浆	3.9	70	直立	绿
乳熟中	15	定宽	黄绿	绿	软乳浆	31.8	52	稍下垂	绿
乳熟末	20	定厚	黄绿	淡绿	软定浆	52.9	49	弯曲	绿
蜡熟始	30	—	上壳黄	白	能掐动	75.7	37	下垂	上3叶绿下黄
蜡熟中	35	—	黄	白	硬	89	23	下垂	上2叶绿下黄
黄熟	40	—	黄	白	硬	100	18	下垂	上2叶黄绿下黄
完熟	45	—	黄白	白	硬	—	—	—	黄枯

附录2　寒地水稻叶龄诊断模式

水稻在生长发育过程中,主茎的叶片生长与分蘖、茎秆、稻穗等器官的生长发育之间,存在较严密的相关关系——"器官同伸"规律,因此可以根据水稻叶片的抽出时间和生长状态来判断水稻的生长发育时期,以便进行更好的田间管理。

一、水稻不同生育期与叶龄的关系

(一)分蘖与叶龄的关系

当第 N 叶伸出时,第 $N-3$ 叶叶腋处出现分蘖,因此水稻从第 4 片叶开始抽出时,第 1 个分蘖开始出现。

有效分蘖临界期(在此之前出现的分蘖大多为有效分蘖,可以成穗): N(水稻总叶数)减去 n(水稻伸长节间数)的正数叶龄期,即拔节期有 3 叶 1 心的分蘖基本可以成穗。

(二)穗部发育与叶龄的关系

倒 4 叶抽出一半后即倒 3.5 叶期,水稻幼穗开始分化;

倒 3 叶开始抽出时,水稻进入一次枝梗分化期;

倒 3 抽出一半时即倒 2.5 叶期,水稻进入二次枝梗分化期;

倒 2 叶开始抽出时,水稻进入颖花分化期;

剑叶抽出一半时,水稻进入减数分裂期。

(三)水稻拔节与叶龄的关系

水稻拔节的倒数叶龄期 = 伸长节间数 -2。

二、水稻叶龄诊断方法

(一)识别方法

1. 秧苗种谷方向判断法

即利用秧苗种谷的方向来判断叶片叶龄。此方法只适宜秧苗叶龄的判断。一般情况下,秧苗奇数叶片(即第1、3、5、7等叶)总是长在和种谷相同的方向;而秧苗偶数叶片(即第2、4、6、8等叶)总是长在和种谷相反的方向。因此,即使秧苗下部第1、2片叶枯死,也能借助种谷方向来正确地判断每一秧苗的叶龄。

2. 第1双零叶法

水稻移栽时,由于植伤(拔秧与移栽时的创伤),使植株移栽后长出的第1片叶与移栽时秧苗最后一片叶两叶枕重叠形成第1双零叶,用它可判断分蘖期叶片叶龄。例如某水稻品种在4叶期移栽,则第4叶与第5叶两叶枕重叠形成第1双零叶,那么第1双零叶向上数第1、2、3等叶,就是分蘖期长出来的第6、7、8等叶,依次类推。

3. 第1类葫芦叶法

第1类葫芦叶法在分蘖期出现。水稻移栽时,由于植伤,使插后植株出生的第1片叶叶鞘生长受阻,导致其叶鞘以及下一叶叶鞘的卷抱变紧,造成移栽后植株出生的第2、3两片叶在生长过程中各被前一叶叶枕箍勒而形成葫芦叶。例如某水稻品种在4叶期移栽,则第6叶与第7叶两片叶为葫芦叶,那么第2片葫芦叶向上数第1、2、3等叶,就是分蘖期长出来的第8、9、10等叶,依次类推。

4. 植伤叶法

移栽时的植伤,导致植株插后长出来的第2片叶比前一片叶明显缩短、变小,称这种叶片为植伤叶。例如某水稻品种4叶期移栽,则第6叶为植伤叶(即第6叶叶片比第5叶短、小)。那么由植伤叶向上数第1、2、3等叶,就是分蘖期植株长出来的第7、8、9、10等叶,依次类推。

5. 叶片主脉判断法

水稻叶片正面有许多叶脉,但每片叶均有一条较粗而明显的叶脉,称为主脉。主脉的位置并不处在叶片的正中间而偏向一边。一般情况下,奇数叶片的主脉都偏向右边,呈左宽右窄;偶数叶片的主脉都偏向左边,呈右宽左窄。因此可用叶片的主脉来判断某叶片是奇数叶还是偶数叶。

附录2 寒地水稻叶龄诊断模式

6. 第2双零叶法

在水稻幼穗分化前后,倒4叶与倒5叶两叶枕长时间重叠在一起形成第2双零叶,用第2双零叶可判断最后3片叶。一般当第2双零叶出现时,由此向上数第1叶就是倒3叶,上数第2叶就是倒2叶,上数第3叶就是剑叶。用第2双零叶法判断最后3片叶只适用于主茎总叶片数在14叶以下、具有4个伸长节间的水稻品种。

7. 第2类葫芦叶法

第2类葫芦叶在幼穗分化期出现。水稻拔节后,由于稻叶紧抱茎秆,嫩叶受前一叶叶枕的箍勒而形成葫芦叶。因为第2类葫芦叶的出现与拔节有关,所以可用来判断水稻植株最后2~4片叶。对于具有4个伸长节间的水稻品种,拔节与倒2叶生长同步。因此,第1片葫芦叶为倒2叶,第2片葫芦叶为剑叶,依次类推。

8. 伸长叶枕距法

稻株拔节前出生的叶片,叶枕距离较短,而拔节后出生的叶片,叶枕距很长,称为伸长叶枕距。一般每一个伸长节间对应有一个伸长叶枕距,但由于穗颈节上不着生叶片,则伸长叶枕距个数应比伸长节间个数少一个,用伸长叶枕距特征可判断最后3~4片叶。如对于4个伸长节间的水稻品种,有3个伸长叶枕距,在倒3叶与倒4叶之间形成第1个伸长叶枕距。因此,第1个伸长叶枕距出现时,其心叶为倒2叶,第2个伸长叶枕距出现时,其心叶为剑叶,依次类推。

9. 抱茎叶法

将水稻叶鞘横切面呈圆形的叶称为抱茎叶。用抱茎叶可判断最后3~5片叶。例如:对于4个伸长节间的水稻品种,第1个抱茎叶为倒4叶,第1个抱茎叶向上数第1、2、3叶分别为倒3叶、倒2叶和剑叶,依次类推。

10. 最长叶法

最长叶法即利用最长叶来判断叶片叶龄。一般情况下,稻株从长出第一片完全叶以后,每出生一片叶,长度都有所增加(除移栽植伤叶外),到倒3叶达最长,倒2叶和剑叶叶片渐短。因此,用最长叶可判断最后3片叶。一般发现植株最长叶就是这一植株的倒3叶,最长叶向上数第1、2叶分别为倒2叶和剑叶。

(二)叶龄适时跟踪

1. 调查点确定

选择主栽品种有代表性的地号,在池埂边向里数第三行上,选择穴数均匀、穴株数相近似的10穴为调查对象,并在两边插上标记物,以确保调查对象的准确性。

2. 叶龄跟踪苗选择

在调查对象的10穴里,每穴选有代表性的一株苗质好、叶片健全的秧苗,在主茎叶片上进行叶龄调查标记。

3. 标记方法

标记点的叶龄必须准确,叶龄全部点在单数叶上,起始叶从第3叶开始,跟踪到剑叶完全展出。用红油漆或防雨记号笔来标记叶片,标记的叶片要用不同标记符号点在叶片中间部位,确保叶龄跟踪的准确性。

4. 叶龄值计算

以 N 叶露尖到叶枕露出的全过程为一个叶龄出生过程。首先,估算 N 叶的长度,以 N 叶下叶的长度加 5 cm 为 N 叶的长度,然后测量 N 叶实际抽出的长度,再除以估算的 N 叶的长度,作为 N 叶长度的比例。例如,计算5叶抽出过程的叶龄,首先估算5叶的长度,如4叶的定型长度为 11 cm,则5叶的估算长度 $11+5=16$ cm,如5叶已抽出 2 cm,则 $2÷16=0.125$,约等于0.1,即5叶已抽出0.1个叶龄,此时调查的叶龄为4.1个叶龄值,并做好记录,到倒数第3叶均按此法计算。倒2叶及剑叶按前一叶的定长减 5 cm 为估算值,实际伸出长度除以估算值,求出当前叶龄值。

附录3　黑龙江省优质高效水稻品种种植区划布局

附表 3-1　黑龙江省 2019 年优质高效水稻品种

品种 \ 积温带	一	二	三	四
水稻	龙稻 18（主茎 13 片叶、长粒）	绥粳 18（主茎 12 片叶、香稻、长粒）	龙粳 31（主茎 11 片叶、椭圆粒）	龙庆稻 5 号（主茎 10 片叶、香稻、长粒）
	五优稻 4 号（主茎 15 片叶、香稻、长粒）	龙庆稻 21（主茎 12 片叶、长粒）	龙庆稻 3 号（主茎 11 片叶、长粒）	绥稻 4 号（主茎 10 片叶、长粒）
	龙洋 16（主茎 13 片叶、长粒）	龙粳 21（主茎 12 片叶、椭圆粒）	田裕 9861（主茎 11 片叶、椭圆粒）	龙粳 47（主茎 10 片叶、椭圆粒）
	松粳 22（主茎 14 片叶、香稻、长粒）	三江 6 号（主茎 12 片叶、香稻）	莲育 3252（主茎 11 片叶、长粒）	龙盾 106（主茎 10 片叶、椭圆粒）
	松粳 16（主茎 14 片叶、长粒）	盛誉 1 号（主茎 12 片叶、长粒）	龙粳 46（主茎 11 片叶、椭圆粒）	龙盾 103（椭圆粒）
	龙稻 21（主茎 13 片叶、长粒）	东农 428（主茎 12 片叶、长粒）	绥粳 27（主茎 11 片叶、香稻、长粒）	龙庆稻 20（主茎 10 片叶、长粒）
	东农 430（主茎 13 片叶、长粒）	绥粳 28（主茎 12 片叶、香稻、长粒）	绥粳 15（主茎 11 片叶、长粒）	
	松粳 19 号（主茎 14 片叶、香稻、长粒）	绥粳 22（主茎 12 片叶、长粒）	龙洋 11（主茎 11 片叶、香稻、长粒）	

续表

积温带 品种	一	二	三	四
水稻			龙粳29 （主茎11片叶、椭圆粒）	
			龙粳57 （主茎11片叶、糯稻）	

附表3-2　黑龙江省2020年优质高效水稻品种

积温带 品种	一	二	三	四
水稻	龙稻18 （主茎13片叶、长粒）	龙庆稻21 （主茎12片叶、长粒）	龙粳31 （主茎11片叶、椭圆粒）	龙庆稻5号 （主茎10片叶、香稻、长粒）
	五优稻4号 （主茎15片叶、香稻、长粒）	龙粳21 （主茎12片叶、椭圆粒）	绥粳27 （主茎11片叶、香稻、长粒）	龙粳47 （主茎10片叶、椭圆粒）
	龙洋16 （主茎13片叶、长粒）	三江6号 （主茎12片叶、香稻）	龙庆稻3号 （主茎11片叶、香稻、长粒）	龙庆稻20 （主茎10片叶、长粒）
	松粳22 （主茎14片叶、香稻、长粒）	盛誉1号 （主茎12片叶、长粒）	龙粳46 （主茎11片叶、椭圆粒）	龙粳61 （主茎11片叶、椭圆粒）
	松粳16 （主茎14片叶、长粒）	绥粳18 （主茎12片叶、香稻、长粒）	绥粳15 （主茎11片叶、长粒）	龙粳69 （主茎10片叶、椭圆粒）
	龙稻21 （主茎13片叶、长粒）	绥粳16 （主茎12片叶、长粒）	龙粳29 （主茎11片叶、椭圆粒）	
	松粳19号 （主茎14片叶、香稻、长粒）	绥粳22 （主茎12片叶、长粒）	龙粳57 （主茎11片叶、糯稻）	

附录3 黑龙江省优质高效水稻品种种植区划布局

续表

品种＼积温带	一	二	三	四
水稻	松粳28（主茎14片叶、长粒）	齐粳10（主茎12片叶、长粒）	龙粳39（主茎11片叶、圆粒）	
	吉源香1号（主茎14片叶、椭圆粒）		莲育124（主茎11片叶、椭圆粒）	

附表3-3 黑龙江省2021年优质高效水稻品种

品种＼积温带	一	二	三	四
水稻	五优稻4号（主茎15片叶、香稻、长粒）	齐粳10（主茎12片叶、长粒）	绥粳27（主茎11片叶、香稻、长粒）	龙粳69（主茎10片叶、椭圆粒）
	松粳28（主茎14片叶、长粒）	绥粳28（主茎12片叶、长粒）	龙庆稻8号（主茎11片叶、椭圆粒）	龙粳47（主茎10片叶、椭圆粒）
	龙稻18（主茎13片叶、长粒）	绥粳22（主茎12片叶、长粒）	龙粳65（主茎11片叶、椭圆粒）	绥粳25（主茎10片叶、长粒）
	松粳29（主茎14片叶、长粒）	三江6号（主茎12片叶、香稻）	龙粳31（主茎11片叶、椭圆粒）	龙粳2401（主茎10片叶、长粒）
	龙洋16（主茎13片叶、长粒）	绥育117463（主茎12片叶、长粒）	莲育711（主茎11片叶、长粒）	龙庆稻5号（主茎10片叶、香稻、长粒）
	龙稻203（主茎13片叶、香稻、长粒）	绥粳18（主茎12片叶、香稻、长粒）	龙庆稻31（主茎11片叶、香稻、长粒）	
	吉源香1号（主茎14片叶、椭圆粒）	龙粳62（主茎12片叶、椭圆粒）	珍宝香7（主茎11片叶、香稻、圆粒）	
	中科发5（主茎14片叶、长粒）	盛誉1号（主茎12片叶、长粒）	龙粳57（主茎11片叶、糯稻）	

参 考 文 献

[1]寇佳琪.黑龙江省水稻生产区域优势研究[D].哈尔滨:东北农业大学,2013.

[2]张欣桐.黑龙江水稻产区耕地质量评价研究[D].哈尔滨:东北农业大学,2019.

[3]仝远乐.辽宁省水稻旱直播高产栽培模式研究[D].沈阳:沈阳农业大学,2019.

[4]姜龙,曲金玲,孙国宏,等.北方寒地水稻直播操作规程[J].中国种业,2016(8):82-84.

[5]来永才,孙世臣,赵双.近十年黑龙江水稻品种及骨干亲本[M].哈尔滨:哈尔滨工程大学出版社,2020.

[6]沈国辉,梁帝允.中国稻田杂草识别与防除[M].上海:上海科学技术出版社,2018.

[7]金桂秀,李相奎.北方水稻栽培[M].济南:山东科学技术出版社,2019.

[8]王连敏,王春艳,王立志,等.寒地水稻冷害及防御[M].哈尔滨:黑龙江科学技术出版社,2008.

[9]金学泳.寒地水稻高效生产实用技术[M].哈尔滨:黑龙江科学技术出版社,2003.

[10]张喜娟,来永才,曾山.寒地水稻直播栽培机理与技术[M].北京:中国农业出版社,2018.

[11]陈温福.北方水稻生产技术问答[M].北京:中国农业出版社,2010.

[12]陆景陵.植物营养学(上)[M].北京:中国农业大学出版社,2010.

[13]胡霭堂.植物营养学(下)[M].北京:中国农业大学出版社,1995.

[14]田丽娟.论黑龙江省寒地水稻发展概况及栽培技术[J].农业与技

术,2016,36(4):112.

[15]赵黎明,李明,郑殿峰,等.灌溉方式与种植密度对寒地水稻产量及光合物质生产特性的影响[J].农业工程学报,2015,31(6):159-169.

[16]邱式邦.植保工作必须坚持预防为主,综合防治的方针[J].中国农业科学,1976,4(1):41-47.

[17]《中国农作物病虫害》编辑委员会.中国农作物病虫害(上册)[M].北京:农业出版社,1979.

[18]韩方胜,徐军.粮油作物病虫害防治技术[M].南京:东南大学出版社,2009.

[19]广西壮族自治区植保总站.广西主要农作物病虫害调查研究——广西主要农作物有害生物种类与发生为害特点研究报告[M].南宁:广西科学技术出版社,2016.

[20]黄新动,赵云柱,韦加贵.农业绿色防控技术与有害生物综合防控综述[M].银川:宁夏人民出版社,2017.

[21]孙艳梅,陈殿元,范文忠.大田作物病虫害防治图谱.水稻[M].长春:吉林出版集团有限责任公司,2010.

[22]穆娟微,李鹏,李德萍,等.水稻新病害——水稻褐变穗[J].垦殖与稻作,2006,36(5):46-47.

[23]陆振威,马琳.浅谈水稻细菌性褐斑病发生与综合防治技术[J].现代农业,2011(1):42.

[24]朱法林,王宏亮,李成山.水稻叶鞘腐败病发病规律调查及防治[J].黑龙江农业科学,2001(6):40-41.

[25]吴明光,郑学韬.水稻病虫害防治新法[M].武汉:华中理工大学出版社,1991.

[26]金志勇.水稻害虫二化螟和稻潜叶蝇的防治技术[J].中国农村小康科技,2008(7):49-50.

[27]赵艳丽.稻飞虱的发生规律及防治措施[J].农民致富之友,2015(7):114-114.

[28]肖晓华.稻飞虱测报及防治技术探讨[J].现代农业科技,2007(11):55-57.

[29] 陈国奇,唐伟,李俊,等.我国水稻田稗属杂草种类分布特点:以9个省级行政区73个样点调查数据为例[J].中国水稻科学,2019,33(4):368-376.

[30] 于振文.作物栽培学各论:北方本[M].北京:中国农业出版社,2003.

[31] 程式华,李建.现代中国水稻[M].北京:金盾出版社,2007.

[32] 高佩文,谈松.水稻高产理论与实践[M].北京:中国农业出版社,1994.

[33] 凌启鸿.水稻精确定量栽培理论与技术[M].北京:中国农业出版社,2007.

[34] 山东农学院.作物栽培学(北方本)[M].北京:农业出版社,1980.

[35] 王伯伦.水稻优化栽培[M].北京:农业出版社,1993.

[36] 徐一戎,邱丽莹.寒地水稻旱育稀植三化栽培技术图例[M].哈尔滨:黑龙江科学技术出版社,1996.